干旱绿洲连作滴灌棉田土壤水盐运移规律试验研究

主　编　虎胆·吐马尔白　阿力甫江·阿不里米提
副主编　马合木江·艾合买提　木拉提·玉赛音

U0294044

中国水利水电出版社
www.waterpub.com.cn
·北京·

内 容 提 要

全书共分为十二章。本书围绕新疆滴灌棉田土壤水盐运动及分布规律，研究了不同灌水处理、不同温度、不同滴灌年限对土壤水盐运移的影响；研究了滴灌棉田秸秆覆盖对水盐的调控以及对长期滴灌棉田土壤水盐运移过程进行了数值模拟，揭示土壤水分、盐分运移机理及其分布情况。

本书可作为农业水利工程、土壤物理等专业的高年级本科生和研究生的参考资料，也可供相关的科研、教学和工程技术人员参考。

图书在版编目（C I P）数据

干旱绿洲连作滴灌棉田土壤水盐运移规律试验研究 /
虎胆·吐马尔白，阿力甫江·阿不里米提主编. -- 北京 ：
中国水利水电出版社，2017.7
ISBN 978-7-5170-5710-9

Ⅰ．①干… Ⅱ．①虎… ②阿… Ⅲ．①干旱区－绿洲
－棉田－连作－滴灌－水盐体系－试验－研究 Ⅳ.
①S562.071-33

中国版本图书馆CIP数据核字(2017)第187237号

书　　名	**干旱绿洲连作滴灌棉田土壤水盐运移规律试验研究** GANHAN LÜZHOU LIANZUO DIGUAN MIANTIAN TURANG SHUIYAN YUNYI GUILÜ SHIYAN YANJIU	
作　　者	主　编　虎胆·吐马尔白　阿力甫江·阿不里米提 副主编　马合木江·艾合买提　木拉提·玉赛音	
出版发行	中国水利水电出版社 （北京市海淀区玉渊潭南路1号D座　100038） 网址：www.waterpub.com.cn E-mail：sales@waterpub.com.cn 电话：（010）68367658（营销中心）	
经　　售	北京科水图书销售中心（零售） 电话：（010）88383994、63202643、68545874 全国各地新华书店和相关出版物销售网点	
排　　版	中国水利水电出版社微机排版中心	
印　　刷	北京瑞斯通印务发展有限公司	
规　　格	184mm×260mm　16开本　15.25印张　362千字	
版　　次	2017年7月第1版　2017年7月第1次印刷	
印　　数	0001—1500册	
定　　价	**78.00元**	

序

　　新疆地处我国内陆干旱区，气候干燥、降雨稀少、蒸发强烈，水资源紧缺，生态环境脆弱。由于水资源紧缺、农业需水量较大，大力发展农业节水技术，建设绿色、节水、高效农业是新疆农业可持续发展永恒的主题。在新疆灌溉农业发展的历程中，一直致力于探究和推广更加高效且适合新疆地区的农业节水技术。新疆自20世纪50年代开始加强渠道建设，防渗标准逐渐提高，以塑膜或苯板与刚性护面结合的复式防渗形式已成为主流。1980年开始进行半固定式管道加压喷灌试验并成功，带动了新疆节水灌溉的发展，截至2002年，全疆喷灌面积发展到17.6万 hm²。但新疆属于蒸发强烈、作物生育期多风的干旱区，水分蒸发、漂移损失较大，而且喷灌能耗高，运行费用大，不利于喷灌技术的推广应用。1987年新疆科技人员在地膜栽培基础上首次提出的膜上灌，是对传统地面灌技术的一次突破，一度成为新疆推行节水灌溉技术的主要形式，在新疆膜上灌面积曾达70万 hm²，但由于膜上灌技术对土地平整有较高的要求，新疆很多耕地土层薄，坡度大，膜上灌溉节水效果并不理想。经过了多年对节水技术的探索和研究，新疆石河子1996—1998年进行了为期3年的滴灌试验，终于找到了更加适合新疆节水灌溉的膜下滴灌新模式。

　　滴灌技术引进于以色列，它可以将作物所需的水分和盐分直接传输到作物根部，是现今灌溉方式中水利用效率最高的方式之一。滴灌的出水点直接位于作物根部位置，对作物根部范围进行湿润，在合理确定灌溉制度和灌水技术参数的前提下，可以直接减少土壤蒸发所造成的损失，避免过量灌溉造成的水分下渗。与其他灌溉方式相比，滴灌对地面的适宜性强，特别是丘陵和坡地，并且可以节水、节肥、防旱、增产、增效。新疆引进滴灌技术之后，与当地的覆膜技术相结合，大幅度提高了土壤水分和养分的利用效率，降低了土壤蒸发量。滴灌在新疆的应用取得了很好的成果，尤其是在新疆特色的棉花种植领域得到了很好的推广，并且带来了巨大的经济效益。但是随着膜下滴灌棉花的应用与推广，一些问题也逐渐成为学者们讨论的话题，尤其是滴灌造成盐分在土壤耕作层中积累的问题以及由于没有大量的水对土壤耕作层的冲洗，导致盐分在土壤60～80cm处的积累等问题，加之覆膜造成的土壤白色污染，长期应用会造成作物减产和对土地严重的破坏。

新疆灌溉土壤盐渍化控制问题的研究已经经历了半个多世纪，20世纪50—80年代的灌排工程技术措施、90年代至今的节水措施两个大的阶段，分别解决了盐分的出处问题和节水问题。第三个阶段则是解决水、盐运移共同引发的问题。自20世纪90年代以来，滴灌技术开始飞速发展，目前滴灌技术应用面积超过3000万亩，并以每年200多万亩的速度增长，使新疆成为世界大田微灌技术应用最成功的区域之一。众所周知，在地面灌溉条件下，耕地土壤中的盐分可随同灌水淋洗进入排水系统，但是采用滴灌节水技术后，由灌水携带的盐分、土壤中固有的盐分和地下水中的盐分在蒸发过程中积聚在地表和耕层中，形成节水灌溉后的土壤次生盐渍化问题。由于滴灌特有的界面特征，使其在水盐运行环境、变化特点、脱盐程度等方面与传统灌溉方式有着明显的不同。因此进行连作滴灌棉田土壤盐分积累过程与机理的研究显得尤为重要。

我十分高兴地看到由新疆农业大学虎胆·吐马尔白教授及其团队撰写的《干旱绿洲连作滴灌棉田土壤水盐运移规律试验研究》这部专著，其主要特点是针对新疆滴灌技术大面积推广应用后滴灌棉田土壤盐分逐年积聚等问题，基于前期盐碱地改良与治理方面的工作基础，将新疆具有棉花种植年限较长的典型地段作为研究对象，以地下水与土壤水动力学为基础，以滴灌高效节水和可持续利用为中心，以提高滴灌棉田土壤质量为标准，对生育期滴灌棉田土壤盐分运移规律、非生育期滴灌棉田控盐技术、冻融条件下滴灌棉田盐分运移过程、滴灌棉田秸秆覆盖土壤水盐热的运动进行综合探讨和研究，建立滴灌棉田土壤水、盐、热运移数值模型。同时，通过田间试验研究非生育期滴灌棉田不同春灌、冬灌淋洗制度对土壤盐分的影响，为干旱区水土资源的可持续利用、建立环境友好型灌区以及滴灌技术的大面积推广提供技术支撑。它是对所承担和完成的多项国家自然科学基金项目等课题研究成果的提炼、充实、总结和升华。

本书较为系统地介绍了干旱绿洲新疆连作滴灌棉田土壤水分及盐分运移规律，内容系统全面，研究方法先进，理论联系实际，成果具有明显创新性，可读性和参考性强。本书的出版必将对新疆膜下滴灌节水农业的可持续发展产生重要的作用。

中国工程院院士
中国农业大学教授

2017年5月1日

前　言

　　土壤水盐运动是指在各种自然因素及人为因素的作用下，土壤中水盐运移随时间和空间的变化。在土壤水盐的动态变化过程中，水是盐分运移的载体，盐分是运移的被载体。其中水分的数量、质量、状态和运动决定了土壤盐分运动的状况，所以称水分是盐分的溶剂，盐分是土壤溶液的组成成分，它的运动过程影响水分的分布。土壤的水分盐分与作物生长息息相关，而过量盐碱化的土壤对作物的生长影响十分大。研究滴灌土壤水盐运移规律，是为了更好地了解土壤中水分盐分的分布，防治土壤中盐分累积所造成土壤次生盐渍化，为推广滴灌农田可持续种植模式提供基础理论和技术支撑。

　　本书以新疆维吾尔自治区石河子121团、石河子大学节水灌溉实验站以及库尔勒包头湖实验基地等为研究平台，通过土壤物理学、土壤水动力学、土壤溶质运移、传统统计学、地统计学等方法，将新疆具有棉花种植年限较长的典型地段作为研究对象，系统研究新疆连作滴灌棉田土壤水分及盐分运移规律，为干旱区水土资源的可持续利用、建立环境友好型灌区以及滴灌技术的大面积推广提供技术支撑。

　　全书共分为十二章。第一章介绍了滴灌棉田土壤水盐运移规律研究意义、国内外研究基本状况以及研究的主要内容。第二章介绍了本书研究中选用的试验区域位置以及试验布置方案等。第三章通过试验研究确定了基本的土壤水分运动参数。第四章研究了滴灌棉田不同灌溉处理对土壤中的水分和盐分分布造成的影响。第五章研究了点源入渗中湿润锋的迁移以及双点源入渗交汇过程中土壤水盐的运移过程。第六章用经典统计学和地统计学的方法对研究区域的土壤水盐空间变异性进行模拟分析。第七章主要在冻融条件下，通过对比试验研究冻融对土壤水盐分布的影响。第八章重点针对不同种植年限的滴灌棉田为研究对象，对全生育期棉花滴灌土壤水盐运移规律进行了试验研究。第九章是选用3种不同盐度的棉田，监测分析其土壤水盐运移规律。第十章研究了不同生育阶段，温度对土壤水分盐分分布的影响。第十一章是滴灌棉田不同位置秸秆覆盖对土壤水分蒸发和土壤盐分运移的影响。第十二章以国内外常用的 Hydrus 模型模拟为基础，列出了研究中常见的几个模拟实例，为滴灌条件下土壤水盐运移数值模拟提供参考。

在本书编写过程中，参阅、借鉴和引用了许多相关土壤水盐运移规律研究的论文、专著、教材和其他相关资料，在此向各位作者表示衷心的感谢。在本书编写过程中，新疆农业大学杨鹏年教授、岳春芳副教授，石河子大学王振华教授、张金珠副教授，新疆农业大学硕士研究生吴永涛、李卓然、胡钜鑫、穆丽德尔·托伙加、米力夏提·米那多拉以及博士研究生由国栋和古莱姆拜尔·艾尔肯等协助主编完成了此书文字及插图的誊写、描绘与校对等工作，在此谨致以诚挚的感谢。

本书的出版得到了国家自然科学基金项目"内陆干旱区人工绿洲水盐动态研究与预测"（50449009，50669007）、"干旱区膜下滴灌棉田土壤水盐运移律规与次生盐渍化预警"（51069015）、"大规模高效节水对滴灌棉田土壤盐渍化的影响研究"（51469033）和自治区自然科学基金项目"内陆干旱区秸秆覆盖对调控灌区土壤水盐分布影响研究"（200821172）的资助。由于作者水平有限，书中难免存在缺点和不足，恳请读者批评指正。

作者

2017 年 5 月 10 日

目　　录

第一章 绪 论

第一节 研究背景及意义

我国水资源极度匮乏，是世界13个贫水国之一，用占世界8%的淡水资源养育了世界1/5的人口，人均占有量仅为世界人均水量的1/4。随着我国经济社会的发展，特别是人口的不断增长，水资源供需矛盾日益加剧。解决好水资源的供需矛盾，实现水资源的合理配置及节水高效利用是实现我国经济、社会及生态可持续发展的重要保证。

据统计，我国水资源可利用率（实际利用水资源量与可利用水资源量之比）小于70%，约有全国总用水量的七成被用于农业生产，而用于灌溉的水量占农业用水量的九成多。我国目前的灌溉水利用率仅为0.45左右，与发达国家的0.8左右的水平还有很大的差距，尤其在我国西部地区，由于农业基础设施不完善，其灌溉水利用率更低。新疆地处我国西北干旱地区，全年高温少雨，是典型的水资源匮乏地区之一。水资源作为支撑新疆生态环境的基础，其可持续发展利用对保护新疆生态环境、促进新疆跨越式发展具有重要作用。因此需重视水资源开发利用，从全局多角度关注新疆水资源问题。滴灌是当今世界上节水效果较好的一种灌溉方式。滴灌技术作为一种高效的节水灌溉技术已在新疆大规模推广与应用，研究滴灌条件下土壤水分时空运移与分布特征，有利于发展干旱区精准农业，同时对当地水土资源的可持续利用有着重要的作用。

新疆从1996年引进滴灌技术以来，其节水灌溉事业就以惊人的速度在发展，到目前，其发展规模还在不断扩大。膜下滴灌技术具有提高地温、减少棵间蒸发、抑制盐分积累的特点。但是，由于推广应用而随之产生的残膜污染问题、土壤次生盐渍化问题日益得到人们的关注。采用膜下滴灌技术以后，土壤中的盐分只能被淋洗到作物根系层以下离地表很近的区域，虽然能为作物生长提供一个较好的水盐环境，但被淋洗的盐分会随着灌水、外界蒸发及作物蒸腾作用在作物根区范围内上下运移，这就对作物生长产生潜在的威胁。

新疆地处我国西北部，属干旱气候区，土地资源丰富，光热资源充足，但水资源缺乏，分布不均，生态环境极为脆弱。在气候干燥、蒸发量大、地下水位较高的灌区，形成了大面积的盐碱地。据不完全统计，新疆有105万hm^{2}的盐渍土面积，占耕地面积的33.4%，且有盐渍化面积增加的趋势，盐渍化成为危害农业发展的一个突出问题[1-3]。新疆盐碱化的耕地中有八成以上为土壤次生盐碱化耕地。水资源短缺与土壤盐渍化成为困扰新疆农业可持续发展的两大难点[4-10]。随着国家对农业的投资力度不断加大，全国各地都在探索开发利用盐渍土的新方法、新思路。尤其在干旱、半干旱地区开发利用盐碱地对于增加粮食产量、解决农民收入、改善生态环境等有着重要作用。在与盐碱土壤做斗争的过程中，产生了一些比较行之有效的改良利用盐碱地的方法，如非生育期大水漫灌压盐、化学改良、生物改良、工程改良等技术。

如今，新疆已经有了一套趋向成熟的基于膜下滴灌开垦利用盐碱地的技术[11]。但在采用膜下滴灌技术后，土壤盐分被淋洗至根系层以下但仍距地表不深的区域，虽能在生育期为作物生长提供一个良好的水盐环境，但在长期过程中存在潜在威胁。目前对于采用膜下滴灌的土壤盐分的运移机理，及如何改良滴灌方式能有效地淡化根区土壤盐分等诸多问题仍未十分清楚。近些年来，众多学者针对滴灌土壤盐分累积规律进行了长期的监测研究，但结论众说纷纭。因此，关于滴灌土壤盐分运移趋势的研究还需进一步深入，这对于当地滴灌耕地的有效利用有着重要的现实意义。使用滴灌并不能把土壤盐分从土壤中去除，长期灌溉下土壤盐分造成耕地质量下降，甚至导致土壤生产能力丧失。因此，进一步揭示滴灌棉田土壤水盐运移的内在机理，制定一套科学合理的灌溉技术及盐碱地防治体系，合理开发利用水资源及防治耕地次生盐渍化，对干旱半干旱地区农业的可持续发展具有重要意义。

第二节　国内外研究现状

一、土壤水盐运移研究进展

土壤水盐运移是指土壤中水分、盐分随时间和空间的变化，它的运动是土壤中水分和盐分共同作用的结果。其中土壤水分作为溶剂和运转剂，是盐分运动的基础，它的数量、状态、分布和运动直接影响着土壤盐分运动。水是盐分运移的载体，盐分是运移的被载体。盐分溶解于水中，能在土壤水中产生溶质势，影响着水分的运动。因此土壤水分和盐分运动是互相联系、互相影响的，将水盐运动过程放在一起研究，就能比较容易找到其中的规律。国外有关水盐运移的试验和理论研究比较早。土壤水分运移理论源于 Darcy 定律，Richard 首先将其用于非饱和土壤水的研究，并推导出相应的土壤水分运动基本方程。修正后的 Richards 对流-弥散方程[12]见式（1-1）～式（1-3），开创了包气带水分运移数学模型研究的开端，使土壤水的研究发生了深刻的变化。

$$\frac{\partial \theta(ht)}{\partial t} = \frac{\partial}{\partial z}\left[K(h)\left(\frac{\partial h}{\partial z}+1\right)\right] \tag{1-1}$$

$$\theta_e = \frac{\theta(h)-\theta_r}{\theta_s-\theta_r} = (1+|\alpha h|^n)^{-m} \tag{1-2}$$

$$K(\theta) = K_s \theta_e^{\,l}\left[1-(1-\theta_e^{\frac{1}{m}})^m\right]^2 \tag{1-3}$$

式中：θ 为土壤含水率，%；θ_e 为有效土壤含水率，%；θ_r 为残余土壤含水率，%；θ_s 为饱和土壤含水率，%；h 为负压水头，cm；K 为水力传导系数，cm/d；K_s 为渗透系数，cm/d；t 为时间，min；z 为空间坐标，原点在地面，向上为正；l 为地下水埋深，cm；n、m、α 为均为经验参数。

土壤中溶质的运动是十分复杂的，溶质随着土壤水分的运动而迁移，且也会在自身浓度梯度的作用下运动，部分溶质可以被土壤吸附，或为植物吸收，或浓度超过了水的溶解能力后会离析沉淀。溶质在土壤中还有化合分解、离子交换等化学变化。因此，土壤中的溶质处在一个物理、化学、生物的相互联系和连续变化的系统中。土壤中溶质迁移的物理过程包括对流、溶质分子扩散、机械弥散过程、土粒与土壤溶液界面处的离子交换吸附作用以及溶质随薄膜水的运动。

土壤溶质运移方程是在热传导方程的基础上发展起来的，通过溶质对流和水动力弥散作用进行研究[13]。由于土壤水分和盐分运移是同时发生的，因此在研究实际问题时，两类方程应同时考虑。Lapidus 和 Amundson[14]、Nielsen 和 Biggar[15] 根据一系列实验提出了易混合置换理论，认为溶质的通量是由对流、扩散和弥散的综合作用引起的。溶质运移基本方程如下：

$$\frac{\partial}{\partial z}\left(\theta D\,\frac{\partial c}{\partial z}\right) - \frac{\partial qc}{\partial z} - \lambda_1 \theta_c - \lambda_2 \rho_0 s = \frac{\partial \theta_c}{\partial t} + \frac{\partial \rho_b s}{\partial t} \qquad (1-4)$$

式中：D 为水动力弥散系数，cm^2/d；s 为被吸附的固相质量分数，%；q 为土体中水的流速，cm^3/s；c 为溶质质量浓度，g/cm^3；ρ_0 为水密度，g/cm^3；ρ_b 为盐分溶液密度，g/cm^3；λ_1、λ_2 为经验常数，与土壤质地和结构有关。

自 20 世纪 70 年代开始，研究工作由实验和理论分析开始朝向了田间应用，从而发展了可动与不可动水体的两区模型和优势流、大孔隙等模型。目前研究最多的模型是从土壤水分运动理论和多孔介质中的溶质运移理论出发，建立以对流、弥散为主，综合考虑吸附、解吸、源汇项及动水、不动水等因素影响的溶质运模型。这类模型能较好说明土壤溶质传输基本特征，具有坚实的理论基础。目前，国内外普遍通用的模型是由美国国家盐改中心（U.S. Salinity Laboratory）研制发的 SWMS - 1D、SWMS - 2D、SWMS - 3D、Hydrus - 1D、Hydrus - 2D/3D 多种模型，它们成功地构建了一维饱和多孔介质中水分、能量、溶质运移的数值模型。其应用领域涉及到节水灌溉、灌溉管理、作物生长、盐碱地改良、农药污染、放射性物质泄漏、核物运动、环境污染物扩散等，为农业种植、工业生产和环境保护等提供了必要的理论依据。

国内的研究是从 20 世纪 70 年代的黄淮海平原旱涝盐碱综合治理开始的，石元春、李韵珠、贾大林[16]等结合我国实际进行了大量的理论和实践工作，在土壤盐化、碱化的防治和治理取得了许多成功的经验。张蔚臻[17]提出了土壤水盐运移模拟的初步研究结果，将水盐平衡理论和数值模拟方法应用于区域水盐预测预报，使我国的农田土壤水盐运动研究进入一个新的阶段。李韵珠[18]运用动力学模型研究了非稳态蒸发条件下夹黏土层的土壤水盐运动。刘亚平[19]提出了在稳定蒸发条件下，潜水蒸发与埋深关系公式和用潜水蒸发量近似估算土壤盐分的方法。杨金忠[20]等在饱和-非饱和土壤水盐运动的计算方法上取得了进展，并对土壤盐分扩散-弥散系数等方面作了广泛的研究。目前，研究植物根区内土壤盐分的运移情况已成为研究的重要热点。

20 世纪 90 年代以后，农田土壤水盐运移的随机理论和方法成为研究的热点。叶自桐[21]对传输函数模型（TFM）进行了简化，提出了适于研究入渗条件下土壤盐分对流运输的传输函数修正模型，并根据田间不同矿化度灌溉入渗试验结果，得到了盐分通过 0～60cm 土层时的时间概率函数。王福利[22]用数值模拟方法研究了降雨淋洗条件下，盐分在农田土壤中运移的问题。张展羽等[23]将农田水盐运移模型分解组合，为模拟计算提供了简便可靠的方法，为盐渍化地区实施节水灌溉提供了决策工具。徐力刚、杨劲松等[24]建立了土壤水盐运移的数学模型，并对数学模型进行了数值求解，他们还应用自主开发的土壤水盐数值模拟软件（Soil Water and Salt Transport Model，SWSTM），结合研究区实际气候条件，模拟变化天气和变化地下水位条件下农田土壤中冬小麦水盐运移过程。任理等[25]结合非饱和水流问题和盐分运动的运动平均斜率模型，提出了 MMS - MCS 模型。此外，国内还有学者对秸秆、草、硬壳等覆盖下水盐运动规律进行了研究[25-29]。纪永福等[30]在夏季高温时节，采用塑料薄膜、麦草和沙子覆盖盐碱地表面，结果表明这些材料都具有较好的改良盐碱地的作用，分别计算了它们的使用量及对各种盐离子的抑制作用。覆盖后对土壤中各离子的抑制作用顺序为：$K^+ > Na^+ > Cl^- > SO_4^{2-} > Mg^{2+} > HCO^{3-} > Ca^{2+}$。3 种覆盖材料以塑料薄膜效果最佳。这些成果都对今后深入研究提供了有价值的参考。刘国华等[31]指出新疆绿洲的土壤盐分变化趋势和成盐驱动因子是干旱区关注的焦点，以于田绿洲为例，在于田内部，土壤积盐比较严重，盐分含量变化在垂直剖面上主要表现为聚盐型和混合型，还有少数的脱盐性存在。通过灌水洗盐降低土壤表层盐分含量则是改良盐碱土的根本措施。

农田土壤中的水盐动态变化特点和运移机制研究一直是人们关注的重点。在生产实践中应用水盐运移规律，需要在特定条件下选择并建立完全封闭的平衡区进行基研究工作，即大量试验监测和数据分析，以便解决目前模型缺乏对生产实践的指导意义，使之能综合反映水盐在土壤-植物-大气连续系统中的物理过程及揭示水盐运移的实质。

二、滴灌土壤水盐运移研究进展

近十几年来，滴灌条件下土壤中的水盐动态变化特征和运移机制研究一直是研究的重点。滴灌条件下的土壤水盐运移实质上是点源入渗条件下的土壤水盐运移问题。点源水盐运移研究包括点源入渗的水分运移和盐分运移。点源水分运移研究主要包括点源入渗量随入渗历时的变化特性、湿润锋运移特性、湿润体形状、湿润体体内水分分布等。点源盐分运移研究主要包括湿润体体内含盐率的分布、土壤积盐、压盐过程及其影响因素。刘晓英等研究了滴灌条件下土壤水分运动规律，滴灌条件下单点源土壤水分运动受到滴头流量、灌水量、土壤初始含水率、土壤质地等因素的影响。在相同的灌水量下，滴头流量增加，滴头附近土壤含水率增加。滴头流量越小，形成的饱和进水带越小，且随时间的延长增长缓慢，最终湿润锋轮廓越大，反之，饱和进水带越大，且随时间的延续增长迅速，水平方向运移越快。湿润圈随滴头流量、土壤初始含水率的增大而增大，且湿润体内相位置的土壤含水率也增大。刘雪芹[32]等研究揭示了在点源供水的条件下，湿润体内含水率的分布从中心向外逐渐减少，含水率剖面具有三角形形状特征。

相同质地土壤，灌水量相同时，垂直方向湿润距离随着滴头流量的增加而减小，而水平方向距离随之增加；滴头流量和灌水量相同，偏砂性土壤水平方向湿润距离小于垂直方向湿润距离；质地较细土壤水平方向和垂直方向湿润距离相近；相同质地的土壤，相同滴头流量下，灌水量越大，湿润范围越大。

国内已对滴灌条件下的盐分运移规律及影响因素也进行了深入研究。王全九、张勇研究[33-34]表明：土壤水分是土壤盐分运移的载体，在滴灌条件下，伴随着水分的入渗，水流可将盐分带入湿润锋边缘，使土壤盐分在三维空间发生运移。滴灌持续滴水，脉冲式逐渐推进，使盐分集中到湿润锋边缘；在多滴头的情况下，湿润锋相互重叠，使盐分的侧向移动逐渐过渡到向下移动，形成了一个平面整体向下洗盐。盐渍化土壤盐分运移主要包括两个过程：①灌水过程中，在水分的携带下，盐分进行三维运移，也就是表土的淋洗脱盐；②灌溉后，在土壤水势梯度、植物蒸腾、土面蒸发的作用下，随土壤水分的再分布而发生的再运移。侯振安等[35]研究了不同滴灌处理施肥方式下棉花根区的水、盐、氮素分布。叶含春[36]对田间滴灌试验的土壤盐分变化规律进行了研究，认为滴灌为浅灌且可控性强，不会产生深层渗漏，土壤含盐率在整个滴灌期较低。盐分在空间的分布主要受蒸发和湿润区范围的影响，灌水量的增加有助于土壤脱盐。

滴灌条件下，土壤盐分运移主要包括水平运移和垂直运移的过程。水平方向上，距离滴头较近区域的土壤含盐率在水分的淋洗后，低于土壤初始含盐率（脱盐区），较远的区域土壤含盐率高于土壤初始含盐率（积盐区），所以滴灌下土壤盐分分布存在着明显的积盐区和脱盐区。在相同的灌水量和土壤初始含水率下，随着滴头流量的增加，脱盐区水平距离变化甚微，不利于作物正常的淡化区形成；在相同的滴头流量下，随着灌水量的增加，脱盐区的水平距离增加。在相同的灌水量和滴头流量下，随着土壤初始含水率的增加，脱盐区水平距离变化甚微。

盐分在垂直方向的运移规律：滴灌形成的湿润体形状为半圆的椭球体，在球体的顶端，即滴头下方形成一个脱盐区，因为滴头下方受到水分淋洗程度较强，表层盐分向周围运移，在土壤深处形成一个积盐区，在湿润锋的边缘处又形成一个高盐区，其盐分含量高于盐渍化土壤的初始含盐率。

张琼[37]对不同灌水频率、不同初始含盐率条件，膜下滴灌的水盐在生育期内运移进行了研究。认为相同的灌水量，含盐率较高农田棉花在花铃期高频灌溉与低频灌溉相比，棉花增产 28%；而对于低盐土，灌溉频率对产量无显著影响。其原因在于滴灌的灌水次数多、频率高，具有稀释土壤盐分浓度的能力，可以将盐分排移到作物根系层以外区域。

马玲等[38]研究了棉花膜下滴灌水盐运动规律，灌水前各时期，棉田膜内表层和下层含水量均高于裸地，而盐分含量及变化略低于裸地，接近灌水期上层高于下层。灌水后，各个时期无论是表层或下层含水率均高于裸地，上层盐分含量降低，下层盐分增加，膜内上层盐分降幅大于裸地，停水后，土壤水分减少，土壤盐分处于相对稳定状态。

王全九[39]认为在滴灌水分的带动下，土壤盐分分布存在明显的积盐区和脱盐区，并给出了地面滴灌条件下的土壤盐分分布及含盐率分布等值线。为了分析滴灌压盐过程中淋洗盐分所消耗水的有效性，提出了淋洗水效率的概念，即单位水从作物主根系土体中携带到主根系以下的盐分数量。吕殿青[40]针对新疆盐碱地的改良特征，通过室内膜下滴灌土壤盐分运移试验，初步研究了土壤脱盐过程，滴头流量、灌水量等对脱盐过程的影响。结果表明：膜下滴灌土壤盐分分布可划为达标脱盐区、未达标脱盐区及积盐区 3 个区域，土壤含盐率分布具有水平脱盐距离大于垂直脱盐距离的特点；滴头流量、土壤初始含水量以及土壤初始含盐率的增加不利于达标脱盐区的形成；灌水量的增加有助于土壤脱盐。李毅[41]通过非充分供水条件下滴灌入渗的三维水盐运移试验，分析了湿润锋运移的函数特征和椭圆方程，并对径向含水率剖面进行了研究。基于水分特征，分析了入渗中径向含盐率、径向浓度和径向 Na^+ 浓度剖面，并做出了相应水盐特征的等值线图。

周宏飞等[42]对塔里木灌区棉田水盐动态和水盐平衡问题进行了探讨，认为灌溉定额小于 2700m³/hm²，常规地面沟灌的积盐率和膜下滴灌棉田在生育期 0～60cm 土层积盐，膜下滴灌的积盐率要高于常规地面沟灌的积盐率，为了保持农田的水盐平衡，在极端干旱区需要进行非生育期以淋洗盐分为目的的灌溉。刘新永等[43]根据实地调查和观测资料，初步探讨了膜下滴灌条件下改良风沙土的盐分年际变化及分布特点。研究表明，在膜下滴灌与冬灌、春灌相结合的条件下，土壤表层 0～30cm 盐分逐年下降，但脱盐率也在降低；盐分在土壤分层明显，在水平方向，距离滴头越远，盐分累积严重；在垂直方向，土壤盐分最低处位于 20～40cm 处。在表层 0～40cm 的土层中，靠近薄膜边缘盐分差异较大；不同滴灌年限的深层压盐区变化不大，膜间聚盐区位于膜间裸地并延伸到膜内，位于土壤表层 0～40cm。

陈小兵[44]对新疆阿拉尔灌区土壤次生盐碱化防治及其相关问题进行了研究，以田间水盐平衡模型为依据较深入分析了灌区土壤盐分动态、盐碱化趋势及效应问题。根据区域水盐平衡理论估算区域尺度上的灌排比，还探讨了排水的出路问题；在综合分析的基础上，提出了基于可持续灌溉农业和遏制灌区农业负效应目标小的对策与建议。

通过滴灌棉田土壤中水盐运动研究的不断深入，掌握土壤水盐运动规律，定量分析土壤水盐的迁移对于保证作物的正常生长、建立合理的灌溉制度、发展节水农业、防止土壤盐渍化和次生盐渍化、实现我国农业的可持续发展等都有十分重要的意义。在新疆广大地区都存在着次生盐渍化的威胁，农业的生产成为核心问题。如何改良盐碱地成为新疆农业发展面临的关键问题。控制土体蒸发和减少灌溉水量是控制土壤次生盐渍化的重要途径。滴灌也是近十几年来发展起来的新的节水灌溉技术，它的灌水定额较低，在很大程度上减少了水分深层渗漏，而且滴灌淡化了作物主根区的盐分，为作物正常生长提供了良好的水盐环境。膜下滴灌技术应用于农业种植、节水灌溉和盐碱地开发利用方面，作为一种前景甚好的新思路，其理论和实践中还有诸多的问题亟待解决和探索。

三、滴灌土壤水盐运移数值模拟研究进展

Richards 为研究土壤非饱和流运动，以连续性水流方程替代瞬流方程，将连续性定理应用于 Darcy 定律，建立了土壤水分运动的基本方程，即等温方程，表示为

$$\frac{\partial \theta}{\partial t} = -\nabla q \tag{1-5}$$

Klute 在 Richards 等温方程基础上，进行了非等温扩散流方程改进，很多研究者将之用于温差液体扩散率的测定，质能平衡基础上的模型和不可逆热力学基础上的线形方程，在此基础上得以发展，后来发现不可逆热力学模型在由微观方程向宏观连续方程的转化中并非十分严谨[45]。

Philip 与 De Vries[46]提出建立在质能平衡基础上的水-气-热耦合运移理论，水流和热流的耦合方程可表示为

$$\frac{\partial \theta}{\partial t} = \nabla[D(\theta)\,\nabla\theta] + \nabla(D_T\,\nabla T) - \frac{\partial K(\theta)}{\partial z} - S_r \tag{1-6}$$

$$C_v\,\frac{\partial T}{\partial t} = \nabla(K_h\,\nabla T) \tag{1-7}$$

式中：∇T 为温度梯度；$\nabla \theta$ 为含水率梯度；$D(\theta)$ 为由水势梯度引起的土壤水分扩散率；D_T 为由温度梯度引起的土壤水分扩散率；$K(\theta)$ 为土壤导水率；S_r 为根系吸水率；C_v 为土壤的溶剂热容量；K_h 为导热率；z 为深度坐标；t 为时间坐标。

1980 年以后，田间覆盖及耕作措施下的土壤水热耦合运移模型得以发展，二维土壤水热耦合模型在一维土壤水热耦合模型基础上得以建立，田间水热运移规律得以揭示。

随着计算机软件技术的发展，各类模型软件已经成为各个领域必不可少的研究手段之一。美国国家盐改中心开发的 Hydrus 软件，通过前人的改进和完善，如今在国内外模型研究领域得到了广泛应用[47-49]。Hydrus 软件是一套用于模拟非饱和多孔介质中土壤水分、溶质以及能量运移的仿真型数值模型[50]。

尹大凯、胡和平针对青铜峡银北灌区盐渍化的成因，通过 Hydrus-1D 软件进行多方案的计算模拟，对不同盐碱程度下，不同灌溉模式和灌溉水量对土壤盐碱改良效果的进行预测[51]。毕经伟、李久生、马军花、胡克林等分别应用 Hydrus-1D、Hydrus-2D 模型，模拟了农田土壤水肥运移特征，分析了滴灌农田施肥土壤水渗漏及硝态氮淋失特征、降雨对冬小麦灌溉农田水分渗漏和氮淋失情况、作物生长对土壤水氮运移影响以及水力学和矿化参数空间变异对土壤水氮运移的影响，模拟的土壤含水率和硝态氮分布与实测值吻合良好，可以提供有效的预测分析[52-55]。池宝亮和张林分别应用 Hydrus-1D 对点源地下滴灌土壤水分运动[56]和多点源滴灌条件下土壤水分运动进行了数值模拟及验证[57]，模拟结果能够较为真实地反映单点或多点源滴灌条件下的土壤水分运动变化。李亮通过 Hydrus-2D 软件生育期对土壤水分平衡和盐分的弥散作用进行了研究，结果表明该模型能够很好地反映出水盐运移规律，并且得出水盐运移相关物理量的变化动态[58-59]。李红、王薇利用 Hydrus-2D 模拟了地下滴灌条件下不同的土质、灌水量、滴头流量、初始含水率和滴头埋深情况下土壤水分运动和分布[60-61]。虎胆·吐马尔白等通过室内试验，利用 Hydrus 模型和土壤水分特征曲线相结合，利用反演计算的方法对粉壤土的土壤水力传导度进行确定[62]。吴元芝利用 Hydrus-1D 模型模拟了 3 种土壤（壤黏土、黏壤土和砂壤土）中不同玉米生长状况（包括叶面积指数、根系深度和根系剖面分布）或蒸发力条件下根系吸水速率随含水率的动态变化，确定了不同条件下根系吸水速率开始降低的临界含水率[63]。周青云在大田试验研究中考虑了根吸水的影响，运用 Hydrus-2D 模型软件并结合田间实测的数据来分析比对，模拟值和实测值具有一定的相关性[64]，因此提出该模型可以较好地适合田间土壤水盐的预测并为今后的研究提供依据。

第三节　主要研究内容

一、不同灌溉处理对滴灌棉田水盐运移的影响

通过田间试验观测数据分析灌水前后的土壤水盐变化，了解土壤水盐的总体变化；通过对不同时间段、不同位置的土壤水分盐分监测，分析灌水对不同深度的土壤水盐运移规律的影响；通过不同灌溉制度试验分析不同灌溉处理下土壤水盐变化特征。

二、点源入渗过程的分析

通过模拟滴灌试验观测点源入渗下的土壤水盐运移特征，从单点源入渗特征入手，分析双点源交汇区湿润锋及变化的特点，为连作滴灌棉田水盐运移规律研究提供理论依据。

三、不同年限的滴灌棉田土壤水盐运移研究

通过观测不同滴灌年限土壤的水分盐分分布，对比不同滴灌年限下土壤水盐运移规律，得出滴灌棉田下土壤盐分的积累特征，为当地发展可持续滴灌棉花提供技术支持。

四、土壤水盐空间变异性研究

通过对不同区域土壤取样分析，利用地统计学方法建立数学模型，综合研究区域土壤水盐的时空变异性规律，为摸清区域土壤水盐运移规律提供科学依据。

五、冻融期土壤水盐的变化规律研究

根据新疆当地的地理气候条件，通过冻融对比试验分析其冻融对土壤水分盐分的影响，为研究土壤盐分及排盐模式提供基础数据。

六、不同盐度土壤的水盐运移规律研究

通过调查研究新疆南疆不同盐度土壤水盐运移规律，分析生育期不同土壤盐度对水盐运移规律的影响；通过非生育期土壤水分运动模式，分析其冬春灌对土壤排盐效果的作用，为发展可持续滴灌棉花种植提供科学数据。

七、滴灌棉田秸秆覆盖对土壤水盐调控的影响

采用田间对比试验，对比不同位置、不同方式的滴灌棉田秸秆覆盖对土壤水分蒸发及土壤下层盐分运移的影响；为推广滴灌棉田秸秆覆盖阻止潜水蒸发提供科学依据。

参考文献

［1］ 王遵亲. 中国盐渍土 [M]. 北京：科学出版社，1993.

［2］ 杨劲松. 中国盐渍土研究的发展历程与展望 [J]. 土壤学报，2008，45（5）：837-845.

［3］ 周和平，张立新，禹锋，等. 我国盐碱地改良技术综述及展望 [J]. 现代农业科技，2007（11）：159-161.

［4］ 刘炎昆. 新疆水资源保护与水利开发问题研究 [J]. 中国水运（下半月），2013，13（8）：200-202.

［5］ 娄凤飞. 新疆水资源开发利用中的生态环境问题及对策研究 [D]. 乌鲁木齐：新疆师范大学，2011.

［6］ 岳春芳，侍克斌，曹伟. 新疆水资源开发方式的利弊分析 [J]. 节水灌溉，2014（7）：60-62.

［7］ 孟伟. 浅谈新疆农业节水发展 [J]. 内蒙古水利，2011（3）：42-43.

［8］ 张龙，张娜. 新疆农业节水现状及对策研究 [J]. 中国农村水利水电，2010（7）：43-48.

［9］ 邹艳红，乔军. 浅谈新疆发展节水灌溉的几个问题 [J]. 中国水运（下半月），2011（08）：

192 - 194.

[10] 王新，王永增，彭俊．对新时期新疆农业节水建设内涵的思考 [J]．新疆水利，2004 (Z1)：12 - 17.

[11] 顾烈烽．新疆生产建设兵团棉花膜下滴灌技术的形成与发展 [J]．节水灌溉，2003 (1)：27 - 29.

[12] Hansson Klas, Lundin Lars-Christer. Equifinality andsensitivity in freezing andthawing simulations of laboratory and in situ data [J]. Cold Regions Science and Technology, 2006, 44: 20 - 37.

[13] 雷志栋，杨诗秀，谢森传．土壤水动力学 [M]．北京：清华大学出版社，1988.

[14] Lapidus L, Amundson N R. Mathematics of Adsorption in Beds [J]. J. Phys. Chem. 56：984 - 988, 1952.

[15] Nielsen D R, Biggar J W. Miscible displaccment in soils：III. Theoretical consideration [J]. Soil Science Society of America Journal, 1962 (3)：216 - 221.

[16] 贾大林．利用同位素和数学模拟研究土壤水盐运动 [C]．国际盐渍土改良叙述研讨会论文集，1985.

[17] 张蔚臻．土壤水盐运移数值模拟的初步研究 [C]．农田排灌及地下水土壤水盐运动理论和应用论文集，1992：244 - 263.

[18] 李韵珠，李保国．土壤溶质运移 [M]．北京：科学出版社，1998.

[19] 刘亚平．稳定蒸发条件下土壤水盐运动的研究 [C]．国际盐渍土改良叙述研讨会论文集，1985：13 - 17.

[20] 杨金忠，蔡树英，黄冠华，等．多孔介质中水分及溶质运移的随机理论 [M]．北京：科学出版社，2000.

[21] 叶自桐，杨金忠．野外非饱和土壤水流运动速度的空间变异性及其对溶质运移的影响 [J]．水科学进展，1994，5 (l)：9 - 17.

[22] 王福利．用数值模拟方法研究土壤水盐动态规律 [J]．水利学报，1991 (1)：1 - 9

[23] 张展羽，郭相平，乔保雨，等．作物生长条件下农田水盐运移模型 [J]．农业工程学报，1999，15 (2)：69 - 73.

[24] 徐力刚，杨劲松，张妙仙．作物种植条件下的土壤水盐运移动态变化研究 [J]．土壤通报，2003，34 (3)：170 - 174.

[25] 任理，李春友，李韵珠．黏性土壤溶质运移新模型的应用 [J]．水科学进展，1997，8 (4)：321 - 328.

[26] 毛学森．硬覆盖对盐渍土水盐运动及作物生长发育影响的研究 [J]．土壤通报，1998，29 (6)：264 - 266.

[27] 张金珠，虎胆·吐马尔白，王振华，等．不同深度秸秆覆盖对滴灌棉田土壤水盐运移的影响 [J]．灌溉排水学报，2012，31 (3)：37 - 41.

[28] 张金珠，虎胆·吐马尔白，王振华．秸秆覆盖对滴灌棉花土壤盐分分布的调控影响 [J]．节水灌溉，2012 (7)：26 - 28.

[29] 陈启生，戚隆溪．有植被覆盖条件下土壤水盐运动规律研究 [J]．水利学报，1996 (1)：38 - 46.

[30] 纪永福，蔺海明，杨自辉，等．夏季覆盖盐碱地表面对土壤盐分和水分的影响 [J]．干旱区研究，2007，24 (3)：375 - 381.

[31] 刘国华．于田绿洲土壤盐分特征及其成盐驱动因子 [D]．乌鲁木齐：新疆大学，2009.

[32] 刘雪芹，范兴科，马甜．滴灌条件下砂壤土水分运动规律研究 [J]．灌溉排水学报，2006，25 (3)：56 - 59.

[33] 王全九，王文焰，吕殿青，等．膜下滴灌盐碱地水盐运移特征研究 [J]．农业工程学报，2000，16 (4)：54 - 57.

[34] 王勇，张宝林，侯永堂．滴灌条件下盐渍化土壤盐分运移规律的研究 [J]．内蒙古水利，

2002，90（4）：22-24.

[35] 侯振安，李品芳，吕新，等．不同滴灌施肥方式下棉花根区的水、盐、氮素分布 [J]. 中国农业科学，2007，40（3）：549-557.

[36] 叶含春，刘太宁，王立洪．棉花滴灌田间盐分变化规律的初步研究 [J]. 节水灌溉，2003（4）：4-7.

[37] 张琼，李光永，柴付军．棉花膜下滴灌条件下灌水频率对土壤水盐分布和棉花生长的影响 [J]. 水利学报，2004，35（9）：123-126.

[38] 马玲，曾胜何，马萍，等．棉花膜下滴灌水盐运动规律研究 [J]. 新疆农业大学学报，2001，24（2）：30-34.

[39] 王全九，王文焰，汪志荣，等．盐碱地膜下滴灌技术参数的确定 [J]. 农业工程学，2001，12（2）：47-50.

[40] 吕殿青，王全九，王文焰，等．膜下滴灌土壤盐分特性及影响因素的初步研究 [J]. 灌溉排水，2001，20（l）：28-31.

[41] 李毅，王文焰，王全九，等．非充分供水条件下滴灌入渗的水盐运移特征研究 [J]. 水土保持学报，2003，17（1）：1-4.

[42] 周宏飞，马金铃．塔里木灌区棉田的水盐动态和水盐平衡问题探讨 [J]. 灌溉排水，2005，24（6）：10-15.

[43] 刘新永，田长彦，吕昭智．膜下滴灌风沙土盐分变化及分布特点 [J]. 干旱区研究，2005，22（2）：172-176.

[44] 陈小兵，杨劲松，刘春卿．新疆阿拉尔灌区土壤次生盐碱化防治及其相关问题研究 [J]. 干旱区资源与环境，2007，21（6）：168-172.

[45] 王兆伟，王春堂，郝卫平，等．秸秆覆盖下的土壤水热运移 [J]. 中国农学通报，2010（7）：239-242.

[46] De Vries D A. Simultaneous transfer of heat and moisture in porous media [J]. Trans. Am. Gepphy. Union. 1958，39：9-16.

[47] M. Th. van Genuchten. A Closed-Form Equation for Predicting the Hydraulic Conductivity of Unsaturated Soils [J]. Soil Science Society American Journal，1980，44：892-898.

[48] Rassam D W，Cook F J. Numerical simulations of water flow and solute transport applied to acidsulfate soils [J]. Journal of Irrigation and Drainage Engineering. 2002，128（2）：107-115.

[49] 尹大凯．引黄灌区水资源联合调度与地下水可再生利用 [D]. 北京：清华大学，2002.

[50] Simunek J，M Sejna，M Th van Genuchten. The Hydrus-1D Software Package for Simulating the One-Dimensional Movementof Water，Heat，and Multiple Solutes in Variably-Saturated Media. http：//www. ussl. ars. usda. gov. 1998.

[51] 尹大凯，胡和平，惠士博．青铜峡银北灌区井灌井排水盐运动数值模拟 [J]. 农业工程学报，2002，18（3）：1-4.

[52] 毕经伟，张佳宝，陈效民，等．应用 HYDRUS-1D 模型模拟农田土壤水渗漏及硝态氮淋失特征 [J]. 农村生态环境，2004，20（2）：28-32.

[53] 李久生，张建君，饶敏杰．滴灌施肥灌溉的水氮运移数学模拟及试验验证 [J]. 水利学报，2005，36（8）：932-938.

[54] 马军花，任理．考虑水力学和矿化参数空间变异下土壤水氮运移的数值分析 [J]. 水利学报，2005，36（9）：779-785.

[55] 胡克林，李保国，陈研，等．作物生长与土壤水氮运移联合模拟的研究——模型 [J]. 水利学报，2007，38（7）：779-785.

[56] 池宝亮，黄学芳，张冬梅，等．点源地下滴灌土壤水分运动数值模拟及验证 [J]. 农业工程

学报，2005，21（3）：56-59.

[57] 张林，吴普特，范兴科．多点源滴灌条件下土壤水分运动的数值模拟［J］．农业工程学报，2010，26（9）：40-45.

[58] 李亮．内蒙古河套灌区耕荒地间土壤水盐运移规律研究［D］．呼和浩特：内蒙古农业大学水利与土木工程建筑学院，2008.

[59] 李亮．内蒙古河套灌区耕荒地间土壤水盐运移规律研究［D］．呼和浩特：内蒙古农业大学水利与土木工程建筑学院，2008.

[60] 李红．地下滴灌条件下土壤水分运动试验及数值模拟［D］．武汉：武汉大学，2005.

[61] 王薇．棉田滴灌土壤水分运动规律及数值模拟研究［D］．乌鲁木齐：新疆农业大学，2008.

[62] 虎胆·吐马尔白，王薇，孟杰，等．作物生长条件下沙拉塔纳农田水盐耦合运移模型［J］．新疆农业大学学报，2008，31（1）：93-96.

[63] 吴元芝，黄明斌．基于 Hydrus-1D 模型的玉米根系吸水影响因素分析［J］．农业工程学报，2011，27（增2）：66-72.

[64] 周青云．葡萄园根系分区交替滴灌条件下土壤水分动态变化规律与模拟［D］．北京：中国农业大学，2007.

第二章 室内外试验

第一节 试验区概况

一、包头湖试验区

试验区域位于包头湖农场，地处库尔勒市西南 28km 处的孔雀河三角洲冲积扇下部，地形低洼，地下水位较高，海拔在 885m。地处东经 86°08′~1°56′、北纬 41°56′，东临库尔勒市永丰渠，西与孔雀河相邻，北接和什力克乡。地形走势为东北高、西南低。年均降水量为 102mm，年平均气温 10.7℃，无霜期 132~181 天，地下水位埋深 2~3m。耕地面积 1760hm²[●]，其中梨园 620hm²，棉花 1140hm²。地表水每年 1400 万 m³，地下水丰富，水质较好，全农场机井 84 口，自来水井 4 口，每年开采 1512 万 m³，可基本满足现有耕地的用水需要。

二、121 团炮台试验区

121 团炮台试验区位于欧亚大陆腹地，具有温带大陆性气候特点，地处天山北麓的准格尔盆地底部，毗邻古尔班通古特沙漠。地理位置为东经 85°20′~85°50′、北伟 44°45′~44°58′，平均海拔 337.1m。该地区夏季炎热，冬季寒冷，最高气温曾达到 44.1℃，最低气温可达到 -42.5℃。较大的温差形成了特殊的地理环境。全年少雨多晴，光照比较充足，日照时间长，年均日照时数达 2861.6h，具有丰富的光热资源，无霜期平均为 166 天。干旱缺水，蒸发强烈，年蒸发量为 1826.2mm，年降雨量为 141.8mm，蒸降比达到了 10∶1。试验地土壤平均容重为 1.40g/cm³。地下水埋深在 4m 左右。

三、石河子灌溉排水试验区

石河子大学现代节水灌溉兵团重点实验室试验基地暨石河子大学节水灌溉试验区，位于新疆石河子市郊区石河子大学农试场二连，地处东经 85°59′47″、北纬 44°19′28″，海拔 327m，平均地面坡度 6‰。试验点地处天山北麓中段准噶尔盆地西南缘，属中温带大陆性干旱气候。年平均日照时间达 2865h，大于 10℃积温为 3463.5℃，大于 15℃积温为 2960.0℃，无霜期达到 170 天，多年平均降雨量 207mm，历史上日最大降雨量出现在 1999 年 8 月 14 日，达 39.2mm，日最大降雪量出现在 2000 年 1 月 3 日，达 19.6mm，平均蒸发量 1660mm，年平均风速 1.5m/s，静风占 32%，偏南风占 22%，偏西风 17%，偏北风占 15%，偏东风占 14%。

[●] 1hm² = 10000m²

试验地地下水埋深大于 8m，小区 0~30cm 土层土壤平均容重 1.45g/cm³，40~80cm 土层土壤平均容重 1.59g/cm³，90~120cm 土层土壤平均容重 1.66g/cm³，田间持水率为 26.3%（cm³/cm³）。试验小区土壤基础养分见表 2-1。

表 2-1　　　　　　　　　　　试验小区土壤基础养分

基础性状	pH	有效磷	全磷	水解性氮	全氮	速效钾
含量	7.83	30.53mg/kg	0.94g/kg	114.28	0.77	422.66mg/kg

第二节 室 内 试 验

一、土壤颗粒分析试验

（一）包头湖试验区

包头湖试验区域内，不同盐度土样不同土层的颗粒成分组成见表 2-2。

表 2-2　　　　　　　　　　　土 壤 颗 粒 组 成

棉田	深度/cm	砾粒/mm			砂砾/mm			粉粒/mm		黏粒/mm
		20~60	5~20	2~4	0.5~2	0.25~0.5	0.075~0.25	0.05~0.075	0.005~0.05	0.001~0.005
轻盐度	0~20							44.62	44.50	10.88
	20~50								91.75	8.25
	50~80								84.51	15.49
	>80								93.41	6.59
中盐度	0~20							44.62	52.08	3.30
	20~50							42.97	55.05	1.98
	50~80								96.37	3.63
	>80								91.09	8.91
重盐度	0~20								91.42	8.58
	20~50								87.14	12.86
	50~80								88.46	11.54
	>80								75.27	24.73

美国农业部制定的土壤质地分类三角图被大多数地区用来确定土壤分类，如图 2-1 所示。由土壤颗粒组成及土壤质地三角图对试验土样进行颗粒分析，结果见表 2-3。

表 2-3　　　　　　　　　　　各 盐 度 土 壤 类 型

项目	粉粒/%	黏粒/%	容重/(g/cm³)	土壤类型
轻盐度土壤	89.70	10.30	1.32	粉砂壤土
中盐度土壤	95.56	4.46	1.36	粉砂土
重盐度土壤	85.57	14.43	1.44	粉砂壤土

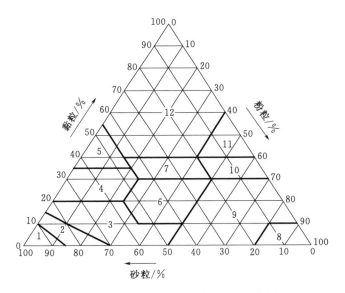

图 2-1　美国农业部土壤质地分类三角图

1—砂土；2—壤质砂土；3—砂质壤土；4—砂质黏壤土；5—砂质黏土；6—壤土；7—黏质壤土；

8—粉砂土；9—粉砂壤土；10—粉砂黏壤土；11—粉砂黏土；12—黏土

（二）121 团炮台试验区

121 团炮台试验区内，不同盐度土样不同土层的颗粒成分组成见表 2-4。

表 2-4　　　　　　　　土 壤 颗 粒 分 析 结 果

黏粒（<0.002mm）	粉粒（0.002~0.05mm）	砂粒（0.05~2mm）	容重	土壤类型
23.7%	0.7%	75.6%	1.54g/cm³	砂质黏壤土

二、土壤水分运动参数试验

（一）土壤水分特征曲线

试验于包头湖试验区和 121 团炮台试验区内取土，在新疆农业大学农水试验室内完成试验。用环刀法在试验区取样，取样后置于恒温箱中烘干（105℃，8h），然后将干土样粉碎磨细，去杂后过 2mm 标准孔筛。筛分去除杂质，洒水均匀搅拌，使质量含水率保持在 8%~10% 为宜，然后分层装填于土壤水分特征曲线测定装置的盛土容器，如图 2-2 所示。

试验前测定装置的气密性。在水银槽中注入约 2/3 槽高的水银，用无气水液封水银面，防止水银的蒸发。向陶瓷头内装入满满的无气水，用

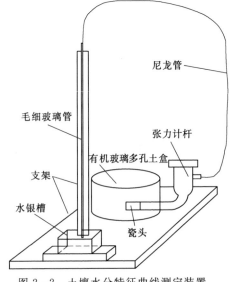

图 2-2　土壤水分特征曲线测定装置

特制的橡皮塞塞住陶瓷头，从注射器向陶土头内注水，直到赶出陶瓷头内的所有气泡。如无气泡产生，且张力计的示数一直保持在某个数值不变，则表明陶土头的气密性比较好，可以进行后面的试验。

将容器置于纯净水中（24h）使之饱和，注意避免将土面和陶土头的插口浸入水中。拿出容器静置一段时间后，开始试验土壤的初始脱湿过程，每隔 2h 用精度为 0.1g 的 SR64001 电子秤称量相应的装置重量和记录张力计的读数。当张力计的读数接近最大的量程时，开始进行土壤的主吸湿试验，每天用注射剂在土壤表面绕同心圆均匀适量洒水，然后用塑料布把土盖住以减少蒸发。每隔 2h 洒水、称重及记录张力计读数。当张力计读数为零时，开始进行土壤的主要脱湿试验，其试验方法和步骤与初始脱湿过程类似。

根据测得的装置质量数据计算含水率，根据水银柱高度换算成水柱高度，然后点绘出 $h - \theta$ 关系曲线。此次试验土壤容重为 1.4g/cm³，含盐率为 4.5g/kg。

（二）土壤水分扩散率

试验在包头湖试验区及炮台试验区取土，于新疆农业大学农水试验室完成。其中，包头湖试验区试验土容重为 1.44g/cm³ 含盐率为 0.74%，属于中度盐化土，根据国际制土壤分类标准测定实验用土机械组成和容重，为粉砂壤土，其中粉粒占 86.45%，黏粒占 13.55%。

该试验操作步骤如下：将从试验区取回的样品自然风干后，把干土样粉碎磨细，去杂后过 2mm 标准孔筛。用称重法测量土样的初始含水率，然后按照 1.4g/cm³ 的容重装土（图 2-3）。将螺杆旋紧然后水平放置。准备供水，打开控制进水的阀门，瞬时给进水室充水。开始计时并记下供水箱初始水位的读数。观察装置内湿润锋的运动情况，经过相当长的时间，即湿润锋面几乎不变且没有到达土柱末端时，即可结束试验，此时关闭供水阀门停止供水，记下整个试验的历时及总水量。松开紧固螺杆，按节取出土壤用烘干法测定土壤的含水率。

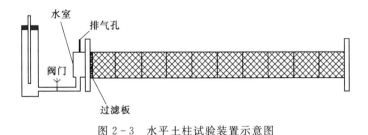

图 2-3 水平土柱试验装置示意图

三、排盐沟试验

试验区土壤取自新疆石河子 121 团炮台试验区农田，在新疆农业大学农水试验室完成，按照图 2-4 所示的种植模式在试验地内进行。土壤质地为砂壤土，其中黏粒占 6.5%，粉粒占 85.4%，砂砾占 8.1%。试验区域长宽高为 5.4m×1.4m×0.8m，土槽的四周采用不透水薄膜隔开。将从 121 团试验田运回来的土样自然风干，过 2mm 筛，按 1.4g/cm³ 容重分层（每层厚度 10cm）均匀装入土槽，并均匀分为 6 个试验小块，每块试验区规格 0.9m×1.4m×0.8m，按图 2-4 模式种植棉花。试验设计见表 2-5，每个梯度设置两个重复。水平方向分别在膜中（滴灌带处）、棉花行间、排盐沟 3 处取土，共 3 个取样点，3 个重复，取土样位置如图 2-4 中 1、2、3 点处所示。棉花膜中和行间从地表向下按 0～5cm、5～10cm、10～20cm、20～30cm、30～40cm、40～60cm、60～80cm 分 7 层取样，排盐沟从地表向下按 0～5cm、5～10cm、10～20cm、20～30cm、30～40cm、40～50cm 分 6 层取样。分别在 2015 年 5 月 27 日、2015 年 8 月 28 日、2015 年 10 月 11 日、2015 年 10 月 13 日使用土钻法采集土壤样品。

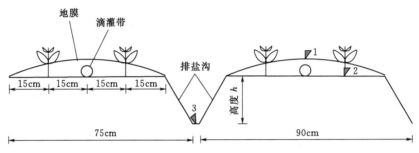

图 2-4　一膜一管两行的布置

采用烘干法测定土壤的质量含水率，制取土水比为 1∶5（取 18g 土与 90g 蒸馏水）的土壤浸提液，利用上海雷磁仪器厂生产的 DDSJ-308A 电导率仪测定溶液含盐率。灌溉用水定额及灌溉用水量采用水表法测量；灌溉水矿化度在 1g/L 左右。

表 2-5　　　　　　　　　　　排 盐 试 验 设 计

排盐沟深度 h/cm	灌溉定额/(m³/hm²)	灌水次数/次
10	3900	9
20	3900	9
30	3900	9

四、滴灌土槽试验

试验土样为粉砂土，取自石河子垦区 121 团大田耕作层，是典型的盐碱土，试验于 2012 年 4—9 月在新疆农业大学露天试验场地进行。土槽的底部和四周采用塑料玻璃密封，长宽高尺寸分别为 100cm、80cm、80cm，如图 2-5 所示。装入土壤时，每 10cm 压实一次，压实后刨毛再装土，防止土壤分层。采用马氏瓶供水，田间滴灌带滴水，为了模拟当地的实际种植环境，棉花种植方式与田间一致，采用一膜两管六行栽培方式布置，如图 2-6 所示。

五、双点源入渗试验

室内双点源滴灌试验于 2009 年在新疆农业大学进行，该试验土样采自新疆石河子 121 团炮台试验。将风干土样过直径 2cm 筛子后，装入特制的土槽中，进行夯实、平整。土槽体积为 100cm×80cm×80cm，试验土槽由有机玻璃制成。试验供水装置由马氏瓶和

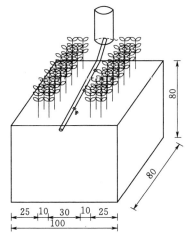

图 2-5　土槽棉花示意图（单位：cm）

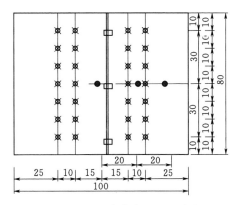

图 2-6　土槽膜下滴灌布置图（单位：cm）

医用输液管组成，通过调节医用输液管上的阀门来控制滴头流量；在钢筋制作的支架上放置两个马氏瓶，两根输液管一端连接马氏瓶，另一端放置于土槽上方，用输液管模拟滴头。输液管间距采用农田滴头间距 30cm。利用秒表和量筒率定滴头流量，并抽查试验过程中部分时刻的滴头流量，确保供水强度的稳定性，实验过程中利用马氏瓶稳压供水。布置方式如图 2-7 所示。由于采取的都是同一土样，再加上土槽体积比较小，所以水盐空间变异可以不做考虑。试验设计了 3 个水平的滴头流量（1L/h、2L/h、3L/h）和两个水平的历时（3h、6h），均不覆膜。相同灌水定额 10L，不同滴头流量 1L/h、2L/h、3L/h 的双点源交汇试验。

实验前首先用钢尺对土槽表面的土进行平整，然后用秒表和量筒将滴头流量调整至试验设计的水平。在双点源入渗过程中，用秒表记录入渗时间，用尺子测量湿润锋水平运移距离和垂直运移距离和交汇湿润锋直径，用记号笔在玻璃壁上画出不同时间的湿润锋轮廓区域。同时记录马氏瓶的体积读数。刚开始每隔 5min 测量一次，后来每隔 15min 测量一次，一直到历时滴水结束。滴水结束 12h 后用土钻在湿润区域内取土，在交汇湿润锋中心处向两边每隔 5cm 处作为一个取土点，垂直方向取土点间距 5cm，取土深度 40cm。试验取样如图 2-8 所示。

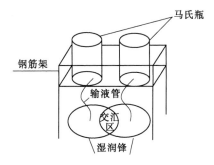

图 2-7　双点源入渗试验布置图

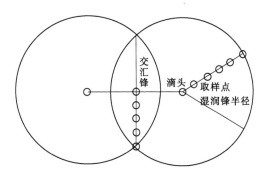

图 2-8　双点源交汇取土布置图

六、秸秆覆盖试验

试验土壤采自 121 团炮台试验区，选择当地土质为沙壤土，土壤物理参数见表 2-6，在石河子大学现代节水灌溉兵团重点实验室试验基地完成。

表 2-6 供 试 土 壤 物 理 参 数

黏粒 （＜0.002mm）	粉粒 （0.002～0.05mm）	沙粒 （0.05～0.25mm）	土壤质地	风干体积 含水率	试验容重
12%	20%	68%	沙壤土	$0.024\text{cm}^3/\text{cm}^3$	1.45g/cm^3

试验系统包括土柱、水银温度计（0～200℃）以及电子秤、马氏瓶、275W 红外灯泡、麦秸秸秆。试验土柱是用有厚 5mm 有机玻璃管制作而成，长 80cm，直径为 20cm。在其侧面每隔 5cm 开一个 10mm 小孔，在垂直方向上呈 90°错开，蒸发结束后分层取土柱表层 0～1cm 和土柱侧边每隔 5cm 开口的土样。为了隔断土柱与外界环境间温度交换，在土柱外围包有一层 2cm 厚的橡塑海绵再加一层反射膜。灯泡距离土柱表面 30cm，可以保证快速传热，试验装置示意图如图 2-9 所示。

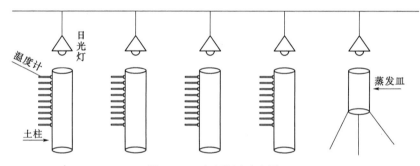

图 2-9 试验装置示意图

降低蒸发常用方法之一就是添加覆盖层，覆盖层材料可以选择秸秆、塑料薄膜等，绝大多数覆盖层隔离了土壤表面太阳的直接辐射，这样由于穿过土壤表层的热流减少相应的减少水分的散失。而本试验不仅考虑覆盖材料还考虑了覆盖位置，设计两覆盖位置表层覆盖和距地表 20cm 处覆盖。根据覆盖秸秆量与覆盖位置设 8 个处理：分别为 0kg/hm^2（CK）、6000kg/hm^2、12000kg/hm^2 和 18000kg/hm^2，覆盖位置为表层和 20cm 处覆盖，重复 3 次，试验处理见表 2-7，为作图便于识别，将不同处理简写成符号，见表 2-8。

表 2-7 试 验 处 理 水 平 表

因素	水平一	水平二	水平三	水平四
秸秆量/（kg/hm²）	0	6000	12000	18000
覆盖位置/cm	0	20		

表 2 - 8	试验处理简写符号表	
秸秆量/(kg/hm²)	表层覆盖	距地表20cm处覆盖
0	0—0	20—0
6000	0—6000	20—6000
12000	0—12000	20—1200
18000	0—18000	20—18000

试验分为两步，第一步是入渗试验，利用马氏瓶稳压供水，灌水量95.5mm，流速0.48L/h，入渗2880min后，开始取土从距土柱顶端5cm处（也是土面表层）开始，取样位置分别是：0~1cm、5cm、10cm、15cm、20cm、25cm、30cm、35cm、40cm处，每隔5cm用小勺取土样，共取9个土样，在其取土相应位置处放入9支温度计，以测定土柱在蒸发10080min（168h）过程中各点温度变化。第二步是土柱蒸发试验，275W的红外灯昼夜照射用于模拟稳定蒸发，用直径20cm的蒸发皿测定水面蒸发强度。灯光持续照射7天，直至蒸发结束。蒸发结束后打开包装，继续从上往下每隔5cm取样。

第三节　田　间　试　验

一、不同灌溉制度试验

试验于石河子大学现代节水灌溉试验区进行。试验对不同灌溉条件下作物水盐运移以及作物耗水进行了研究，试验进行两年，第一年为2008年4—10月，第二年为2009年4—10月，小区试验进行不同灌溉定额、不同灌水次数下棉花发育及耗水规律和水盐运移的比较研究。采用理论分析与试验研究相结合，根据2年小区膜下滴灌棉花试验数据，对两个试验阶段各个时期监测的不同处理棉花生长发育数据、土壤水分数据、产量数据进行综合对比分析，提出膜下滴灌棉花的耗水规律与水盐运移特征，建立相应的水分生产函数，初步制定膜下滴灌棉花灌溉制度。

试验用地1.36亩，土壤质地为中壤土，分为12个小区，每个小区宽4.7m，长19.3m，面积为90.71m²。试验棉花的品种为惠远710号，采用等行距条播，种植采用膜下滴灌方式，覆膜宽1.2m，一膜两管4行模式（图2-10）。毛管采用新疆天业节水公司生产的单翼迷宫式滴灌带，滴灌带间距90cm，滴头间距为30cm，滴头设计流量为2.6L/h。每个小区由一个球阀单独控制灌水，可保证每个小区可按灌水处理进行；供水系统以

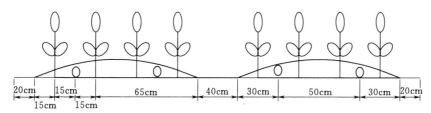

图 2-10　小区膜下滴灌种植模式示意图

水泵加压，管道前部装设有压力表监测管道内水压力，通过调节支管闸阀控制灌水压力。

试验采用中子辐射法监测土壤含水率。在各个小区分别埋设中子仪观测铝管 2 根，铝管长 1.5m，埋入土壤深度 1.1m，露出地面 0.4m；铝管埋设位置一根在棉花窄行，另一根在棉花宽行，基本以中间棉花行为对称线，两根铝管距离中间棉花约 7cm；利用 USA CPN 503DR. 9 型中子仪每次灌水前后监测土壤水分，每次降雨（大于 5mm）后第二天加测一次，从地面向下每 20cm 土层观测一个数据，测至 100cm。

二、点源入渗试验

试验于 2008 年 5—8 月在新疆石河子 121 团炮台试验区进行。不同深度土壤颗粒组成见表 2 - 9。

表 2 - 9　　　　　　　　　　　　不同深度土壤颗粒组成

深度/cm	颗粒含量/%			
	>2mm	0.05～2mm	0.002～0.05mm	<0.002mm
0～30	0.00	22.51	57.14	20.35
30～60	0.00	18.62	69.58	11.80
60～100	0.00	14.62	55.82	29.56

试验中用 2 个马氏瓶模拟大田相邻 2 个滴头，利用医用注射针头来模拟滴头，通过调节注射针头控制阀来控制滴头流量。用秒表和量筒测定滴头流量，用小铲刀平整地面，试验后用土钻取土。试验开始前先用小铲刀对试验地块（裸地）进行平整，然后用 2 个钢筋笼抬高并架住马氏瓶，将输液管与马氏瓶相连，通过调节输液管上的阀门开度来控制滴头流量（稳压供水）。用量桶对滴头流量进行率定，用秒表计时。把滴头流量调整至试验设计水平，在滴灌过程中，不同的灌水历时用尺子测量水平运移距离和交汇锋直径，同时记录马氏瓶读数，测定沙壤土的水平入渗速度。每隔 5～15min 测量一次，直到滴水结束。滴水结束后迅速用土钻取土，采用水平方向取土点间距 5cm、垂直方向 10cm、深度为 40cm（图 2 - 11）。试验过程取湿润体的 1/2 为研究对象，为了消除时间和空间的变异性，4 组试验分别在同一天同一地块进行（3.2L/h、30cm 间距为第一组，3.2L/h、40cm 间距为第二组，2.6L/h、30cm 为第三组，2.6L/h、40cm 为第四组）。

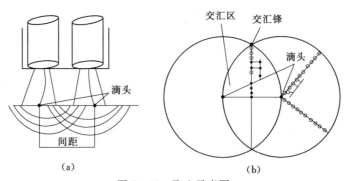

图 2 - 11　取土示意图
(a) 装置；(b) 取土点布置

三、土壤水盐空间变异监测试验

试验于 121 团炮台试验区内取样完成。试验区取样面积 24hm²，区内分布有不同种植年限的膜下滴灌棉田（图 2-12，每块棉田都以其开始实施膜下滴灌的年份命名）。为方便空间分析建模，试验采用规则网格取样。网格规格为 50m×50m。

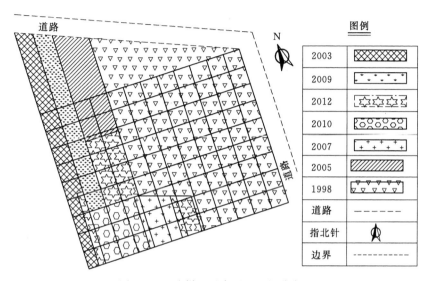

图 2-12 取样区示意图及网格分布图

区内共设置 117 个取样点，每个点位取样深度为 0～5cm、5～20cm、20～40cm、40～60cm、60～80cm、80～100cm，共计 6 个土层，全区共计取样 702 个。网格布置采用经纬仪及花杆定线，用米尺测量点位间的距离，然后再用 GPS 对每个点精确定位，以便为后期持续监测奠定基础。

此次土壤盐分监测试验时间为 2009～2013 年，共计 5 年，选择试验棉田共计 7 块，7 块棉田开始实施膜下滴灌的时间及对应种植年限见表 2-10。

表 2-10　　　　　　　　试验地块与其膜下滴灌应用年限对照

开始实施滴灌年份	1998	2001	2003	2005	2007	2009	2012
年限/年	15	12	10	8	6	4	1

在最初监测的 3 年中，按播种前、播种后、苗期、花铃期、收获期及收获后取样监测。每次按滴头、膜间、行间在垂直于滴灌带方向取土，取土深度为 0～5cm、5～20cm、20～40cm、40～60cm、60～80cm、80～100cm，共计 6 个土层，每次取土都在定位点附近进行。在后两年（2012 年、2013 年）加大监测力度，变为每月中旬取样监测一次，取样深度为 0～5cm、5～20cm、20～40cm、40～60cm、60～90cm、90～120cm、120～150cm，共计 7 个土层，取样点位及方法保持不变。同时，自 2012 年开始，在试验区专门布置一眼地下水位观测井，监测时间与取土时间同步，监测结果见表 2-11。

表 2-11 　　　　　　　　　　　　　　　　　2012 年试验区地下水位

时间	3 月 20 日	4 月 25 日	5 月 22 日	6 月 21 日	7 月 20 日	8 月 23 日	9 月 23 日	10 月 2 日	11 月 26 日	12 月 22 日
水位	3.88	3.69	3.31	3.03	2.51	2.64	2.87	3.09	3.42	3.80

四、冻融试验

(一) 田间取样观测试验

试验于炮台试验区完成,时间为 2009 年 12 月至 2012 年 4 月。试验共采用不同耕种年限膜下滴灌 6 块棉田作为试验田。按气温升降及冻土层深度的变化情况采样,取土时间为选为 2009 年 12 月 27 日、2010 年 1 月 27 日、2010 年 2 月 27 日、2011 年 3 月 30 日、2011 年 4 月 1 日、2011 年 4 月 3 日、2011 年 4 月 6 日。标定取样位置,每次取样均在同一位置取样,并且每一块棉田取样点重复取 3 个点。取土方式为土钻取土,每个点分 0～5cm、5～10cm、10～20cm、20～30cm、30～50cm、50～70cm、70～100cm、100～120cm 及 120～150cm 共计 9 个层次取样。每块条田取样点标记定位,每次取土均为上一次取土附近处。

(二) 冻融对比试验

试验时间为 2012 年 10 月至 2013 年 4 月,在 121 团选取膜下滴灌种植年限较长的棉田 (11 年) 作为典型地块进行积雪消融对土壤水盐运移规律影响研究。在 2012 年 10 月进行积雪对照 (图 2-13) 试验,在下雪前覆盖 1 张 10m×10m 塑料薄膜阻隔积雪,以裸地作为对照区 (处理 1),与膜旁积雪区 (处理 2) 进行对比,分析积雪消融对土壤水盐运移规律的影响。在塑料薄膜地块中心布设观测点,裸地观测点也为其中心。

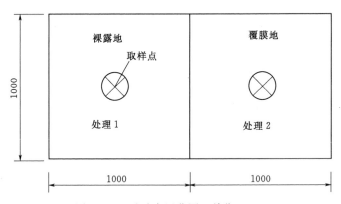

图 2-13　试验布置草图 (单位:cm)

测定各个观测点垂直方向 10cm、20cm、40cm、60cm、90cm、120cm、150cm 7 个土层的含水率和含盐率,从 2012 年 11 月 22 日开始监测,2013 年 3 月 24 日监测完毕。取土时间分别为 2012 年 11 月 22 日、2012 年 12 月 18 日、2013 年 1 月 12 日、2013 年 3 月 1日、2013 年 3 月 10 日、2013 年 3 月 14 日、2013 年 3 月 17 日、2013 年 3 月 20 日和 2013年 3 月 24 共 9 次。

五、高、中、低3种不同盐度棉田试验

高、中、低3种不同盐度棉田试验在包头湖试验区内进行。

(一)土壤水盐监测试验

从2013年6月至2015年10月包头湖农场选取不同盐度膜下滴灌种植棉田作为典型地块进行土壤水盐运移规律影响研究。取样点如图2-14所示,棉花种植模式如图2-15所示。

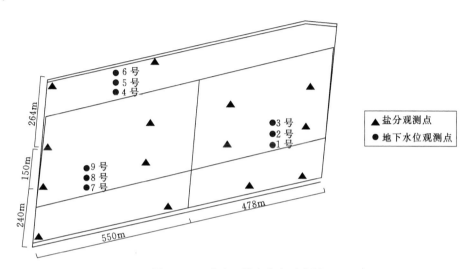

图2-14 试验区样点分布示意图

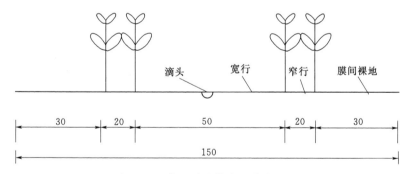

图2-15 棉花种植模式(单位:cm)

试验区选择在大田中进行田间取样,使用土钻法分别在滴头(宽行)、膜间(膜间裸地)、行间(窄行)3处垂直取0cm、10cm、20cm、30cm、40cm、50cm、60cm、80cm、100cm深度土层的土壤,测定土壤含水率和含盐率。取土时间定为每次灌水前一天及灌水后两天。每次选取相同位置取土点,每个点取3组试验土样,测出土壤含水含盐率。

(二)冬灌试验

为初步观测不同冬灌水量对中盐度棉田的脱盐效果,本试验采取5个(80m³/亩、120m³/亩、160m³/亩、200m³/亩、240m³/亩)冬灌水量和1个空白对照(不进行冬灌的

试验小区），对 5 块试验小区定点取土，取土深度范围为 0～100cm，每块实验区 6 个重复，共取得土样 11×6×6×2＝792（个）。灌水时间为 2012 年 11 月 12 日，播种时间为 2013 年 4 月 5 日，冬灌前在 0～60cm 深度范围内进行土壤容重的测定。以地下水和河水混合进行灌溉。冬灌试验试验试验仪器有秒表、环刀、电子秤（精度为 0.01g）、电导率仪、封口袋、透明八角杯、运输水的拖拉机、体积为 0.5m³ 塑料水桶 2 个、水表、刻度尺。

（三）双环入渗试验

春灌灌溉面积较大，约为 115 亩，其中轻盐度棉田 35 亩，中盐度棉田 60 亩，重盐度棉田 20 亩，在大面积范围内不便于进行土壤入渗情况的观测，本试验采用双环试验模拟春灌条件下田间土壤入渗情况，观测比较不同盐度棉田土壤入渗情况的差异性。

观测不同盐度棉田土壤入渗情况的差异性，在棉田春灌前采用双环入渗试验进行春灌试验的模拟，双环中内环直径为 50cm，外环直径为 75cm，双环高度为 50cm，双环埋入土层深度为 15cm，田间装置如图 2-16 所示。

图 2-16　田间双环入渗试验

六、秸秆覆盖试验

试验于石河子大学节水灌溉实验站进行。试验测坑面积为 2m×3m，测坑之间布设隔水材料以切断水分的横向传输。测坑下方不封闭，测坑 2.3m 深度处铺设砂石垫层，目的是为了防止毛管作用引起的地下水对上层土壤水分的影响。选择当地典型中壤土平均容重 1.45kg/m³，田间持水率 31％（质量含水率，下同），盐碱土平均容重 1.54kg/m³，田间持水率 27％，试验方案见表 2-12。供试棉花品种惠远 710，南北向种植，选种棉花新陆早 7 号（822）品种。所用秸秆均为小麦秸秆且无任何处理，秸秆覆盖量为 16000kg/hm²。2012 年 5 月 1 日采用"干播湿出"方式播种。每个测坑 2 条滴灌带，1 条滴灌带控制 2 行棉花，行距为 30cm＋60cm＋30cm，株距为 10cm，采用新疆天业集团生产的迷宫式滴灌管，滴头间距 30cm，设计滴头流量 1.6L/h，水表计量灌水量。

试验设 6 个处理见表 2-12，分别为中壤土表层覆盖（loam surface straw mulch, LSM）、中壤土 30cm 深处覆盖（loam straw mulch subsurface 30cm，LM30）、中壤土无覆盖（loam uncovered straw mulch，LUM）、盐碱土表层覆盖（saline-alkali soil surface straw mulch，SSM）、盐碱土 30cm 深处覆盖（saline-alkali soil straw mulch subsurface 30cm，SM30）、盐碱土无覆盖（saline-alkali soil uncovered straw mulch，SUM），试验布置如图 2-17 所示。中壤土和盐碱土灌水次数、灌溉定额与施肥均保持一致，全生育期灌水次数共 11 次，灌溉定额 378mm，灌水定额在 35mm 左右，施肥量 832kg/hm²。在水平方向距滴灌带 0cm、25cm、45cm 处分别取距表土 0cm、20cm、40cm、60cm、80cm、100cm 处的土壤，测定其含水率和含盐率。主要试验仪器有：中子仪、电子天平、电导

率仪、马氏瓶等。

表 2 - 12　　　　　　　　　　　　　　　　试 验 设 计 表

试验处理	1	2	3	4	5	6
土壤类型	中壤土			盐碱土		
覆盖方式	表层覆盖	30cm 深处覆盖	无覆盖	表层覆盖	30cm 深处覆盖	无覆盖
表示符号	LSM	LM30	LUM	SSM	SM30	SUM

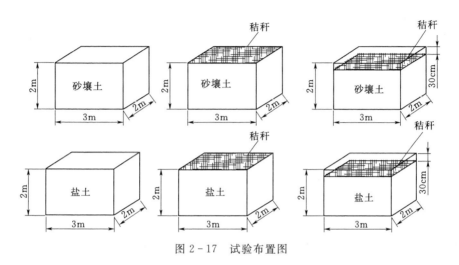

图 2 - 17　试验布置图

第三章　滴灌棉田土壤水分运动参数确定

随着土壤水分运动定量研究的深入，数学模型已广泛被用于土壤水分运动的模拟计算，而计算精度很大程度上取决于土壤水分运动参数的准确性。因此准确估计土壤水分运动参数成为一项基础工作[1]。土壤水分运动参数是确定土壤水盐运移规律的基本参数，主要包括容水度 C（θ）、扩散率 D（θ）、土壤导水率 K（θ）等[2]。通常用来测定土壤水分运动参数的方法有两种：①通过室内试验确定参数，工作繁琐，且影响因素较多；②通过应用 RETC 软件，根据土壤颗粒组成和容重，进行模拟土壤水分运动参数，也可以达到预期的效果。

当前，RETC 软件由美国盐改中心开发，可用于分析非饱和土壤水分和水力传导特性，它可以很方便地实现土壤转换函数功能，即根据土壤的颗粒级配中砂粒、粉粒、黏粒的百分含量以及土壤容重等土壤物理性质数据，利用人工神经网络方法[3]直接输出相应模型中的相关参数。本章通过室内试验测得的实测值结合 RETC 软件拟合得出相应的土壤水分运动参数，从而为土壤水盐数值模拟提供参考依据。

第一节　土壤水分特征曲线

土壤水分特征曲线是表示土壤水的能量和数量之间的关系，是研究土壤水分的保持和运动所用到的反映土壤水分基本特性的曲线。近几十年来，许多国内外学者都投入大量精力发展并完善土壤水分特征曲线[4]，其中室内试验方法包括张力计法[5-8]、离心机法[9]、压力膜法[10]和平衡水汽压法等等，张力计法简单并易于操作，费用相对低廉，在室内和田间应用比较广泛[11]。与此同时，在大量室内实验的基础上[12]，发展了一些经验公式来表示土壤含水量与吸力的关系，如 van Genuchten 模型[13]、Brooks and Corey 模型[14]、Mualem 模型[15]、Kosugi 模型和 Dual-porosity[16]模型，其中 Brooks and Corey 模型和 van Genuchten 模型应用比较广泛。

一、不同模型的土壤水分特征曲线比较分析

（一）最优土壤水分特征曲线拟合模型

土壤水分特征曲线试验布置详见第二章第二节第二部分（一），采用的数据来自石河子 121 团炮台试验区。RETC 软件中包含了不同的土壤水分特征曲线模型，用以拟合实测试验数据，分析或预测非饱和土壤的水力性质。

1. van Genuchten 模型及其修正模型（VG 模型）[17]

$$\theta(h) = \begin{cases} \theta_r + \dfrac{\theta_s - \theta_r}{(1 + \mid \alpha h \mid^n)^m} & h < 0 \\ \theta_s & h \geqslant 0 \end{cases} \qquad (3-1)$$

式中：θ_s 为土壤饱和体积含水率；θ_r 为残余土壤体积含水率；h 为负压，m；α 为进气值的倒数，m 与 n 为不相关参数或 $m=1-1/n$ 或 $m=1-2/n$，是土壤孔隙尺寸分布参数，α、m、n 均是影响土壤水分特征曲线形态的经验参数。

2. Brooks and Corey 模型（BC 模型）

$$S_e = \frac{\theta - \theta_r}{\theta_s - \theta_r} = \begin{cases} (\alpha h)^{-\lambda} & \alpha h > 1 \\ 1 & \alpha h \leqslant 1 \end{cases} \tag{3-2}$$

式中：S_e 为饱和度；λ 为土壤孔隙尺寸分布参数，影响土壤水分特征曲线的斜率；其余符号含义同式（3-1）。

3. Dual-porosity 模型（DP 模型）

$$S_e = w_1 \left[1 + (\alpha_1 h)^{n_1}\right]^{-m_1} + w_2 \left[1 + (\alpha_2 h)^{n_2}\right]^{-m_2} \tag{3-3}$$

式中：w_1、w_2 分别为 2 个区域的权重因子；α_1、α_2、m_1、m_2、n_1、n_2 为 2 个区域的经验参数，α_1、α_2 为各自区域进气值的倒数，m_1、m_2、n_1、n_2 为土壤孔隙尺寸分布参数，它们均为影响土壤水分特征曲线的经验参数；其余符号含义同式（3-1）、式（3-2）。

4. Log normal distribution 模型（LND 模型）

$$S_e = \frac{\theta - \theta_r}{\theta_s - \theta_r} = \begin{cases} \dfrac{1}{2} erfc \left\{ \dfrac{\ln\left(\dfrac{h}{h_0}\right)}{\sqrt{2}\,\sigma} \right\} & \alpha h > 1 \\ 1 & \alpha h \leqslant 1 \end{cases} \tag{3-4}$$

式中：h_0 等同于前述公式的 α 为进气值的倒数，σ 等同于前述公式的 n 为土壤孔隙尺寸分布参数，二者均是影响土壤水分特征曲线形态的经验参数；其余符号同式（3-1）、式（3-2）。

软件在选择水分特征曲线模型时，也要选择不同的土壤非饱和导水率的 Mualem[18] 或 Burdine 模型[19]。与 Mualem 模型匹配的有 VG 模型（m 与 n 为不相关参数，$m=1-1/n$）、BC 模型、LND 模型及 DP 模型；与 Burdine 模型匹配的有 VG 模型（m 与 n 为不相关参数，$m=1-2/n$）及 BC 模型。经初步筛选，VG 模型与 Burdine 匹配不合适，BC 模型与 Mualem 和 Burdine 匹配的模型所得结果无明显差异，由于 BC 模型与 Burdine 匹配的模型中所需参数较多且不容易获得，故选取 BC 模型与 Mualem 匹配的模型，简写为 BCM 模型。因此，本试验中描述土壤水分参数的模型组合有 4 种，对应简写为 VGM、BCM、LNDM、DPM，其中 VGM 模型包括 VGM（m，n）、VGM（m，$1/n$）、VGB（m，$2/n$）。

（二）主要脱湿过程最优模型的确定

土壤颗粒百分比及容重试验布置详见第二章第二节第一部分，采用的数据来自石河子 121 团炮台试验区。将土壤颗粒百分比、容重及观测的吸力和含水率值输入 RETC 软件中，利用人工神经网络方法预测出相关参数，$\theta_r = 0.0752$，$\theta_s = 0.4409$，$\alpha = 0.024$，$n = 1.4707$，$K_s = 65.04$。而后选择不同模型对实测土壤水分特征曲线进行拟合，确定土壤水分特征曲线模型参数，通过模型计算出实测土壤水吸力所对应的含水率，并与实测值对比，4 种模型模拟值与实测值对比图如图 3-1 所示，模拟值与实测值拟合统计表见表 3-1。

表 3 - 1　　　　　　　　　　　主脱湿过程各模型拟合统计特征值

主脱湿土壤水分特征曲线模型	样本数	置信度/%	相关系数 r	纳什系数 E	残差平方和 Rss
aVGM (m, n)	67	95	0.9916	0.9905	0.0014
bVGM $(m, 1/n)$	67	95	0.9883	0.9874	0.0019
cVGB $(m, 2/n)$	67	95	0.9825	0.9816	0.0028
dBCM	67	95	0.9590	0.9584	0.0063
eLNDM	67	95	0.8734	0.8728	0.0194
fDPM	67	95	0.9883	0.9874	0.0019

在主要脱湿试验过程中，实测的土壤体积含水率在区间 [0.2298, 0.4003] 内，而从图 3 - 1 中可以看出，图 3 - 1 (b)、(c)、(d)、(f) 中，最大体积含水率低于实测的最大值，图 3 - 1 (e) 中最大体积含水率接近 0.45，而只有图 3 - 1 (a) 体积含水率与实测值非常接近，并且实测点基本全部落在拟合曲线上，各曲线趋势变化几乎完全相同。刚开始，土壤所受的吸力很小，土壤中尚无水排出，土壤水维持在饱和状态。当吸力增大到一定程度后（进气值）饱和土壤中最大孔隙开始排水。在低吸力阶段，吸力变化较小时，土壤含水率便迅速减小，排水主要在大孔隙中进行。此后随着吸力增大，水分特征曲线逐渐变陡，土体排水也由大孔隙排水转化为中小孔隙排水。当吸力很高时，只在十分狭小的孔隙中保持着极为有限的水分，土体对水分吸持能力较强。经过对上述 6 幅图的实测值与模拟值比较，只有图 3 - 1 (a) VGM (m, n) 模型最接近实际。

相关系数是反映两个变量间是否存在相关关系，以及这种关系的密切程度的一个统计量。相关系数 $|r| < 0.4$ 为低度线性相关；$0.4 \leqslant |r| < 0.7$ 为显著性相关；$0.7 \leqslant |r| < 1$ 为高度性相关。残差平方和表示随机误差的效应，其值越小，说明两组数据间的相关性越好。纳什系数 E 是用于评价模式质量的一个评价参数，E 接近 1，表示模式质量好，模型可信度高；E 接近 0，表示模拟结果接近观测值的平均值水平，即总体结果可信，但过程模拟误差大；E 远远小于 0，则模型是不可信的。从统计学角度讲，仅从相关系数绝对值大小来判断两个变量之间的密切程度是不严密的，必须参考相关系数的统计性临界值。由于本研究中样本量和变量个数相同，反映相关程度的临界值也相同，故可以用相关系数绝对值的大小来判断变量间的相关程度。由表 3 - 1 可知，各模型相关系数都处在区间 [0.7, 1] 内，模拟值和实测值之间存在高度线性相关关系，结合残差平方和系数和纳什系数知，VGM (m, n)、VGM $(1/n)$ 和 DPM 模型相对其他而言更符合条件，且这 3 个模型的非饱和导水率模式均为 Mualem 模型。许多学者[20]曾通过室内外实验对比 Mualem 模型和 Burdine 模型的优越性，结果表明 Mualem 模型模拟的结果要优于 Burdine 模型。故本试验应该选择 r、E 值最大和 Rss 值最小的 VGM (m, n) 模型，且 VG 模型的拟合结果较稳定，适应范围更广。故试验区土壤主要脱湿过程水分特征曲线的最优模型为 VGM (m, n) 模型，对应的土壤水分特征曲线方程为

$$\theta(h) = \begin{cases} \dfrac{0.30538}{(1 + |0.00115h|^{1.16664})^{1.8995}} & h < 0 \\ 0.30538 & h \geqslant 0 \end{cases}$$

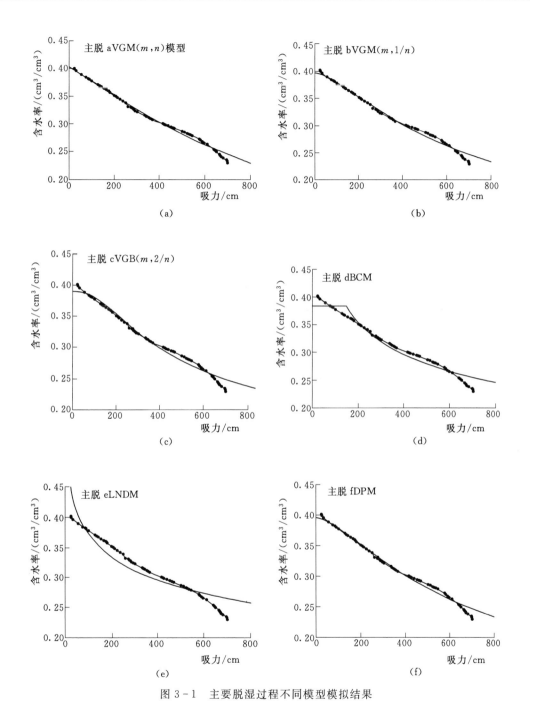

图 3-1　主要脱湿过程不同模型模拟结果

（三）初始脱湿过程最优模型的确定

在初始脱湿过程中，实测的土壤体积含水率在区间 [0.257，0.449] 内，而图 3-2
（a）、（c）、（d）都不符合，且图 3-2（e）中模拟的最小体积含水率接近 0.3，故也不符
合。只有图 3-2（b）和（f）更适合。

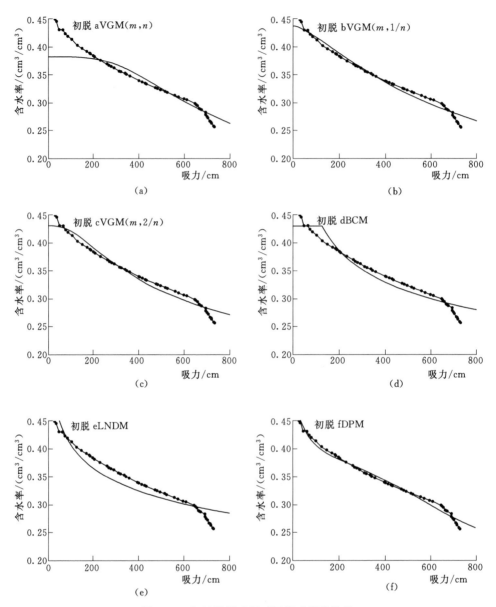

图 3-2　初始脱湿过程不同模型模拟结果

表 3-2　　　　　　　　　初始脱湿过程各模型拟合统计特征值

初始脱湿土壤水分 特征曲线模型	样本数	置信度/%	相关系数 r	纳什系数 E	残差平方和 Rss
aVGM（m, n）	53	95	0.9849	0.8583	0.0207
bVGM（m, 1/n）	53	95	0.9795	0.9762	0.0034
cVGB（m, 2/n）	53	95	0.9713	0.9678	0.0047
dBCM	53	95	0.9416	0.9416	0.0084
eLNDM	53	95	0.9019	0.9018	0.0143
fDPM	53	95	0.9875	0.9875	0.0018

结合表3-2中统计特征值相关系数（r）、纳什系数（E）及残差平方和（Rss）可知，试验区土壤初始脱湿特征曲线模型应选定为DPM模型，但由于DPM模型需要将研究对象划分为两个区域，所求参数更多，不利于计算。而VG模型的拟合结果较稳定，适应范围更广，故最终选定为VGM（m，$1/n$）模型，对应的土壤水分特征曲线方程为

$$\theta(h)=\begin{cases}0.0752+\dfrac{0.36235}{(1+|0.00276h|^{1.51061})^{0.338}} & h<0 \\ 0.43755 & h\geqslant0\end{cases}$$

（四）主要吸湿过程最优模型的确定

在主要吸湿过程中，试验测得土壤体积含水率在区间［0.257，0.399］内。根据图3-3可以看出，只有图3-3（f）中DPM模型较合适。

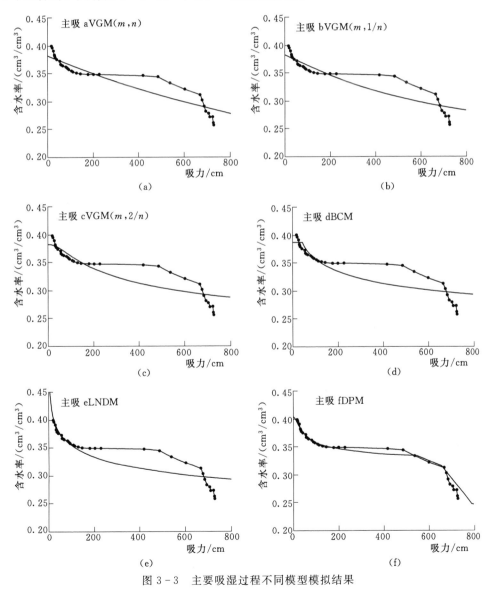

图3-3 主要吸湿过程不同模型模拟结果

表 3 - 3　　　　　　　　　　主要吸湿过程各模型拟合统计特征值

主吸湿土壤水分特征曲线模型	样本数	置信度/%	相关系数 r	纳什系数 E	残差平方和 Rss
aVGM（m，n）	35	95	0.8655	0.8655	0.0074
bVGM（m，$1/n$）	35	95	0.8321	0.8538	0.0081
cVGB（m，$2/n$）	35	95	0.8341	0.8338	0.0092
dBCM	35	95	0.8181	0.8182	0.0101
eLNDM	35	95	0.8249	0.8250	0.0099
fDPM	35	95	0.9893	0.9893	0.0006

结合表 3 - 3 中统计特征值相关系数（r）、纳什系数（E）及残差平方和（Rss）可知，试验区土壤主要吸湿特征曲线模型应选定为 DPM 模型。综上所述，最终选定土壤吸湿过程土壤水分特征曲线最优模型为 DPM 模型，对应的土壤水分特征曲线方程为

$$S_e = 0.5\left[1 + (0.00145h)^{27.99349}\right]^{-0.359} + 0.5\left[1 + (0.0015h)^{1.56}\right]^{-0.359}$$

二、不同盐度的土壤水分特征曲线比较分析

不同盐度土壤水分特征曲线试验布置详见第二章第二节第二部分（一），采用的数据来自包头湖试验区。采用土壤水分特征曲线的函数，由 van Genuchten 的研究发现表明 m 与 n 之间有一定转换关系，通过分析比较，$m = 1 - 1/n$、$m = 1 - 2/n$ 及 $m = 1$ 三种情况下，假定 $n > 1$，拟合结果发现 $m = 1 - 1/n$ 的拟合效果最好，模型详见式（3 - 1）。

根据土壤中沙粒、粉粒、黏粒的百分含量以及土壤容重等土壤物理性质数据即可得出 van Genuchten 模型中的 5 个参数。在操作界面（图 3 - 4）中输入试验土样的物理性质数

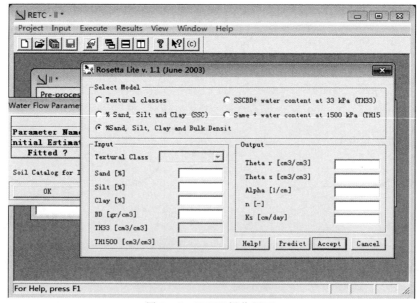

图 3 - 4　RETC 操作界面

据（容重和沙粒、粉粒、黏粒百分含量），点击 Predict，即可以得到 van Genuchten 模型中的 5 个参数（表 3-4），将 5 个参数带入 van Genuchten Mualem 模型，便可计算得到 $\theta(h)$（土壤水分特征曲线方程），此后对实测值与模拟值进行拟合得到的水分特征曲线，拟合得到的水分特征曲线如图 3-5 所示。

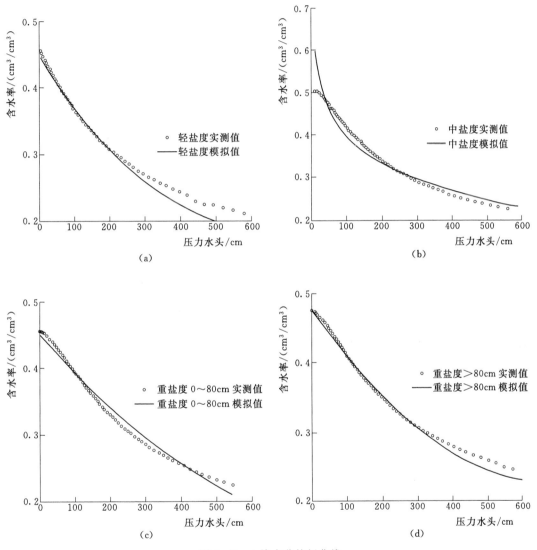

图 3-5 土壤水分特征曲线

为了评价拟合值与实测值的一致性，采用 SPSS 软件对相关系数（Correlation Coefficient，R）来评价预测精度，R 的计算公式如下：

$$R = \frac{\sum_{i=1}^{N}(M_i - \overline{M})(E_i - \overline{E})}{\sqrt{\sum_{i=1}^{N}(M_i - \overline{M})^2 (E_i - \overline{E})^2}} \tag{3-5}$$

式中：M_i、E_i 分别为第 i 次体积含水率实测值与拟合值；N 为观测的次数。

判断式（3-6）～式（3-8）拟合值优劣标准是：相关系数的取值范围在 $-1 < R < 1$ 之间，相关系数的绝对值越接近于 1 则高度相关，越接近于 0，则相关性越差。具体拟合情况见表 3-4，由表 3-4 的 R 值可以看出模拟值与实测值拟合程度的较高，说明该模拟参数选取合理。将拟合参数代入式（3-1），整理得

$$\theta_{轻盐度} = 0.0683 + \frac{0.4206}{[1 + (0.0078h)^{1.6137}]^{0.3803}} \tag{3-6}$$

$$\theta_{中盐度} = 0.0633 + \frac{0.3943}{[1 + (0.0065h)^{1.6366}]^{0.389}} \tag{3-7}$$

$$\theta_{重盐度0\sim80cm} = 0.0611 + \frac{0.396}{[1 + (0.0068h)^{1.6365}]^{0.389}} \tag{3-8}$$

$$\theta_{重盐度>80cm} = 0.0848 + \frac{0.3883}{[1 + (0.0075h)^{1.5599}]^{0.3589}} \tag{3-9}$$

表 3-4　　　　　　　　　　　　水分特征曲线拟合参数

土壤参数	深度/cm	θ_s	θ_r	α	n	相关系数
轻盐度棉田拟合值	0～100	0.4889	0.0683	0.0078	1.6137	0.994
中盐度棉田拟合值	0～100	0.4576	0.0633	0.0065	1.6366	0.96
重盐度棉田拟合值	0～80	0.4571	0.0611	0.0068	1.6365	0.985
	>80	0.4731	0.0848	0.0075	1.5599	0.925

容水度为土壤水分特征曲线斜率的相反数，其定义式为：$C(\theta) = -\dfrac{\mathrm{d}\theta}{\mathrm{d}h}$，即由单位基质势变化引起的土壤含水量的变化，它是运用于分析土壤水保持和运动能力的重要参数之一，可用先前所得土壤水分特征曲线 $\theta(h)$ 求解，求导可得 $C(\theta)$ 的关系式为

$$C(\theta) = mn\alpha \left[\left(\frac{\theta - \theta_r}{\theta_s - \theta_r}\right)^{-\frac{1}{m}} - 1\right]^{(1-\frac{1}{n})} \left(\frac{\theta - \theta_r}{\theta_s - \theta_r}\right)^{(1+\frac{1}{m})} (\theta_s - \theta_r) \tag{3-10}$$

将式（3-6）～式（3-9）代入式（3-10），整理得

$$C(\theta)_{轻盐度} = 2.01332 \times 10^{-3} \left[\left(\frac{\theta - 0.0683}{0.4206}\right)^{-2.6295} - 1\right]^{0.380306} \left(\frac{\theta - 0.0683}{0.4206}\right)^{3.629} \tag{3-11}$$

$$C(\theta)_{中盐度} = 1.632 \times 10^{-3} \left[\left(\frac{\theta - 0.0633}{0.3943}\right)^{-2.57069} - 1\right]^{0.38897} \left(\frac{\theta - 0.0597}{0.451}\right)^{3.570694} \tag{3-12}$$

$$C(\theta)_{重盐度0\sim80cm} = 1.714 \times 10^{-3} \left[\left(\frac{\theta - 0.0611}{0.396}\right)^{-2.57136} - 1\right]^{0.38894} \left(\frac{\theta - 0.0611}{0.396}\right)^{3.571} \tag{3-13}$$

$$C(\theta)_{重盐度>80cm} = 1.63 \times 10^{-3} \left[\left(\frac{\theta - 0.0848}{0.3883}\right)^{-2.78629} - 1\right]^{0.386} \left(\frac{\theta - 0.0848}{0.3883}\right)^{3.7863} \tag{3-14}$$

第二节　土 壤 水 分 扩 散 率

土壤水分扩散率 $D(\theta)$ 反映了土壤孔隙度、孔隙大小、分布以及导水性能，并影响着土壤中水分运动的状况[21]。对于地表水-土壤水-地下水转化规律的研究、农田土壤水分预测预报以及区域水盐运动规律的研究等，它是不可缺少的参数。

其测定微分方程式及限制条件为

$$
\begin{aligned}
&\frac{\partial \theta}{\partial t}=\frac{\partial}{\partial x}\left[D(\theta)\frac{\partial \theta}{\partial x}\right]\\
&\theta=\theta_0 \quad x>0 \quad t=0\\
&\theta=\theta_s \quad x=0 \quad t>0
\end{aligned}
\tag{3-15}
$$

式中：t 为时间，h；θ_0、θ、θ_s 分别为初始体积含水率、体积含水率和饱和含水率，cm^3/cm^3；$D(\theta)$ 为土壤水扩散率，cm^2/min。

由式（3-15）得

$$
D(\theta)=\frac{-1}{2(\mathrm{d}\theta/\mathrm{d}\lambda)}\int_{\theta_a}^{\theta}\lambda\,\mathrm{d}\theta
\tag{3-16}
$$

$$
\lambda=xt^{-\frac{1}{2}}
\tag{3-17}
$$

式中：λ 为 Boltzmann 变换参数，$cm/min^{1/2}$。

本节试验布置详见第二章第二节第二部分（二），采用的数据来自包头湖试验区。利用图解方法和计算法可求得 $D(\theta)$，但由于该公式的复杂性，运用起来比较繁琐，因此对土壤水扩散率 $D(\theta)$ 进行拟合，如图 3-6 所示。

$D(\theta)$ 关系式为

$$
D(\theta)_{轻盐度}=0.017e^{7.9954\theta}
\tag{3-18}
$$

$$
D(\theta)_{中盐度}=2\times10^{-9}e^{40.453\theta}
\tag{3-19}
$$

$$
D(\theta)_{重盐度0\sim80cm}=0.0378e^{6.4295\theta}
\tag{3-20}
$$

$$
D(\theta)_{重盐度>80cm}=0.0498e^{5.5645\theta}
\tag{3-21}
$$

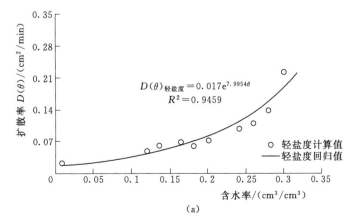

图 3-6（一）　土壤水分扩散率与土壤含水量关系曲线

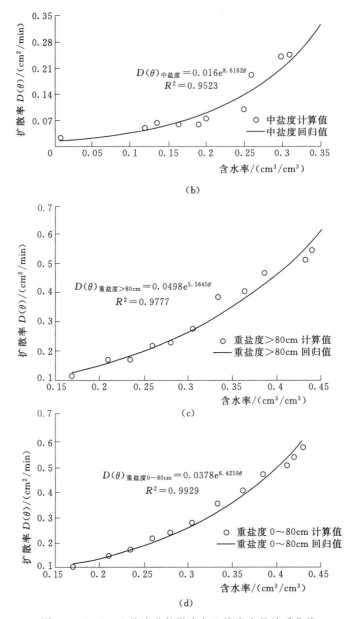

图 3-6（二）　土壤水分扩散率与土壤含水量关系曲线

　　由图 3-6 可知，轻盐度、重盐度、重盐度 0~80cm 和重盐度＞80cm 的拟合系数 R^2 均大于 0.94，表明 RETC 软件对土壤基本参数的模拟值与实测值的拟合程度较好，可运用与进一步数值模拟和模型预测。

第三节　土壤非饱和导水率

　　土壤非饱和导水率是模型模拟过程中的重要参数之一，直接求得 $K(\theta)$ 的过程相对较为繁琐。本试验利用 $K(\theta)$、$D(\theta)$ 和 $C(\theta)$ 3 者之间的相互关系式（3-22），间接

求得 $K(\theta)$ 值，即

$$K(\theta) = C(\theta) \times D(\theta) \tag{3-22}$$

将式（3-15）～式（3-18）代入式（3-22）可得

$$K(\theta)_{轻盐度} = 2.01332 \times 10^{-3} \left[\left(\frac{\theta - 0.0683}{0.4206} \right)^{-2.695} - 1 \right]^{0.380306} \left(\frac{\theta \quad 0.0683}{0.4206} \right)^{3.629} \times 0.017 e^{7.9954\theta}$$

$$\tag{3-23}$$

将式（3-16）～式（3-19）代入式（3-22）可得

$$K(\theta)_{中盐度} = 1.632 \times 10^{-3} \left[\left(\frac{\theta - 0.0633}{0.3943} \right)^{-2.57069} - 1 \right]^{0.38897} \left(\frac{\theta - 0.0597}{0.451} \right)^{3.570694} \times 0.016 e^{8.6162\theta}$$

$$\tag{3-24}$$

将式（3-17）～式（3-20）代入式（3-22）可得

$$K(\theta)_{重盐度0\sim80cm} = 1.714 \times 10^{-3} \left[\left(\frac{\theta - 0.0611}{0.396} \right)^{-2.57136} - 1 \right]^{0.38894} \left(\frac{\theta - 0.0611}{0.396} \right)^{3.571} \times 0.0378 e^{6.4295\theta}$$

$$\tag{3-25}$$

将式（3-18）～式（3-21）代入式（3-22）可得

$$K(\theta)_{重盐度>80cm} = 1.63 \times 10^{-3} \left[\left(\frac{\theta - 0.0848}{0.3883} \right)^{-2.78629} - 1 \right]^{0.386} \left(\frac{\theta - 0.0848}{0.3883} \right)^{3.7863} \times 0.0498 e^{5.5645\theta}$$

$$\tag{3-26}$$

由于式（3-22）～式（3-26）在形式上比较复杂，因此对其进行简化。每一个 θ 对应一个 $K(\theta)$，将其绘制在散点图上，通过拟合找出比较简洁的方程式，如图 3-7 所示。

$$K(\theta)_{轻盐度} = 1 \times 10^{-7} e^{25.606\theta} \tag{3-27}$$

$$K(\theta)_{中盐度} = 2 \times 10^{-9} e^{40.453\theta} \tag{3-28}$$

$$K(\theta)_{重盐度0\sim80cm} = 9 \times 10^{-7} e^{15.141\theta} \tag{3-29}$$

$$K(\theta)_{重盐度>80cm} = 5 \times 10^{-7} e^{16.12\theta} \tag{3-30}$$

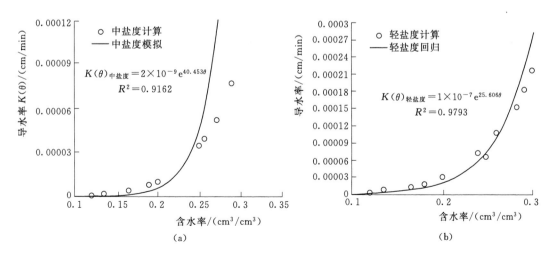

图 3-7（一） 土壤非饱和导水率与土壤含水量的关系

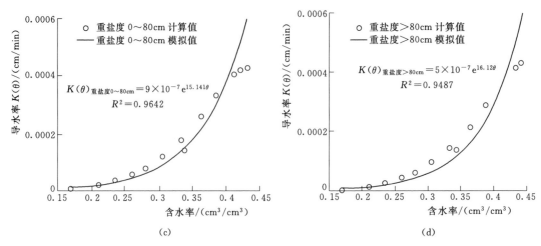

图 3-7（二）　土壤非饱和导水率与土壤含水量的关系

由图 3-7 可知，轻盐度、重盐度、重盐度 0~80cm 和重盐度＞80cm 的拟合系数 R^2 均大于 0.91，表明 RETC 软件对土壤基本参数的模拟值与实测值的拟合程度较好，可运用于进一步数值模拟和模型预测。

第四节　本　章　小　结

室内试验提供了适合模拟土壤水运动参数的初始值及一系列实际测量值，通过 RETC 软件对初始值进行模拟计算得到最适宜模型和不同盐度的土壤水分运动参数，模拟值的汇总情况见表 3-5 和表 3-6，但所获得的参数与室外实测试验还是存在一定的差异性。原因是田间土样受外界影响因素较多，试验土样经过烘工序处理，改变原状土壤结构，所以室内试验不能完全模拟出棉田土壤的实际情况，但 RETC 模型通过了模拟值与实测值的校核，可以运用模拟值进行数值预测和相应评估，为以后方便快捷的得到相应的土壤参数提供便利。

表 3-5　　　　　　　　　最适宜模型土壤水分参数汇总表

类型	最优模型表达式	参数
初始脱湿过程	$\theta(h)=\begin{cases}0.0752+\dfrac{0.36235}{(1+\lvert 0.00276h\rvert^{1.51061})^{0.338}} & h<0 \\ 0.43755 & h\geqslant 0\end{cases}$	$\theta_s=0.43755,\ \theta_r=0.0752$ $m=0.338,\ n=1.51061$ $\alpha=0.00276,\ k_s=65.04$
主吸湿过程	$S_e=0.5\,[1+(0.00145h)^{27.99349}]^{-0.359}+$ $0.5\,[1+(0.0015h)^{1.56}]^{-0.359}$	$\theta_s=0.40443,\ \theta_r=0.0752$ $w_1=w_2=0.5\ n_1=27.99349$ $m_1=m_2=0.359,\ n_2=1.56$
主脱湿过程	$\theta(h)=\begin{cases}\dfrac{0.40101}{(1+\lvert 0.00059h\rvert^{1.1679})^{1.65102}} & h<0 \\ 0.40101 & h\geqslant 0\end{cases}$	$\theta_s=0.40101,\ \theta_r=0$ $m=1.65102,\ n=1.1679$ $\alpha=0.00059,\ k_s=65.04$
水分扩散率和非饱和导水率	$D(\theta)=0.0266e^{10.616\theta}$ $k(\theta)=7\times10^{-10}e^{39.567\theta}$	

表 3-6　　　　　　　　　　不同盐度土壤水分参数汇总表

参数表达式

$$\theta_{轻盐度} = 0.0683 + \frac{0.4206}{\left[1 + (0.0078h)^{1.6137}\right]^{0.3803}}$$

$$\theta_{中盐度} = 0.0633 + \frac{0.3943}{\left[1 + (0.0065h)^{1.6366}\right]^{0.389}}$$

$$\theta_{重盐度0\sim80cm} = 0.0611 + \frac{0.396}{\left[1 + (0.0068h)^{1.6365}\right]^{0.389}}$$

$$\theta_{重盐度>80cm} = 0.0848 + \frac{0.3883}{\left[1 + (0.0075h)^{1.5599}\right]^{0.3589}}$$

$K(\theta)_{轻盐度} = 1 \times 10^{-7} e^{25.606\theta}$	$D(\theta)_{轻盐度} = 0.017 e^{7.9954\theta}$
$K(\theta)_{中盐度} = 2 \times 10^{-9} e^{40.453\theta}$	$D(\theta)_{中盐度} = 2 \times 10^{-9} e^{40.453\theta}$
$K(\theta)_{重盐度0\sim80cm} = 9 \times 10^{-7} e^{15.141\theta}$	$D(\theta)_{重盐度0\sim80cm} = 0.0378 e^{6.4295\theta}$
$K(\theta)_{重盐度>80cm} = 5 \times 10^{-7} e^{16.12\theta}$	$D(\theta)_{重盐度>80cm} = 0.0498 e^{5.5645\theta}$

参考文献

[1] 王全九，邵明安，郑纪勇. 土壤中水分运动与溶质迁移 [M]. 北京：中国水利水电出版社，2007.

[2] Genuchten M T V. A closed form equation for predicting the hydraulic conductivity of unsaturated soils [J]. Soil Sci. Soc. Am. J.，1980，44 (44)：892 - 898.

[3] Schaap M G，Leij F J. Using neural networks to predict soil water retention and soil hydraulic conductivity [J]. Soil and Tillage Research，1998，47 (1 - 2)：37 - 42.

[4] 雷志栋，胡和平，杨诗秀. 土壤水研究进展与评述 [J]. 水科学进展，1999，10 (3)：311 - 318.

[5] 王薇，孟杰，虎胆·吐马尔白. RETC 推求土壤水动力学参数的室内试验研究 [J]. 河北农业大学学报，2008，31 (1)：99 - 102.

[6] 刘洪波，张江辉，虎胆·吐马尔白，等. 土壤水分特征曲线 VG 模型参数求解对比分析 [J]. 新疆农业大学学报，2011，34 (5)：437 - 441.

[7] 来剑斌，王全久. 土壤水分特征曲线模型比较分析 [J]. 水土保持学报，2003，17 (1)：137 - 140.

[8] 栗现文，周金龙，靳孟贵，等. 高矿化度土壤水分特征曲线及拟合模型适宜性 [J]. 农业工程学报，2012，28 (13)：135 - 141.

[9] 范严伟，邓燕，王波雷. 土壤水分特征曲线 VG 模型参数求解对比研究 [J]. 人民黄河，2008，30 (5)：49 - 50.

[10] 张吉孝，张新民，刘久如，等. 用 HYDRUS - 2D 和 RETC 数值模型反推土壤水力参数的特点分析 [J]. 甘肃农业大学学报，2013 (05)：161 - 166.

[11] 邵明安，黄明斌. 土根系统水动力学 [M]. 西安：陕西科学技术出版社，2000.

[12] Ghanbarian-Alavijeh B. Estimation of the van Genuchten Soli Water Retention Properties from soil Textural Data [J]. Soil Science Society of China. 2010，20 (4)：456 - 465.

[13] van Genuchten. Predicting theHydraulic conductivity of unsaturated soils [J]. Soil Sci. Soc. Am. J.，1980，(44)：892 - 898.

［14］ Brooks R H，Corey A T．Hydraulic properties of porous media ［J］．Colorado States University Hydrol. paper，1964（3）：27.

［15］ Mualem Y. A new model for predicting the hydraulic conductivity of unsaturated porous media ［J］．Water Resoures Research，1976，117：311－314.

［16］ Durner W. Hydraulic conductivity estimation for soils with heterogeneous pore structure ［J］．Water Resources Research，1994，30（2）：211－223.

［17］ van Genuchten M T．A closed-form equation for predicting the hydraulic conductivity of unsaturatedsoils ［J］．Soil Sience Society America Jounal，1980，44（5）：892－898.

［18］ Mualem Y. A new model for predicting the hydraulic conductivity ofunsaturated porous media ［J］．Water Resoures Research，1976，117：311－314.

［19］ Burdine N T. Relative permeability calculations from pore-size distribution date ［J］．Journal of Petroleum Technology，1953，5（3）：71－78.

［20］ van Genuchten，Leij F J，et al. The RETC Code for quantifying the hydraulic functions of unsaturated soils ［J］．California：U. S. Salinity Laboratory，1999：4－41.

［21］ 杨诗秀，雷志栋．水平土柱入渗法测定土壤导水率 ［J］．水利学报，1991，22（5）：1－7.

第四章 不同灌水处理下滴灌
棉田水盐运移规律

新疆滴灌已经取得了一定的成就，但在大面积推广过程中，仍有很多有待改进的地方，如灌溉定额普遍偏大，灌溉制度不合理，灌水与棉花的需水规律不尽协调，在水资源紧张情况下如何发挥灌区综合效益、实施非充分灌溉，以及膜下滴灌土壤水盐动态变化及调控技术等问题。有关滴灌应用在大田作物上其作物的产量和灌溉水使用效率，国内外做过广泛研究[1-12]。早在 1974 年 Buck 等研究发现在充分灌溉条件下，卷心菜在滴灌和沟灌情况下产量相似[13]；国内方面，陈渠吕等研究表明，滴灌条件下玉米产量比传统大水漫灌产量高两倍多，达 6703kg/hm²[14]。此外国内外学者对滴灌在设施农业应用做了大量试验[15-19]。

本章节通过研究北疆膜下滴灌棉花耗水规律和水盐运移特征，对灌水前后的土壤盐分分布以及土壤盐分含量随时间变化的特点进行阐述。观测和分析不同灌溉定额和灌溉频率对土壤水盐运移和分布的影响。通过这些观测和分析得到不同灌水制度对膜下滴灌棉田土壤水盐运移的影响机制，为推进新疆农业生产制定适宜的灌溉制度，特别是为研究非充分灌溉条件下的膜下滴灌棉花耗水规律和灌溉制度打下基础。具体试验布置详见第二章第三节第一部分。

第一节 滴灌棉田土壤水盐分布特征

一、滴灌灌水前后土壤水盐分布特点

试验用地 1.36 亩，土壤质地为中壤土，分为 12 个小区，每个小区宽 4.7m，长 19.3m，面积为 90.71m²。具体试验布置见第二章第三节第一部分。2008 年设 10 个处理，包含 4 种灌溉定额和 3 种灌水次数。2009 年在 2008 年试验的基础上设 12 个试验处理，仍然是 4 种灌溉定额和 3 种灌水次数，但灌溉定额和灌水次数均作了适当调整。两年的试验处理分别见表 4-1 和表 4-2。

表 4-1   **2008 年 试 验 处 理 表**

处理（小区）	1	2	3	4	5	6	7	8	9	10
设计灌溉定额 /(m³/亩)	350	350	260	260	220	220	220	260	350	300
实际灌溉定额 /(m³/亩)	306.5	262.8	254	257.8	206.2	247.1	258.3	235.7	279.4	286.8
灌水次数	8	10	10	8	8	10	12	12	12	8

表 4 - 2　　　　　　　　　　　　　　2009 年 试 验 处 理 表

处理（小区）	1	2	3	4	5	6	8	9	10	11	12
设计灌溉定额/（m³/亩）	220	260	300	340	340	300	220	220	260	300	340
实际灌溉定额/（m³/亩）	239	291.8	327.7	355.5	351.7	298.6	248.3	260	284.6	286.9	326
灌水次数	16	16	16	16	13	13	13	10	10	10	10

　　分别以 2008 年和 2009 年小区试验数据说明滴灌条件下灌水前后土壤水分和盐分的分布特点。因各试验处理膜下滴灌棉田土壤水盐运移规律和分布特点相似，因此选取 2 个具有代表性的典型小区进行说明。2008 年选取灌溉定额和灌水次数中等的 2 小区（灌溉定额 262.8m³/亩、灌水次数 10 次，其土壤水盐分布分别如图 4 - 1、图 4 - 2 所示），2009 年选取灌溉定额和灌水次数均最大的 4 小区（灌溉定额 355.5m³/亩、灌水次数 16 次，其土壤水盐分布分别如图 4 - 3～图 4 - 6 所示）。

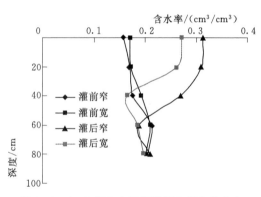

图 4 - 1　2008 年 2 小区宽窄行土壤水分分布

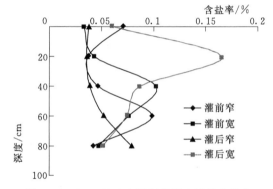

图 4 - 2　2008 年 2 小区宽窄行土壤盐分分布

　　由图 4 - 1 和图 4 - 2 可以看出，膜下滴灌条件下灌水前后土壤水盐变化特点，灌水后剖面土壤水分含量升高。窄行特别是在 60cm 以上土层，升高幅度较大，表层土壤水分升高最多，向下升高幅度逐渐减小。到 60cm 以下基本没有多少变化。而土壤盐分含量的变化在灌后 60cm 以上土层土壤盐分含量明显降低，特别是表层盐分含量降低最明显。60cm 以下盐分灌后有所升高。这是与滴灌条件下土壤水分运动的特点相适应的，土壤水分含量升高后，土壤盐分则在水分作用下，溶解于水，并随水运动，运移到湿润锋附近，使得湿润锋附近土壤盐分含量比较高。而相应湿润体内部特别是与滴头相距不远处，水分含量较高，盐分含量较低。随着灌后时间的延长，土壤水分进行再分布，特别是在土壤蒸发、根系吸水动力作用下和水分重力作用下，尽管膜下滴灌棉花窄行中覆有薄膜，但由于棉花植株穿破薄膜，仍有水分蒸发散失通道存在，大部分土壤水分逐渐下移，少部分土壤水分上移并蒸发减少，最后逐渐形成从表层向深层水分含量逐渐升高的分布状态，而盐分则表层和深层含量较高。

对于灌水前后宽窄行土壤水分运动和分布而言，在水平方向，灌水后，水分水平扩散，宽行土壤水分也明显升高，但升高范围，在剖面上主要是在 40cm 以上，明显小于窄行在 60cm 以上升高的垂直范围；并且在相同深度土层，宽行土壤水分含量明显低于窄行土壤水分含量，宽行土壤水分虽然升高的幅度没有窄行大，但在灌水前或者说灌水后经过一定时间之后，窄行和宽行间土壤水分差异将越来越小，并最终处于相当水平。主要由于窄行水分含量多，距离滴灌带近，水分受灌溉补充比重较大，但同时也是棉花根系主要的分布区域，根系耗水也相对宽行旺盛很多，由于灌溉定额的影响在 60cm 左右达到湿润锋，60cm 以下的土壤几乎不在窄行的湿润范围内。在土壤盐分含量分布和变化上，由于土壤水分水平方向主要以滴灌带为轴线向宽行运移，因此土壤盐分也向宽行运移，并且造成宽行土壤盐分含量在一定深度范围内明显高于窄行，这个深度范围主要与滴灌灌水定额影响的宽行土壤水分深度有关（压力和流量变化不大的前提下），图 4-1 中宽行水分影响深度主要在 40cm 以上，因此，土壤盐分也是在 40cm 以上相同土层宽行土壤盐分含量高于窄行。但在 40cm 以下土层，则表现为窄行土壤盐分含量高于宽行，同样与土壤水分在垂直方向运移和影响的深度不同有关。因此，膜下滴灌田间土壤盐分主要向宽行和窄行的深层运移和累积。

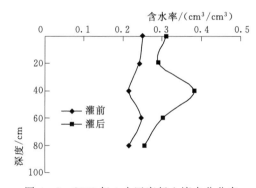

图 4-3　2009 年 4 小区窄行土壤水分分布

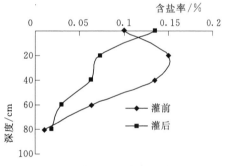

图 4-4　2009 年 4 小区窄行土壤盐分分布

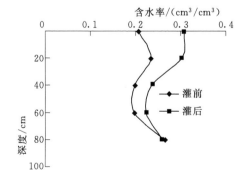

图 4-5　2009 年 4 小区宽行土壤水分分布

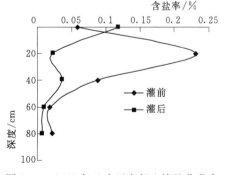

图 4-6　2009 年 4 小区宽行土壤盐分分布

从图 4-3～图 4-6 可以看出，2009 年 4 小区土壤水分宽窄行变化规律与前述类似，不过水分变化范围明显要大些，主要是因为该小区灌溉定额比较大（355.5m³/亩），因此土壤水分无论是在水平方向还是垂直方向影响的范围都较大，窄行和宽行 80cm 以上的土壤水分基本都增加，并影响了盐分分布，窄行土壤盐分降低幅度很大，宽行盐分灌后仅在表层有所升高，其余各层均有所降低，特别是 20cm 处降低幅度最大。

二、滴灌土壤水盐含量随时间变化特点

分别以 2008 年和 2009 年小区试验数据说明膜下滴灌条件下棉花生育期内水分和盐分含量随时间变化情况。

图 4-7、图 4-8 分别为 2008 年 2 小区 7—9 月 4 次棉花窄行土壤水分和盐分数据变化过程，7 月初和 9 月中旬的土壤水分整体含量不高，8 月较高，这与棉花生育进程和需水规律和灌溉制度密切相关。8 月需水高峰，表层和浅层土壤水分含量较高，深层含量相对稍低，这符合典型的滴灌水分分布特点。出现前期和后期水分含量较低这一现象，是由于前期需水少灌水相应也少，末期即絮期阶段灌水也很少这两方面原因造成的。

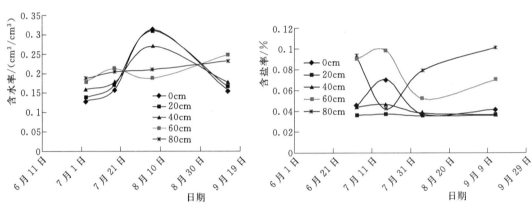

图 4-7　2008 年 2 小区窄行土壤水分变化　　　图 4-8　2008 年 2 小区窄行土壤盐分变化

土壤盐分的分布变化总体趋势是前期较高、中期较低、后期又升高。表层盐分含量有起伏变化，这与灌水和土壤蒸发双重作用有关。20cm 和 40cm 两个土层盐分含量始终变化不大并且含量很低，主要是滴灌窄行水分影响主要深度在 60cm 以内，而 20～40cm 正处于滴灌湿润体的中心部分，水分含量很高，盐分含量始终很低。60cm 和 80cm 尤其是 80cm 土层盐分含量到中后期始终比较高，是处于积盐的土层。

图 4-9、图 4-10 分别为 2008 年 2 小区 7—9 月 4 次棉花宽行土壤水分和盐分数据变化过程。

宽行土壤水分变化和窄行规律类似，但是盐分变化略有不同，主要表现在 20cm 土层盐分含量变化较大，因为滴灌宽行该层土壤受水分水平运动影响最大的缘故。其余各层盐分均变化幅度不是很大，但整体含量始终比较高，与水分水平运移盐分积累所致。

图 4-11、图 4-12 分别为 2009 年 4 小区 6—9 月棉花窄行土壤水分和盐分数据变化过程。

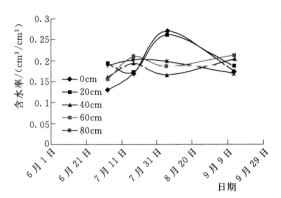

图 4-9　2008 年 2 小区宽行土壤水分变化

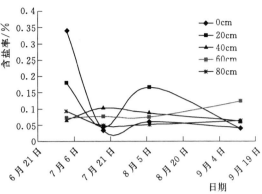

图 4-10　2008 年 2 小区宽行土壤盐分变化

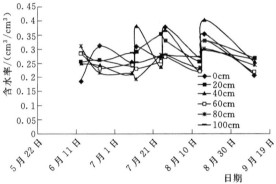

图 4-11　2009 年 4 小区窄行土壤水分变化

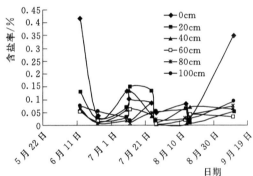

图 4-12　2009 年 4 小区窄行土壤盐分变化

2009 年土壤水分和盐分数据相对比较多，取样次数为 9 次，从 6 月中旬一直到 9 月初，基本覆盖了棉花苗期到絮期各个生育阶段。窄行土壤水分变化特征明显，40cm 以上土壤水分呈现几次明显的突然升高现象，这是灌水引起的，因为滴灌窄行对 40cm 以上土壤水分含量影响幅度很大，土壤升高以后，降低的过程的相对缓慢。在 7 月中旬至 8 月中旬阶段明显灌水频繁，与棉花花铃期需水量大和气温较高等均有关系。

盐分的变化和水分的变化很类似，40cm 以上土壤的盐分变化也很剧烈，出现几次突然降低的现象，这恰恰是灌水后水分突然升高引起的，由于是灌溉定额比较大的 4 小区，窄行受土壤水分影响的深度在 80cm 以下，因此 80cm 以上整体上盐分含量不是很高，并且没有明显的积盐层出现，积盐土层应该在 80cm 以下土壤湿润锋附近。

图 4-13、图 4-14 分别为 2009 年 4 小区 6—9 月棉花宽行土壤水分和盐分数据变化过程。

宽行土壤水分变化规律与窄行类似，但变化幅度明显小于窄行，在时间上与窄行同步，因受灌水影响。盐分含量则明显整体高于窄行，并且表层和 20cm 土壤盐分受灌水影响最大。

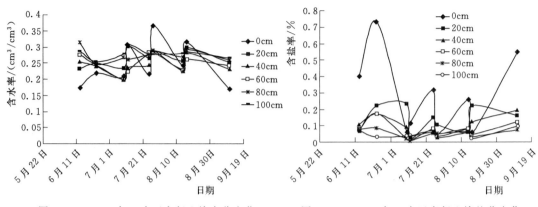

图 4-13　2009 年 4 小区宽行土壤水分变化　　图 4-14　2009 年 4 小区宽行土壤盐分变化

第二节　不同灌溉定额对土壤水盐运移和分布的影响

在灌水次数相同的情况下，灌水定额对生育期棉田土壤灌水前和灌水后的土壤水盐分布及运移影响不同。2008 年和 2009 年试验中各设 3 种不同的灌水次数，每种灌水次数设置 3～4 个灌水定额，灌水次数用 N 表示。

图 4-15～图 4-18 分别表示 2008 年小区试验中灌溉定额不同、灌水次数均为 8 次的 3 个处理灌水前后窄行土壤水盐剖面含量。

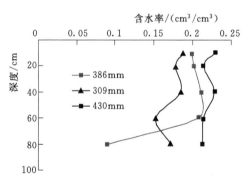

图 4-15　2008 年（$N=8$）灌前窄行土壤水分分布

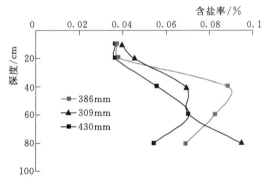

图 4-16　2008 年（$N=8$）灌前窄行土壤盐分分布

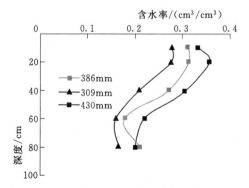

图 4-17　2008 年（$N=8$）灌后窄行土壤水分分布

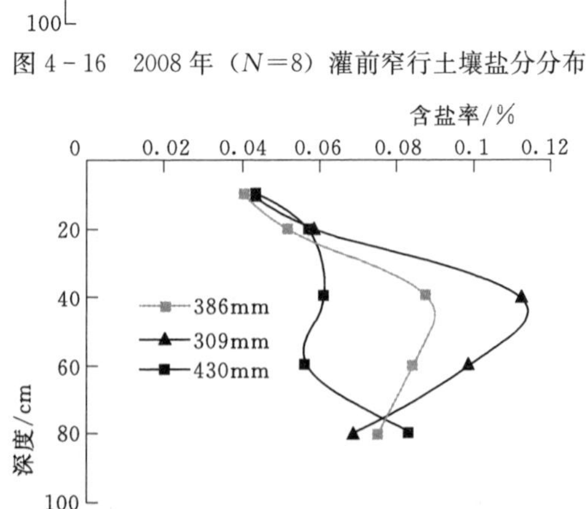

图 4-18　2008 年（$N=8$）灌后窄行土壤盐分分布

由图 4-17 和图 4-18 可以看出，灌水次数相同的情况下，灌溉定额不同对土壤水分和盐分分布的影响，灌溉定额越大，窄行土壤剖面相同深度土层水分含量越大，特别是在 0~60cm 土层深度范围内。而土壤盐分含量则是在 0~20cm 土层灌溉定额越小，盐分含量越高，灌溉定额越大，盐分含量越低；但在 40cm 以下，盐分含量与灌溉定额的关系并非呈现简单的正相关或负相关，而是有些复杂。40~60cm 土层，灌溉定额 386mm 处理的盐分含量最高，而灌溉定额 430mm 处理的盐分含量最低，灌溉定额 309mm 处理盐分含量居中。这主要因为，灌溉定额不同，土壤水分运移的深度不同，相应盐分运移的深度也不同，一般来说，灌溉定额越大，土壤水分向下运移的越深，影响范围越大，盐分向下运移的相应越深，盐分在剖面上分布范围就越广，盐分积聚高峰相对越深且相对不突兀；灌溉定额越小，水分影响范围越小，盐分积聚也越不明显，最终土壤盐分积聚高峰随灌溉定额的大小在剖面上是逐渐深移的，试验中这 3 个灌溉定额处理的结果恰好说明这一点，灌溉定额中等盐分含量峰值处于中间。

图 4-19~图 4-22 分别表示 2008 年小区试验中灌溉定额不同、灌水次数均为 8 次的 3 个处理灌水前后宽行土壤水盐剖面含量。

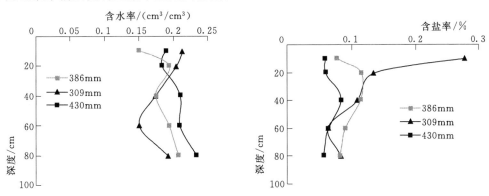

图 4-19　2008 年（N=8）灌前宽行土壤水分分布　　图 4-20　2008 年（N=8）灌前宽行土壤盐分分布

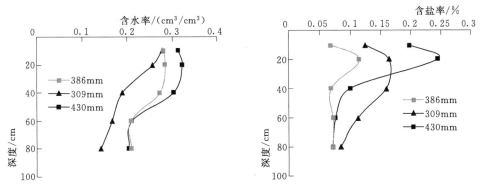

图 4-21　2008 年（N=8）灌后宽行土壤水分分布　图 4-22　2008 年（N=8）灌后宽行土壤盐分分布

对于宽行而言，灌溉定额越大，土壤水分水平运动的距离和范围越广，对于距离滴灌带相同位置的宽行取样点，灌溉定额越大，则土壤含水率越高，灌后尤其明显，表现在 0~40cm 深度范围，盐分含量则表现为灌溉定额越大，土壤含盐率越高，这正是土壤水分运动带来的盐分造成的。灌前土壤水分表现在灌溉定额越大在 40cm 以下含量越高，这主要是土壤水分再分布造成的，灌溉定额越大，灌后分布在 40cm 以上的土壤水分越多，之后这些水分在重力作用下向下运移，以致 40cm 以下土层水分含量越高。表层土壤水分含量相对不是很高则是由于土壤蒸发和根系吸收复合作用的结果，灌溉定额越大的处理，棉花长势较好，特别是根系在向水性作用下向宽行分布的比重相对较大，虽然其灌后水分含量较大，但棉花根系吸水也很大，因此灌溉定额越大的处理宽行上层土壤水分含量并不是很高。宽行灌前盐分含量则在灌溉定额越小的处理盐分含量越高，灌后则在 40cm 以上土层灌溉定额越大的处理盐分含量越高。

图 4-23～图 4-30 分别表示 2009 年小区试验中灌溉定额不同、灌水次数均为 16 次的 4 个处理灌水前后窄行和宽行土壤水盐剖面含量。

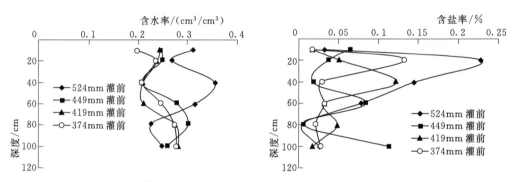

图 4-23　2009 年（N＝16）灌前窄行土壤水分分布　图 4-24　2009 年（N＝16）灌前窄行土壤盐分分布

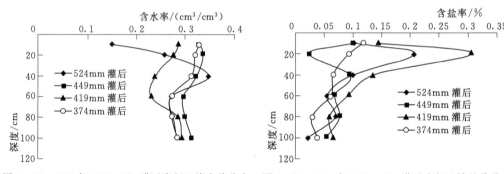

图 4-25　2009 年（N＝16）灌后窄行土壤水分分布　图 4-26　2009 年（N＝16）灌后窄行土壤盐分分布

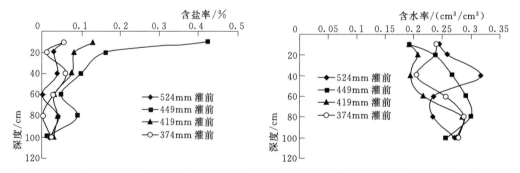

图 4-27　2009 年（N＝16）灌前宽行土壤水分分布　图 4-28　2009 年（N＝16）灌前宽行土壤盐分分布

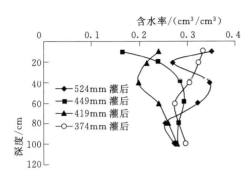

图 4-29　2009 年（N=16）灌后宽行土壤水分分布

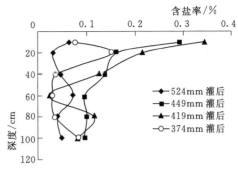

图 4-30　2009 年（N=16）灌后宽行土壤盐分分布

2009 年灌水次数 16 次的 4 个处理，宽行灌前土壤水分含量基本符合灌溉定额越高含水率越高的规律。而盐分含量则是灌溉定额越高含盐率越低。

第三节　不同灌水次数对土壤水盐运移和分布的影响

实验研究对灌水次数对棉田土壤水盐运移做了研究。灌水次数不同，灌溉定额相同或相近时，在棉花生育期内，灌水次数不同对灌水前和灌水后土壤水盐分布及运移影响不同。2008 年和 2009 年试验中各设 3 种灌水次数，每种次数设 3～4 个灌水定额水平，灌溉定额用 W 表示。以 W=370mm 为例，通过 2009 年 7 月 10—12 日和 8 月 14—16 日（图中简称 7 月和 8 月）不同灌水次数灌水前后田间小区试验数据，研究膜下滴灌棉花宽行和窄行土壤水盐分布状况，研究图形如图 4-31～图 4-38 和图 4-39～图 4-46 所示。

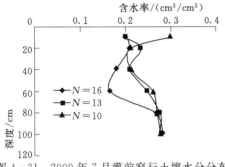

图 4-31　2009 年 7 月灌前窄行土壤水分分布

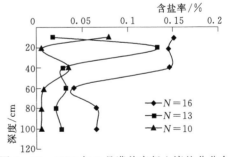

图 4-32　2009 年 7 月灌前窄行土壤盐分分布

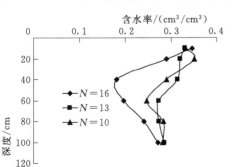

图 4-33　2009 年 7 月灌后窄行土壤水分分布

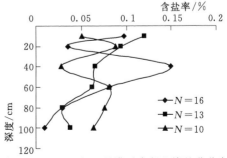

图 4-34　2009 年 7 月灌后窄行土壤盐分分布

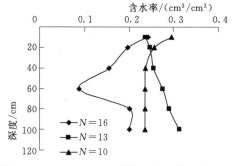

图 4-35　2009 年 8 月灌前窄行土壤水分分布

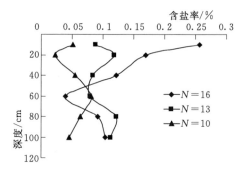

图 4-36　2009 年 8 月灌前窄行土壤盐分分布

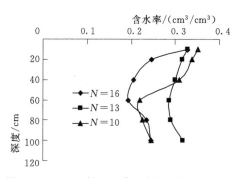

图 4-37　2009 年 8 月灌后窄行土壤水分分布

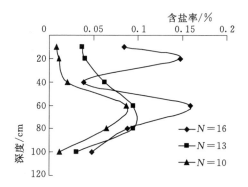

图 4-38　2009 年 8 月灌后窄行土壤盐分分布

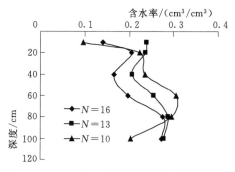

图 4-39　2009 年 7 月灌前宽行土壤水分分布

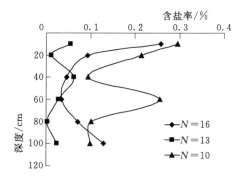

图 4-40　2009 年 7 月灌前宽行土壤盐分分布

　　灌溉定额相同灌水次数不同，土壤水分分布窄行灌前相差不大，土壤盐分则受灌水次数影响。灌水后，40cm 以上土壤盐分含量均降低，60～80cm 土壤盐分含量均升高，并且灌水次数越多，表层土壤盐分受灌水影响程度越大，盐分变化明显。但在滴灌影响深度范围内的相同深度土层，灌水次数越多，盐分含量越高，灌水次数越少，盐分含量越低。这主要是因为灌水次数越多，单次灌水定额就越小，土壤水分相对越低，盐分受土壤水分淋洗程度越小，受土壤蒸发和根系吸收动态变化较大，停水后土壤盐分易上行至浅层土壤，造成表层土壤含盐率相对越高。而灌水次数越少，单次灌水定额越大，水分运移越深，上层土壤盐分淋洗程度越大，含量相比越低，但在深层因盐分积累则含量越高。

对于宽行而言，土壤水分则是灌水次数越多，灌水定额相应越小，土壤水分水平运移的距离相对越小，宽行土壤水分含量也越低。土壤盐分含量在宽行则是灌水次数越少土壤盐分变化越大，灌水次数越多，土壤盐分变化越小，这是因为灌水越多，灌水定额较小，土壤水分含量很低，水分水平方向运动对宽行土壤盐分影响相对较小，因此盐分受灌水影响程度较小，盐分含量相对较高，而灌水次数越少，灌水定额越高，水分水平方向对宽行土壤盐分影响相对较大，灌水后，浅层土壤盐分含量相对降低明显。

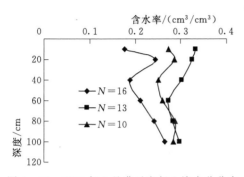

图 4-41　2009 年 7 月灌后宽行土壤水分分布

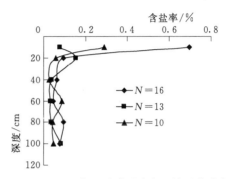

图 4-42　2009 年 7 月灌后宽行土壤盐分分布

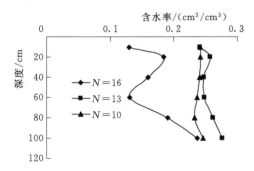

图 4-43　2009 年 8 月灌前宽行土壤水分分布

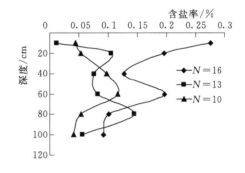

图 4-44　2009 年 8 月灌前宽行土壤盐分分布

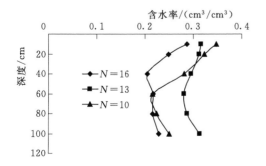

图 4-45　2009 年 8 月灌后宽行土壤水分分布

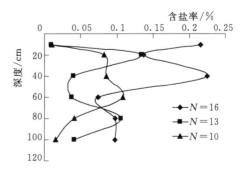

图 4-46　2009 年 8 月灌后宽行土壤盐分分布

第四节　棉花滴灌生育期末土壤盐分变化特点

在棉花生育期内，无论是灌水次数还是灌溉定额均对土壤水盐运移及分布具有影响。为了解各灌水处理棉花生育期末盐分含量分布和变化情况，以 2009 年试验中 3 种灌水次数的各个灌溉定额水平为例，分析棉花生育期初 6 月到生育期末 9 月土壤剖面 20cm、40cm、80cm 3 种典型深度宽行和窄行土壤盐分变化情况（表 4-3~表 4-5）。

表 4-3　　　　　　　　2009 年 $N=16$ 各处理盐分变化率

深度 /cm	灌溉定额 /mm	小区	宽行			窄行		
			灌前 (6月) /%	灌后 (9月) /%	变化率 /%	灌前 (6月) /%	灌后 (9月) /%	变化率 /%
20	359	1	0.15	0.27	74.98	0.13	0.12	−8.96
	434	2	0.51	0.30	−41.44	0.16	0.09	−44.96
	494	3	0.40	0.13	−67.63	0.12	0.10	−19.83
	532	4	0.30	0.16	−46.63	0.14	0.05	−62.14
40	359	1	0.11	0.18	65.37	0.06	0.29	354.09
	434	2	0.26	0.15	−42.43	0.05	0.10	102.79
	494	3	0.23	0.05	−78.91	0.05	0.08	68.54
	532	4	0.25	0.20	−21.92	0.05	0.06	39.78
80	359	1	0.08	0.16	99.49	0.06	0.16	155.50
	434	2	0.15	0.17	13.41	0.14	0.15	9.02
	494	3	0.13	0.13	3.08	0.09	0.13	45.89
	532	4	0.12	0.07	−38.58	0.10	0.07	25.40

表 4-4　　　　　　　　2009 年 $N=13$ 各处理盐分变化率

深度 /cm	灌溉定额 /mm	小区	宽行			窄行		
			灌前 (6月) /%	灌后 (9月) /%	变化率 /%	灌前 (6月) /%	灌后 (9月) /%	变化率 /%
20	524	5	0.15	0.18	14.87	0.13	0.14	7.87
	449	6	0.51	0.28	−44.65	0.16	0.12	−26.04
	419	7	0.40	0.23	−43.55	0.12	0.17	39.42
	374	8	0.30	0.41	35.57	0.14	0.26	83.79
40	524	5	0.11	0.11	5.20	0.06	0.09	38.52
	449	6	0.26	0.18	−28.73	0.05	0.10	99.20
	419	7	0.23	0.22	−4.57	0.05	0.16	237.29
	374	8	0.25	0.21	−15.80	0.05	0.20	351.78
80	524	5	0.08	0.08	7.10	0.06	0.09	44.66
	449	6	0.15	0.26	74.38	0.14	0.18	28.05
	419	7	0.13	0.07	−45.38	0.09	0.10	5.89
	374	8	0.12	0.06	−48.33	0.10	0.16	59.20

从表4-3看出，2009年灌水次数16次的4个处理，生育期末相对生育期初，窄行盐分变化情况，20cm土层深度，盐分变化率即9月含盐率减去6月含盐率并占6月含盐率的百分比，1、2、3、4四个小区，盐分变化率均小于0，即均处于盐分减少状态或处于脱盐状态，并且随灌溉定额的增大，盐分减少比率越高，脱盐率越高；在40cm土层，4个处理盐分变化率均大于0，说明均处于积盐状态，且随灌溉定额增大，积盐率降低，其中1小区积盐率最高；80cm土层，4个处理窄行也均处于积盐状态，随灌溉定额增大，积盐率降低，并以2小区积盐率最低。这是滴灌水分运动影响盐分运移的结果，滴灌后，表层土壤水分含量升高，并随滴灌时间的延长，水分含量逐渐升高到田间持水率以上，在土水势梯度特别是重力势和基质势作用下，水分向下运动，土壤中盐分则在水分载体作用下向下运移，如果灌水定额大，则盐分随水分向下运移的距离大些，否则浅些，并在各次水分运移的湿润锋附近盐分积累，土壤含盐率相对较高，在湿润锋以下盐分含量则再逐渐降至土层初始状态。因此，上述4个处理窄行土壤正是这个变化的结果，1、2两个小区灌溉定额相对小些，盐分在20cm土层脱盐，主要积累聚集于40cm土层，80cm土层则相对减少；3、4两个小区灌溉定额相对大些，盐分向下运移的相对较深，因此在40cm和80cm土层也处于积盐状态，但积盐率明显不高，说明积盐高峰还在下面土层，水分产生深层渗漏，对作物生长和根系发育虽然较好，但水分利用效率相对低些。

灌水次数16次4个处理中1小区表层脱盐率较低而深层积盐率较高说明灌溉定额偏小，3、4两个小区尽管表层脱盐率较高，但深层主要积盐层超过80cm，说明灌溉定额偏大，试验中土壤本身盐分含量较低，因此，灌水次数16次中2小区即灌溉定额434mm处理水盐调控相对符合作物适宜生长的土壤盐分环境特征。

灌水次数13次的4个处理，窄行盐分变化率在20~80cm土层几乎均处于积盐状态，只有20cm的6小区处于脱盐状态，这主要是由于6月窄行取样土壤盐分含量普遍较低，而9月盐分含量又普遍较高造成的。5小区灌溉定额最大，盐分脱盐率不是最高，这是由于土壤取样点空间变异性引起的，即使如此，各个处理仍可分析比较，20cm土层除6小区脱盐外，5小区相对积盐最低，7、8两个小区积盐较高，40cm土层则是随灌溉定额增大积盐率升高，80cm则为5、8小区积盐率较高，6、7小区积盐率相对较低。宽行土壤盐分则在20cm土层以6、7小区脱盐率最高，40cm土层仍是6小区脱盐率最高，因此认为试验中灌水次数13次的4个处理6小区449mm灌溉定额相对而言盐分变化和累积比较适合作物生长的盐分环境。

表4-5　　　　　　　　　　2009年 N＝10 各处理盐分变化率

深度 /cm	灌溉定额 /mm	小区	宽行			窄行		
			灌前 (6月) /%	灌后 (9月) /%	变化率 /%	灌前 (6月) /%	灌后 (9月) /%	变化率 /%
20	389	9	0.15	0.19	24.30	0.13	0.07	−45.40
	425	10	0.51	0.34	−32.72	0.16	0.07	−57.76
	428	11	0.40	0.37	−7.55	0.12	0.11	−4.83
	488	12	0.30	0.07	−77.83	0.14	0.04	−74.36

深度 /cm	灌溉定额 /mm	小区	宽行			窄行		
			灌前 (6月) /%	灌后 (9月) /%	变化率 /%	灌前 (6月) /%	灌后 (9月) /%	变化率 /%
40	389	9	0.11	0.26	137.23	0.06	0.17	174.37
	425	10	0.26	0.36	41.88	0.05	0.27	438.72
	428	11	0.23	0.13	−42.13	0.05	0.14	182.92
	488	12	0.25	0.06	−77.00	0.05	0.05	13.78
80	389	9	0.08	0.10	31.05	0.06	0.05	−18.88
	425	10	0.15	0.06	−59.02	0.14	0.09	−36.01
	428	11	0.13	0.14	7.92	0.09	0.14	56.89
	488	12	0.12	0.19	55.17	0.10	0.13	25.00

灌水次数 10 次的 4 个处理，窄行盐分变化率在 20cm 土层均处于脱盐状态，40cm 和 80cm 土层则基本都处于积盐状态。但 40cm 土层 9、10、11 三个小区积盐率相对比 12 小区高得多，对作物会产生一定影响。宽行在 20cm 土层除灌溉定额最小的 9 小区处于积盐状态外，其余 3 个处理均处于脱盐状态；在 40cm 土层，灌溉定额较小的 9、10 两个小区处于积盐状态，灌溉定额相对较大的 11 和 12 两个小区处于脱盐状态；80cm 土层深度 4 个处理基本都处于积盐状态。这是滴灌土壤水分水平运移的结果，不同灌溉定额，水分水平运移的距离有所不同，盐分在水分作用下也运移累积的不同，一般来说，灌溉定额越大，水平运移的距离越远，盐分则在比较远的地方积累，表现在试验中的宽行土壤盐分变化率在浅层脱盐，深层积盐；灌溉定额越小，盐分水平运移的距离越近，盐分易在距离滴灌带不远的地方积累，表现在试验中的宽行盐分变化率在浅层和深层均处于积盐状态。因此从盐分运移累积角度分析，灌水次数 10 次的 4 个处理中灌溉定额最大的 12 小区 488mm 相对比较适合作物生长盐分环境特点。

第五节　本　章　小　结

膜下滴灌棉田灌水前后土壤水盐变化特点，灌水后剖面土壤土壤水分含量升高，窄行特别是在 60cm 以上土层，升高幅度较大，表层土壤水分升高最多，向下升高幅度逐渐减小。而土壤盐分含量的变化则是刚好相反，灌后在 60cm 以上土层土壤盐分含量明显降低，特别是表层盐分含量降低最明显。60cm 以下盐分灌后有所升高。

在水平方向，宽行水分影响深度主要在 40cm 以上，土壤盐分也是在 40cm 以上相同土层宽行土壤盐分含量高于窄行。但在 40cm 以下土层，窄行土壤盐分含量高于宽行，膜下滴灌田间土壤盐分主要向宽行和窄行的深层运移和累积。

土壤盐分分布变化总体趋势是前期较高、中期较低、后期又升高。60cm 和 80cm 尤其是 80cm 土层盐分含量到中后期始终比较高，处于积盐状态。宽行土壤水分变化规律与窄行类似，但变化幅度明显小于窄行，在时间上与窄行近似同步，盐分含量则明显整体高于窄行，并且表层和 20cm 土壤盐分受灌水影响最大。

相同灌水次数情况下，灌溉定额越大，窄行土壤剖面相同深度土层水分含量越大，特别是在 0～60cm 土层深度范围内。而土壤盐分含量则是在 0～20cm 土层灌溉定额越小，盐分含量越高，灌溉定额越大，盐分含量越低；但在 40cm 以下，盐分含量与灌溉定额的关系有些复杂。一般来说，灌溉定额越大，土壤水分向下运移的越深，影响范围越大，盐分向下运移相应越深，盐分在剖面上分布范围就越广，盐分积聚高峰相对越深且相对不明显；灌溉定额越小，水分影响范围越小，盐分积聚也越不明显，最终土壤盐分积聚高峰随灌溉定额的增加在剖面上是逐渐下移的。对于宽行而言，灌溉定额越大，土壤水分水平运动的距离和范围越广，0～40cm 深度范围，盐分含量则表现为灌溉定额越大，土壤含盐率越高。

灌溉定额相同灌水次数不同，土壤水分分布窄行灌前相差不大，土壤盐分则受灌水影响，灌水后 40cm 以上土壤盐分含量均降低，60～80cm 土壤盐分含量均升高，并且灌水次数越多，表层土壤盐分受灌水影响程度越大，盐分变化明显。但在滴灌影响深度范围内的相同深度土层，由于湿润锋的下移，灌水次数越多，盐分含量越高，灌水次数越少，盐分含量越低。对于宽行而言，土壤水分则是灌水次数越多，灌水定额相应越小，土壤水分水平运移的距离相对越小，宽行土壤水分含量也越低。土壤盐分含量在宽行则是灌水次数越少土壤盐分变化越大，灌水次数越多，土壤盐分变化越小。

不同灌水次数不同灌溉定额，对膜下滴灌土壤盐分运移和累积的影响也有所不同，本文试验条件下比较适合作物膜下滴灌土壤盐分环境的水盐调控处理为灌水次数 16 次时灌水定额 434mm、灌水次数 13 次时灌水定额 449mm、灌水次数 10 次时灌水定额 488mm。

参考文献

[1] 马富裕，严以绥. 棉花膜下滴灌技术理论与实践 [M]. 乌鲁木齐：新疆大学出版社，2002.

[2] 张志新. 试论新疆水资源可持续利用的对策 [J]. 灌溉排水，2000 (1)：42-49.

[3] 张志新. 新疆微灌发展现状、问题和对策 [J]. 节水灌溉，2000 (3)：8-10.

[4] J. BenAsher, et al. solute transfer and extration from trickle irrigation source: the effective hemisphere model [J]. Water Resource Research, 1987, 23 (11): 301-323.

[5] 王新平，李新荣，等. 干旱沙区滴灌条件下水盐运移过程试验研究 [J]. 干旱地区农业研究，2002, 20 (3)：44-48.

[6] 马玲. 棉花膜下滴灌水盐运动规律研究 [J]. 新疆农业大学学报，2001, 24 (2)：30-34.

[7] Pruit W O, Fereres E., Martin, P. E., Sinigh H., Henderson D. W., Hagan R. M., Tarantno, E., Chaandio B. Microclimage Evapotranspiration and Water-use Eficency for Drip and Furrow-Irrigated TomatoesInt. com [J]. Irrigation and Drainage (ICID), 1989 (22)：367-393.

[8] B. R. Hanson, L. J. Schwa, etal. Acomparison of furrow, surface drip, and subsurface drip irrigation on letuce yield and applied water [J]. Agricultural Water Management, 1997, (33): 139-157.

[9] 陈渠吕，佘国英，吴忠渤. 滴灌条件下玉米经济灌溉模式的初步研究 [J]. 灌溉排水，1998, 17 (3)：36-41.

[10] Hunsaker DJ, Clemmens AJ, Fangmeier DD. Cotton response to high frequency surface irrigation [J]. Agricultural Water Management, 1998, (37): 55-74.

[11]　Mauney J. R. ，Hendrix D. L. ，1988. Responses of glass house grown coton to irrigation with carbon dioxidesaturated water [J]. Crop Sci, 1988，28 (5)：835 – 838.

[12]　Bucks，D. A. ，Erie，L. J. and French，O. F. Quantity and frequency of trickle and furrow irrigatio for efficient cabbage production [J]. Agron，1974，66 (1)：53 – 57.

[13]　Bucks，D. A. ，Erie，L. J. and French，O. F. Quantity and frequency of trickle and furrow irrigatio for efficient cabbage production [J]. Agron，1974，66 (1)：53 – 57.

[14]　陈渠昌，余国英，吴忠渤. 滴灌条件下玉米经济灌溉模式的初步研究 [J]. 灌溉排水，1998，17 (3)：36 – 41.

[15]　焦艳平，康跃虎，万书勤，等. 干旱区盐碱地滴灌土壤基质势对土壤盐分分布的影响 [J]. 农业工程学报，2008，24 (6)：53 – 58.

[16]　柴付军. 灌水频率对膜下滴灌土壤水盐分布和棉花生长的影响研究 [J]. 灌溉排水学报，2005 (6)：12 – 15.

[17]　叶含春. 棉花滴灌田间盐分变化规律的初步研究 [J]. 节水灌溉，2003 (4)：4 – 8.

[18]　王振华，温新明，吕德生，等. 膜下滴灌条件下温度影响盐分离子运移的试验研究 [J]. 节水灌溉，2004 (3)：5 – 7.

[19]　曹红霞，康绍忠，何华. 蒸发和灌水频率对十壤水分分布影响的研究 [J]. 农业工程学报，2003，19 (6)：1 – 4.

第五章 滴灌点源入渗试验研究

随着滴灌技术的逐年使用，绿洲农田土壤中的盐分逐渐累积，一些农田出现了新的次生盐渍化问题[1-2]。国内外很多学者对滴灌点源自由入渗下的水盐运移进行了大量的理论和试验研究[3-12]。王全九、吕殿青[13-14]研究表明：在膜下滴灌条件下，土壤水盐运移受滴头流量、灌水量、土壤初始含水量、初始含盐率等因素的影响。滴灌的水分除了满足作物的生长需求，还有一部分作为淋洗盐分的水量，这部分水是保持土壤盐分平衡的重要因子[15]。在滴灌过程中，地表积水涉及到入渗边界的条件和性质问题。当滴头流量一定的情况下，如果土壤入渗能力大于供水强度，土壤表面不会产生积水。这属于非充分供水条件下的点源三维空间入渗问题。如果供水强度一定且大于土壤入渗能力时，土壤入渗能力逐渐随时间减弱。这时在点源附近就会产生地表积水，这种积水不仅随着土壤的入渗能力的减小而扩大，同时提高了土壤水分在水平方向的扩展速度，致使土壤湿润体的水平半径大于垂直半径[16]。盐碱化的土壤入渗能力较弱，因而容易造成土壤表面积水，使湿润体水平距离大于垂直距离的现象。因此在滴灌入渗过程中，既有充分供水阶段，又有非充分供水阶段，属于变边界的空间入渗强度。点源交汇入渗是目前大田滴灌的基本组成单元，本试验以室内点源交汇试验和田间试验相结合研究膜下滴灌在双点源入渗及蒸发条件下土壤水盐运移和累积特征，为干旱地区农业节水可持续发展提供理论依据。

第一节 点源交汇湿润锋变化规律室内试验研究

本节试验采用的是室内双点源入渗试验。试验土样采自新疆石河子农八师 121 团，是典型的重盐碱土。选择含盐率较高的土壤，是为了模拟当地的实际土壤环境，有利于清晰观测水分入渗对土壤盐分的淋洗过程。试验地点选择在新疆农业大学农业水利工程实验室，土壤的基本物理参数见表 5-1。具体的点源入渗试验布置见第二章第二节第五部分。

表 5-1 土壤的基本物理特性

土壤质地	容重/(g/cm³)	初始含水量/%	田间持水量/%	初始含盐率%
砂壤土	1.45	5.20	20.6	1.20

在滴水开始后，水分以滴头为中心向四周扩散，入渗初期以点源入渗为主，随着入渗时间的延长，湿润半径不断地增大，湿润锋发生交汇形成交汇入渗。在交汇发生之前，湿润锋水平、垂直运移距离均随入渗时间增加而增大。各个滴头附近湿润锋形状近似半椭圆形，这与单点源自由入渗情况下的湿润锋形状相同，由土壤基质势起主要作用。随着入渗时间的增加，湿润的土体含水率增大，土壤基质势逐渐减小，土壤吸力降低。湿润锋发生交汇后，重力势起着主导作用，交汇界面湿润锋为两个单点源的湿润锋叠加，当湿润锋开

始搭界时，水分在交界面处汇集而加大了交汇区的水平和垂直扩散的速率[17]。

一、不同流量对单点源湿润锋变化特征的影响

对于同一种土壤，湿润锋随着时间的延续逐渐扩展，随着滴水时间的增加而逐渐变缓，在一定历时达到固定值。因此湿润锋与滴水时间、滴头流量、土壤质地成为函数关系。表达式为 $X=f$（t，q，土壤质地）。湿润锋移动半径的大小取决于滴头流量和入渗时间。图 5-1（a）、（b）表示不同滴头流量下单点源湿润锋随入渗时间的变化规律。

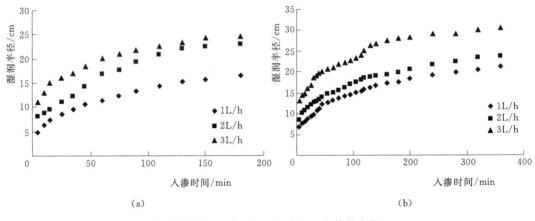

图 5-1　不同滴头流量下水平湿润锋的变化

(a) 3h；(b) 6h

在 1L/h、2L/h、3L/h 的滴头流量下，入渗时间分别为 3h、6h 的水平湿润锋的变化如图 5-1（a）、（b）所示。在相同入渗时间的条件下，较大的滴头流量的水平湿润锋半径大于滴头流量小的，实际上是灌水量起着主导作用。水分移动存在两个方向，水平和垂直运移，在开始入渗阶段，主要是由于干燥的土壤界面与水分存在着较高的水势梯度，水平方向运移速率高于垂直方向，滴头流量小的湿润锋水平运移速度就慢，那么运移距离就小于大滴头流量。从滴水开始，不同的滴头流量水平湿润锋随着入渗时间推移而逐渐增大。湿润锋运移分为两个阶段，先是一个加速阶段，在开始入渗时，入渗水分主要受到分子力作用，水分被土壤颗粒所吸附，入渗边界处湿润锋和干燥土壤之间的水势梯度非常高，水分运移速率也相应增加。随着入渗时间增加，土壤含水量大于分子持水量时，地表表面有一定的积水时，入渗水分进入渗漏阶段，在毛管力和重力作用下，水分在土壤孔隙中作非稳定流运动，这时候入渗率减小，湿润半径增加的速度开始减缓[18]。

湿润锋运移距离与入渗时间的数量关系可以用幂函数的形式表达。单点源水平湿润锋半径和入渗时间的关系，可以用公式 $y=ax^b$ 来表示（图 5-2），y 表示湿润锋半径，x 表示入渗时间。

单点源水平湿润锋与入渗时间的拟合结果见表 5-2，表中看出在相同入渗时间里，滴头流量与系数 a 呈正相关，与指数 b 的关系不明显；入渗时间越长，系数 a 越大。滴水结束时，在土箱的侧面，透过有机玻璃发现垂向湿润轮廓范围与水平湿润区域相似，试验表明垂向湿润锋运移和水平湿润锋运移具有相似的规律。

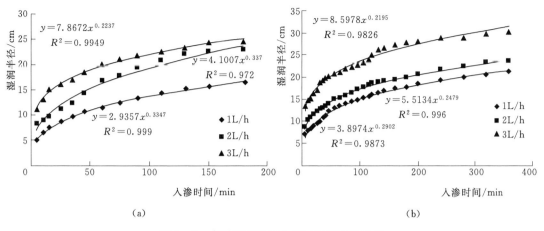

(a)　　　　　　　　　　　　　　　　（b）

图 5-2　水平湿润锋与入渗时间的拟合曲线

(a) 3h；(b) 6h

表 5-2　　　　　　　　　　　水平湿润锋与入渗时间的拟合结果

灌水历时	3h			6h		
滴头流量	a	b	R^2	a	b	R^2
1L/h	2.9357	0.3347	0.999	3.8974	0.2902	0.9873
2L/h	4.1007	0.337	0.972	5.5134	0.2479	0.996
3L/h	7.8672	0.2237	0.9949	8.5978	0.2195	0.9826

单点源垂向湿润锋运移随入渗时间的变化规律如图 5-3 所示。在相同的灌水量条件，1L/h 的滴头流量在土壤垂直方向上运移距离最大，2L/h 的湿润锋距离次之，3L/h 的垂向湿润锋最小。在点源入渗初期，水分水平方向运动受基质势的作用，由于刚开始入渗，水分和干燥土壤之间存在较大的水势梯度，所以土壤基质势和非饱和导水率较大，那么较大的滴头流量在水平方向上运移速率较快。随着入渗时间的增加，滴头处与湿润锋的距离

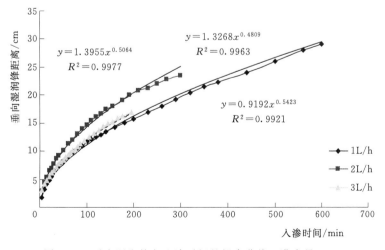

图 5-3　垂向湿润锋与入渗时间的拟合曲线（灌水量 10L）

在加大，土壤基质势与非饱和导水率开始慢慢减小，这时在垂直方向上受到重力势的作用逐渐增强，入渗时间越长，重力势的作用也就显著。在相同累积入渗量的条件下，最小的滴头流量需要入渗的时间最长，那么它在垂直方向上的湿润锋运移距离就最深。

二、不同流量对双点源交汇湿润锋变化的影响

交汇锋是双点源发生交汇的地方，在双点源连线的中间并与双点源连线垂直，它是个瞬时零通量面。湿润锋发生交汇后，主要是重力势起着主要作用，那么水分运移主要是向土壤垂直下方运移。对于小的滴头流量，入渗能力较弱，在相同间距和灌水量条件下，所需入渗时间较长，水分受到重力势能的影响显著，那么向下运移的垂直距离就越深，交汇湿润锋水平宽度推移就显得缓慢。

在相同灌水量（10L）下，不同滴头流量的湿润锋在交汇处的剖面如图5-4所示。

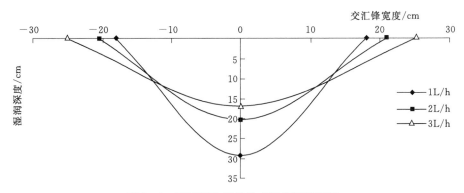

图5-4　不同滴头流量的交汇湿润锋剖面

图5-4中0点表示交汇中心，交汇湿润锋垂直与两个单点源的连线。在累积入渗量10L的条件下，不同滴头流量的水平交汇宽度和入渗的垂直深度都具有差异，其中1L/h滴头流量下，交汇湿润锋水平宽度和垂直深度分别为18cm、29.1cm。3L/h的滴头流量下，交汇湿润锋水平宽度和垂直深度分别为25.25cm、16.9cm，2L/h的交汇湿润锋特征在它们之间，由此表明在交汇区，滴头流量小的交汇锋在垂直方向运移距离较深，水平宽度较窄，大的滴头流量表现正好相反。实验中可以发现，交汇区界面形状近似于椭圆形状，交汇区剖面则近似与抛物线状，当两个单点源湿润锋发生交汇后，形成的交汇湿润锋延续着水平和垂直运移，随着入渗时间的增加，交汇锋的水平和垂直运移距离逐渐增大，但在相同入渗时间内，交汇湿润锋垂直运移速率要大于水平运移速率，这是因为入渗垂直方向受到基质势和重力势的作用，而在水平方向只受基质势的作用，两个单点源的湿润锋运移方向是相向的，形成了湿润锋相互挤压，也造成了交汇锋在水平方向上运移速率减小。

不同的滴头流量具有不同的湿润锋运移速率，那么两个点源湿润锋交汇所需的时间就会不同。滴头流量小，湿润锋移动速率较慢，那么到达交汇的时间就较晚，相反较大的流量，湿润区交汇的时间就早，例如3L/h的滴头流量需要40min交汇，2L/h的滴头流量却需要65min交汇。表5-3中入渗时间分别是3h、6h，不同滴头流量的双点源交汇湿润

锋宽度的实测值。可以得出：相同滴头流量下，入渗时间越长，灌水量越大，那么交汇锋的宽度就越大，交汇时间随着滴头流量的增加而提前。

表 5-3　　　　　　　　　不同滴头流量下交汇湿润锋宽度与入渗时间

滴头流量/(L/h)	1	1	2	2	3	3
历时/h	3	6	3	6	3	6
交汇湿润锋宽度/cm	14.3	33.1	33.5	58.58	46.5	66.2
交汇时间/min	125		65		40	

湿润锋发生交汇后，交汇界面的运移速率要快与滴头处中心运移速率，达到一定入渗时间以后，交汇界面的湿润深度与滴头中心处的湿润深度大致相等，底部湿润锋与滴头处接近水平线。

双点源交汇湿润锋运移距离与入渗时间的拟合关系如图 5-5 所示。

其中滴头流量 1L/h 的曲线为：$y=-0.0001x^2+0.1549x-8.0766$　$R^2=0.9899$

$$(5-1)$$

滴头流量 2L/h：$y=-0.0006x^2+0.347x-12.244$　$R^2=0.9767$　$(5-2)$

滴头流量 3L/h：$y=-0.0017x^2+0.6136x-9.9196$　$R^2=0.9894$　$(5-3)$

上述拟合曲线的相关系数较高，均大于 0.97 以上，说明交汇界面水平湿润锋运移距离与入渗时间之间具有良好的多项式关系。

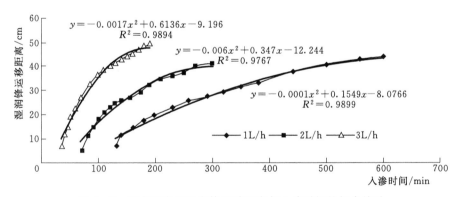

图 5-5　双点源交汇湿润锋运移距离与入渗时间的拟合关系

在双点源入渗发生交汇之前，各单点源入渗的湿润锋形状近似于半椭圆形状，与自由入渗情况下的湿润锋形状相同；双点源发生交汇后，随着入渗时间的延长，双点源入渗的湿润锋相连、重叠，且交汇界面的湿润锋运移速率要大于单个点源中心处湿润锋运移速率，达到一定入渗时间后，交汇界面处的湿润深度与单点源中心处湿润深度基本相等，湿润锋接近于水平线。

图 5-6 为在双点源流量为 3L/h 的条件下，交汇区湿润锋速率与单点源中心湿润锋速率的对比。从图中可以得出：入渗初期的湿润锋运移速率递减梯度较大，随着入渗时间的推移，入渗湿润锋运移速率梯度变小。经前面分析可知湿润锋运移距离和入渗时间具有良好的幂函数关系，可推出湿润锋运移速率也与入渗时间成幂函数关系。若 $u1$ 为交汇界面

湿润锋运移速率，$u2$ 为单点源中心湿润锋运移速率，在相同的入渗时间里，$u2>u1$。即双点源发生运移速率要快于点源中心处水平湿润交汇之后的入渗阶段，交汇面处湿润锋运移速率，但到了一定入渗时间后，滴头与湿润锋的距离较远，水分受到土壤吸力减小，所以入渗速率和前段时间相比减小，逐渐趋于稳定。

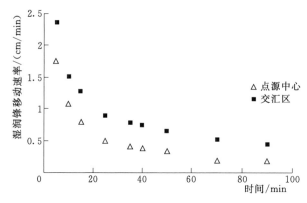

图 5-6　单点源与交汇区的湿润锋速率对比

第二节　双点源交汇湿润锋变化规律田间试验研究

一、不同流量对双点源交汇情况下交汇界面水平湿润锋的影响

点源入渗试验布置见第二章第三节第二部分。为分析膜下滴灌双点源交汇湿润锋变化规律及交汇锋土壤水盐分布特征，本试验在 2008 年 4—10 月在新疆石河子 121 团土壤改良试验站试验田内进行观测。该试验地为轻度盐化土壤，土壤机械分析见表 5-4。

表 5-4　　　　　　　　　　　　土 壤 机 械 分 析 表

土壤	深度/cm	颗粒含量百分数/%			
		>2mm	0.05～2mm	0～0.05mm	<0.002mm
砂壤土	0～30	0.00	22.51	57.14	20.35
	30～60	0.00	18.62	69.58	11.80
	60～100	0.00	14.62	55.82	29.56

双点源入渗发生交汇后，交汇界面的水平入渗距离和垂直入渗距离均随着时间的延长而增大。图 5-7 表示灌水量为 8L，滴头间距为 30cm 滴头流量分别是 2.6L/h 和 3.2L/h 水平湿润锋随时间的变化；图 5-8 表示灌水量为 8L，滴头间距为 40cm，滴头流量分别是 2.6L/h 和 3.2L/h 水平湿润锋随时间的变化。

从图 5-7、图 5-8 中可以看出，水平运移距离随着时间的增加而增大。在相同间距，相同灌水量情况下，3.2L/h 流量在相同入渗时间内大于 2.6L/h。原因是 3.2L/h 流量大于地表入渗强度，使地面有少量积水，地表含水率较大，基质势较小，吸力梯度较大，导致大流量水平运移速度较快，交汇面积较大，湿润体内水分的均匀性较好[19-23]。

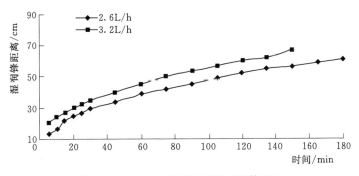

图 5-7　30cm 间距不同流量湿润锋对比

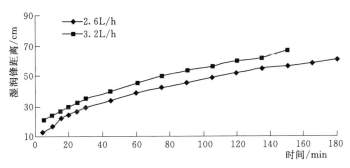

图 5-8　40cm 间距不同流量湿润锋对比

二、不同流量对双点源交汇汇锋的影响

交汇锋是双点源发生交汇的地方，在双点源连线的中间并与双点源连线垂直，它是个瞬时零通量面。图 5-9、图 5-10 为相同灌水量、相同间距、不同流量下，交汇锋随入渗时间的变化情况。

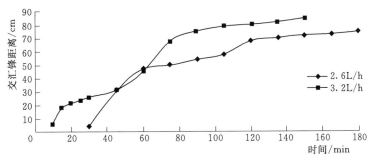

图 5-9　30cm 间距不同流量交汇锋对比

从图 5-9、图 5-10 可以看出，在相同灌水量、相同间距、不同流量的情况下，交汇锋运移都随着入渗时间的增加而增大。入渗初期，交汇锋运移速度较快，随着时间的推移，运移速度越来越慢，同时可看出 3.2L/h 流量比 2.6L/h 交汇的时间早，交汇锋运移速度快。原因是单位时间供水量的差别导致大流量水平湿润锋运移速度大于小流量。因此，大流量先交汇，在交汇锋形成一个零通量面，导致两点源水量向交汇锋两侧移动，相

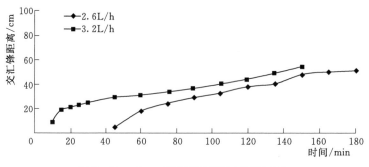

图 5-10　40cm 间距不同流量交汇锋对比

同时间内大流量提供的水量较多，导致大流量交汇锋运移速度大于小流量。

三、不同间距对双点源交汇情况下交汇界面水平湿润锋的影响

灌水量为 8L，滴头流量为 3.2L/h、2.6L/h，间距分别为 30cm 和 40cm 的交汇界面水平湿润锋随时间的变化情况如图 5-11、图 5-12 所示。相同流量不同间距时湿润锋含水率对比见表 5-5。

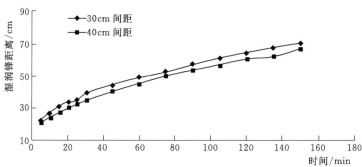

图 5-11　3.2L/h 流量时不同间距湿润锋对比

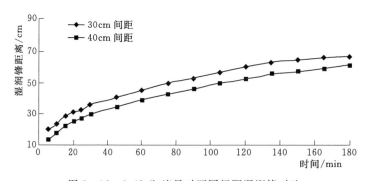

图 5-12　2.6L/h 流量时不同间距湿润锋对比

从图 5-11、图 5-12 可以看出，在相同灌水量、相同流量、不同间距时，30cm 间距在相同的入渗时间内水平湿润锋运移速度大于 40cm 间距。相同流量不同间距时湿润锋含水率对比可以看出，相同流量下 30cm 间距的湿润锋含水率都较 40cm 间距的大。这些都说明 30cm 间距产生的交汇程度大于 40cm，30cm 间距湿润体内水分的均匀性较好。

表 5-5　　　　　　　　　　　相同流量不同间距的湿润锋含水率对比

流量/(L/h)	不同间距含水量/%	
	30cm	40cm
2.6	24.62	16.12
3.2	25.31	18.57

四、不同间距对双点源交汇情况下交汇锋的影响

相同灌水量、相同流量、不同间距情况下，交汇锋随入渗时间的变化情况如图 5-13、图 5-14 所示。

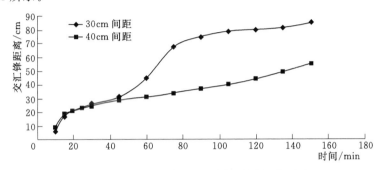

图 5-13　3.2L/h 流量下不同间距交汇锋对比

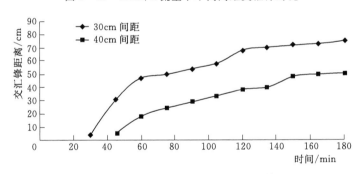

图 5-14　2.6L/h 流量下不同间距交汇锋对比

从图 5-13、图 5-14 可以看出，3.2L/h、2.6L/h 流量时交汇锋运移距离都随着入渗时间的延长而增加。在入渗初期交汇锋推进速度较快，随着入渗时间的增加，推进速度逐渐变缓。同时，可以看出 30cm 间距比 40cm 先交汇，且交汇锋推进速度较快。原因是 30cm 间距交汇体内含水率较大，基质势较大，吸力较小，而 30cm 间距吸力梯度较大，它的交汇锋推进速度较快。

第三节　双点源交汇锋土壤水盐分布变化规律

一、双点源交汇区水分分布特征

在滴灌条件下，土壤水、盐运移比较复杂，既有稳定状态，又有非稳定状态；既有充

分供水阶段（入渗率稳定的时候），还有非充分供水阶段（开始滴水的时候）。它受到滴头流量、灌水量、土壤质地、土壤构造、土壤初始含水量等多种因素的影响。大田里的毛管上滴头间距较小，水分对土壤进行淋洗，相邻滴头的湿润体会出现重叠现象，势必对交汇区内的水分、盐分产生影响。了解交汇区域水盐分布特征，对毛管布置方式具有实际指导意义。在试验初期，滴灌以点源入渗为主，随着入渗时间的延长，湿润半径不断增大，当两个滴头的湿润锋随着时间，逐渐运移发生交汇入渗，滴头附近的水分饱和区也随之不断增大，而且在湿润锋处的土壤含水量变化梯度最大。湿润区的土壤含水量一般不大于土壤田间持水率，随着距滴头距离的增加，土壤含水量降低，但在交汇界面，含水量一般大于附近湿润体内同等深度的含水量[24]。灌水停止后，土壤湿润锋面仍然逐渐向外部运移，湿润体积不断增大，在本试验条件下，土壤湿润锋推移十分缓慢，一般要持续 4～5h。以双滴头连线与交汇湿润锋垂直相交的焦点为中心，在交汇湿润锋中心处向两边每隔 5cm 处作为一个取土点，垂直方向取土点间距 5cm，取土深度 40cm。试验过程取一半湿润体作为研究对象。用烘干法测定土壤含水率（含水率等值线图采用 suffer8.0 软件绘制）。

　　如图 5-15（a）、（b）、（c）所示灌水量为 10L 的 3 种不同滴头流量的双点源，在交汇区剖面的水分分布特征。图中的（0，0）点表示双滴头连线的中心，即双点源交汇区的中心。横坐标代表水平方向，纵坐标代表垂直方向。

　　从图 5-15（a）、（b）、（c）可以看出在相同的灌水量条件下，滴头流量越大，水分在交汇区水平方向的运移范围越大，较小的滴头流量在垂直方向湿润范围较深。说明在灌水量一定的情况下，交汇区均表现出随着滴头流量的增大，水平湿润锋推进加快，水平湿润面积加大，垂向湿润锋移动变慢，从而垂向含水量递减较快。滴头流量的增大并不利于水分垂向的运移，相反小的滴头流量有利于水分的垂向运移。在交汇区中心处含水量最大，这是两个湿润锋相互衔接的结果，在湿润锋的边缘，就是干湿界面处，土壤含水量最小，接近与土壤初始含水量。而在点源处或交汇中心的土壤含水率接近饱和含水率。即距离单点源处或交汇中心越近，土壤含水率就越高。

　　从图 5-15（c）、（d）中可以看出：灌水量 10L 和 6L 的对比中，10L 交汇区湿润体的平均含水率为 19.14%，6L 交汇区的平均含水率为 16%，所以在相同的滴头流量、不同的灌水量条件下，同一空间位置灌水量越大，含水量也越高。较高的灌水量能够使土壤湿润程度较为均匀，说明较大的灌水量使湿润锋交汇程度最好。还可以看出在交汇区中心（双滴头连线的中点）附近为含水量较高的区域，水分沿着垂直于滴头连线的方向逐渐递减，交汇湿润锋剖面含水量等值线类似于椭圆。

　　将交汇区的含水量与单点源处的水分进行比较，交汇过程是滴水到一定的入渗时间后，湿润锋运移到相互彼此可以交汇这段距离后才发生的。所以点源附近的土壤水分入渗时间久，但交汇区域的土壤水分接纳了两个点源供水，水分运移速率要高于单点源。影响两处含水量的大小因素主要是滴头流量和灌水量。

　　本试验设置的滴头间距为固定值 30cm，双滴头的连线中心为交汇湿润锋的中心，选取交汇区与单点源距离滴头相同湿润位置（15cm）处土壤水分监测值，用这两处的水分进行对比，说明交汇作用对土壤水分的影响（灌水量为 10L）。如图 5-16 所示选取交汇断面上两个滴头中点 C 点和未发生交汇断面上 A、B 两点的平均值（A、B、C 3 点与滴

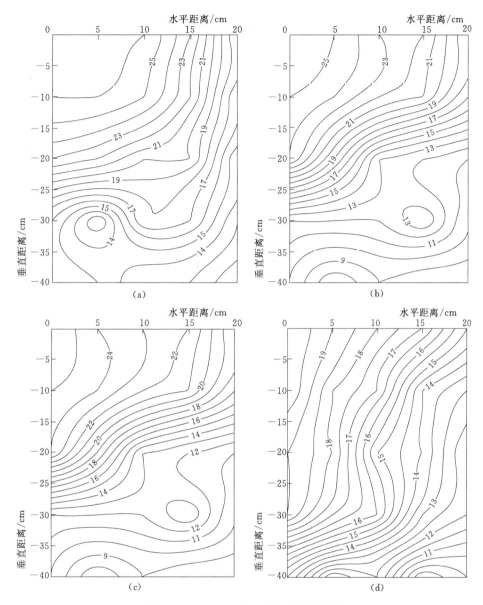

图 5-15　交汇区含水量分布等值线图
(a) 灌水量 10L、3L/h；(b) 灌水量 10L、2L/h；(c) 灌水量 10L、1L/h；(d) 灌水量 6L、1L/h

头距离均为 15cm）进行对比。

表 5-6 显示了点源交汇区与单点源在相同湿润位置（距离滴头 15cm）处含水率对比。由表中数据可知不同滴头流量下湿润锋交汇处的含水率都高于相同湿润位置的单点源处[25]。各滴头流量下交汇处的土壤含水率增加比率在 1.60%～17.70% 之间。各滴头流量交汇湿润锋面中心处的含水率均

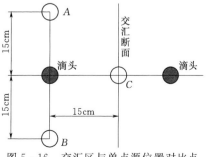

图 5-16　交汇区与单点源位置对比点

表现出随深度的增加而减小的趋势，在距离滴头相同湿润位置的单点源湿润处，这一规律表现不显著。

表 5－6　　　　　　　　点源交汇区与单点源相同湿润位置处含水率对比

滴头流量	深度/cm	土壤含水率/%		
		交汇处	单点处	增加比率
1L/h	0	25.05	22.10	13.34
	10	24.05	23.07	4.27
	20	24.75	22.72	8.93
	30	23.09	21.11	9.41
	40	18.38	17.81	3.21
2L/h	0	26.87	24.50	9.67
	10	26.27	23.58	11.39
	20	25.87	23.91	8.18
	30	24.40	21.90	11.43
	40	17.84	17.16	4.01
3L/h	0	25.69	24.37	5.41
	10	24.30	23.92	1.60
	20	25.43	22.26	14.26
	30	13.14	11.88	10.63
	40	15.25	12.95	17.70

原因是在双点源交汇前，湿润锋在水势梯度的作用下逐渐扩大，在交汇时交汇区两侧的基质势基本一致，随着交汇时间的延长，交汇区含水量继续增加。两侧水分入渗速率在重力势的作用下向土壤底部运移，运移速率慢慢变小，底部土壤所获水分就少，所以从交汇区土体表层到底部，土壤水分逐渐变小。总之，交汇区的水分运移速率要高于单点源处，在相同湿润位置处，交汇区的土壤含水率要高于单点源。较大的滴头流量在交汇区水分增加比率要大于小滴头流量，且提高了土壤湿润体的均匀性。

二、滴头流量及灌水量对土壤盐分运移的影响

在滴灌过程中，以滴头为中心，水分向土壤的四周扩散，盐分随水逐渐向远离点源的方向扩散，最后积聚在湿润锋的边缘，充分体现了"盐随水动"的规律。在双点源交汇区，由于是湿润锋之间相互叠加，水分分布复杂，盐分分布更复杂。

滴头流量是滴灌系统设计的一个重要设计参数，也是影响滴灌条件下盐分运移的重要因素。在盐碱地上交汇界面上水盐含量情况影响到种植在其附近作物的生长，所以研究交汇界面的水盐分布对生产具有一定的实际意义。相同灌水量，不同滴头流量下，滴水结束后单点源及交汇区的盐分分布如图 5－17、图 5－18 所示。

图 5－17 中（0，0）点表示滴头处，图 5－18 中（0，0）点为交汇区的中心。横轴表示水平距离（cm），纵轴表示垂直深度（cm）。从两图中可以看出单点源与交汇区盐分分

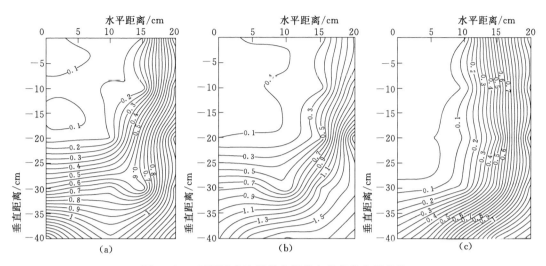

图 5-17 不同滴头流量单点源处含盐率分布等值线

（a）灌水量 10L、3L/h；（b）灌水量 10L、2L/h；（c）灌水量 10L、1L/h

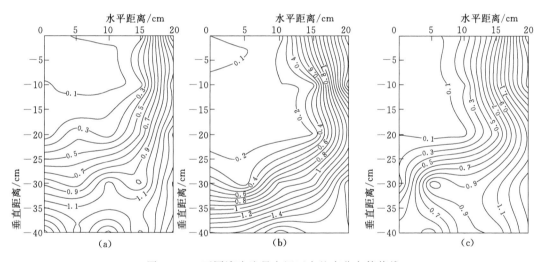

图 5-18 不同滴头流量交汇区含盐率分布等值线

（a）灌水量 10L、3L/h；（b）灌水量 10L、2L/h；（c）灌水量 10L、1L/h

布相比，在同一空间位置上，单点源处的盐分要低于相同湿润位置的交汇区盐分。原因是交汇区作为两个相邻滴头处的湿润锋运移交汇的重叠部分，由水平湿润锋携带的盐分同时聚集在交汇区，所以在交汇区中心盐分较多[26]。随着交汇入渗时间的继续延长，交汇区两侧水势梯度及重力势增大的情况下使交汇湿润锋宽度增加，入渗深度加大，盐分顺着湿润锋扩展的方向运移，在交汇区的两端和深层累积。盐分主要累积在单点源处 35～40cm深度及交汇区的 30～40cm 深度，水平方向积聚在距交汇中心 15～20cm 处。点源处水平方向盐分分布与交汇区具有相似的规律，距离单点源越远，盐分累积越多，盐分始终在湿润体的边缘处累积。

如图 5-17、图 5-18 所示盐分在滴头处及交汇峰的剖面分布中，若按照含盐率低于

0.5％的土壤深度为脱盐深度的标准，3L/h 的流量在滴头下方脱盐深度为 28cm，交汇区脱盐深度为 25cm。2L/h 的流量在滴头下方脱盐深度为 32cm，交汇区为 30cm。1L/h 的流量在单点源处脱盐深度为 36cm，交汇区为 32cm。在水平方向上，较大的滴头流量在滴头处和交汇区的脱盐宽度大于小滴头流量 3L/h、2L/h、1L/h 在点源处脱盐距离为 34cm、30cm、26cm，在交汇区处脱盐距离为 32cm、30cm、26cm，相同流量在点源处和交汇区的水平脱盐区域相近，交汇后水分分布均匀。在相同的灌水量下，小滴头流量在单点源处和交汇区的垂直方向对盐分的淋洗效果更明显，较大滴头流量正好相反。原因是本试验土壤为盐碱土，盐碱土的入渗强度较弱，当滴头流量较大时，供水强度大于入渗强度，水分在重力作用下在土壤大毛管中移动，小毛管中的水分为相对不动水体，此时细小的毛管中的盐分得不到淋洗，故淋洗水效率较低。滴头流量较小不利于土壤水平脱盐，较高流量会产生地表径流。综合来讲 2L/h 的滴头流量无论在土壤水平还是垂直方向脱盐效果最好，适合当地滴灌参数选择。

　　双点源滴灌在交汇区的入渗水分较多，是两个单点源的水分产生叠加、交汇的结果，湿润体的水分均匀性较好。由于交汇湿润锋位于两滴头之间，湿润锋相互重叠，使盐分的侧向移动逐渐过渡到向垂直方向移动，形成一个平面整体洗盐。可以推测若灌水量较小或者滴头间距过大，两个滴头所淋洗的土壤盐分就会侧向运移到交汇处累积，且高于土壤初始含盐率。所以灌水量也是影响盐分运移的一个重要因素。

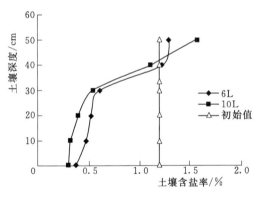

图 5-19　不同灌水量土壤盐分垂向分布

　　如图 5-19 所示，以滴头流量为 1L/h 为例入渗时间分别是 3h、5h，因为是双点源滴灌，所以灌水量分别为 6L、10L。试验前土壤混合均匀，假设土槽中不同土层深度的初始盐分含量相同。经过滴水后，可以看出其中 10L 水量的淋洗深度为 50cm，6L 水量在40～50cm 处盐分几乎没有变化，可以判断淋洗深度基本在 40cm 处。若按照耐盐度为 0.5％计算，灌水量 6L 的脱盐深度为 20cm，10L 的脱盐深度 30cm。随着灌水量的增加，剖面上层土壤盐分逐渐减少，并在土壤底部累积，高于土壤初始含盐率值。因此，灌水量是控制土壤盐分累积的一个重要因素。只有达到一定的灌水量，盐碱土中的盐分才会得到充分淋洗，从而有利于作物的正常生长。

三、不同间距对双点源交汇情况下交汇区总盐的影响

　　图 5-20～图 5-24 为不同深度下，在滴头间距为 30cm 和 40cm，流量为 3.2L/h，灌水量为 8L 情况下电导率的对比。水平距离为距滴头的距离。

　　从图 5-20～图 5-24 可以看出，在交汇区电导率随着距滴头距离的增加而增加。在0～40cm 深度内湿润锋处电导率最高，在滴头连线中心处电导率最低。在表层和 0～10cm 深度内，40cm 间距交汇体内的电导率大于 30cm 间距的；在 10～40cm 深度内，30cm 间距交汇体内的电导率大于 40cm 间距的。原因是 30cm 间距交汇体内含水率较 40cm 间距的

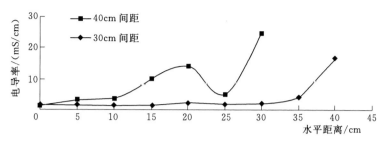

图 5-20　地表电导率对比

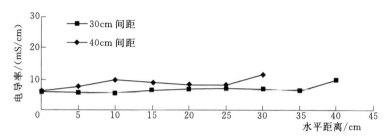

图 5-21　0~10cm 地表电导率对比

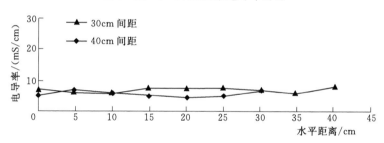

图 5-22　10~20cm 深度电导率对比

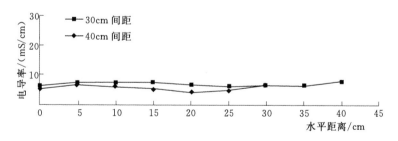

图 5-23　20~30cm 深度电导率对比

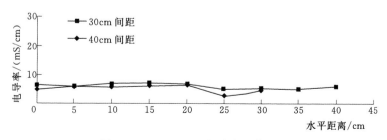

图 5-24　30~40cm 深度电导率对比

大，导致表层土壤水分水平运移速度较大，把盐分带到了边缘，但水分垂直运移速度较小。另外，试验是在裸地上进行的，底部取土较晚，存在一定蒸发，少量返盐，这些都导致 0～10cm 深度内电导率小于 40cm 间距的，10～40cm 深度内电导率较 40cm 间距的大。

第四节 本 章 小 结

双点源交汇入渗试验是两个相同的单点源自由入渗到一定阶段后，发生叠加交汇过程，湿润锋交汇后，水分运移速率加快，湿润体内平均含水率得到加强，水分均匀性较好。双点源滴灌交汇水盐运移规律试验得到以下结论：

（1）在双点源入渗交汇前，单点源湿润锋运移距离与入渗时间之间符合良好的幂函数关系，点源交汇后，交汇湿润锋水平运移距离与入渗时间之间具有多项式关系。较大的滴头流量发生交汇时间比小的滴头流量提前。相同滴头流量下，入渗时间越长，交汇湿润锋宽度越大。相同灌水量和滴头间距下，小滴头流量的交汇湿润锋在土壤垂直方向运移较深，水平运移宽度较窄，大滴头流量正好相反。

（2）交汇界面的土壤含水率等值线分布呈椭圆形状，交汇界面中心含水率较高，水分含量随着远离交汇中心而逐渐递减。在距离点源中心相同湿润位置处，交汇区的土壤含水率要高于单点源处。较大的滴头流量在交汇区水分增加比率要大于小滴头流量，且提高了土壤湿润体的均匀性。

（3）在砂壤土土质下，相同间距相同灌水量不同流量情况下，水平湿润锋运移距离和交汇锋运移距离都随着时间的增加而增加，不同流量湿润锋运移速度和交汇锋运移速度不同，流量越大水平湿润锋和交汇锋运移速度越快，交汇程度越大，均匀性较好；在不同间距情况下，间距越小水平湿润锋和交汇锋运移越快，交汇程度越大，均匀性较好。

（4）在相同的灌水量下，小滴头流量在单点源处和交汇区的垂直方向对盐分的淋洗效果更明显，水平方向脱盐效果不是很显著，较大滴头流量正好相反。在相同湿润层次上，单点源处的盐分含量要低于交汇区。随着灌水量的增加，交汇区剖面上层土壤盐分逐渐减少，脱盐深度加大，水平脱盐宽度加大，并在土壤底部和交汇湿润锋两端累积，高于土壤初始含盐率值。适中的滴头流量在湿润体水平和垂直方向淋洗盐分效果更好。

（5）在砂壤土土质下，在相同灌水量相同流量不同间距情况下，在表层和 0～10cm 深度内，在交汇区内大间距的含盐率大于小间距的含盐率，在 10～40cm 深度内，小间距的含盐率大于大间距的含盐率。

参考文献

［1］ 张伟，吕新，李鲁华，等．新疆棉田膜下滴灌盐分运移规律［J］．农业工程学报，2008，24（8）：60-64.

［2］ 陈小兵，杨劲松，刘春卿．新疆阿拉尔灌区次生盐碱化防治及其相关问题研究［J］．干旱区资源与环境，2007（6）：168-172.

［3］ 吕谋超，杵锋，彭贵方，等．地下和地表滴灌土壤水分的室内实验研究［J］．灌溉排水，1996，15（1）：42-44.

［4］ 费良军，谭奇林，王文焰，等．充分供水条件下点源入渗特性及影响因素［J］．土壤侵蚀及水土保持学报，1999，5（2）：70－74．

［5］ 陈渠昌，吴忠渤，余国英，等．滴灌条件下沙地土壤水分分布与运移规律［J］．灌溉排水，1999，18（1）：28－31．

［6］ 张振华，蔡焕杰，郭永昌，等．滴灌湿润体影响因素的研究［J］．农业工程学报，2002，18（2）：17－20．

［7］ 李明思，康邵忠，孙海燕．点源滴灌滴头流量与湿润体关系研究［J］．农业工程学报，2006，22（4）：32－35．

［8］ Coelho FE, D Or. Applicability of analytical solutions for flow from point sources to drip irrigation management［J］. Soil S ci soc Am J. 1997，61：1331－1341.

［9］ Kachanoski R G，J L Thony，M Vauclin, et al. Measurment of solute transport during constant infiltration from a point source［J］. Soil Sci soc Am J. 1994，58：304－309.

［10］ Bresler E，Analysis of trickle irrigation with application to design problems［J］. Irrig. Sci. 1978，1：13－17.

［11］ Or D，F E Coelho. Soil water dynami cs under drip irrigation：transient flow and uptake models［J］. Soil Sci soc Am J. 1996，39（6）：2017－2025.

［12］ Parlange J Y，Lisle I，Braddock R D，et al. The three-parameter infiltration equation［J］. Soil Science，1982，133（6）：337－341.

［13］ 王全九，王文焰，汪志荣，等．盐碱地膜下滴灌技术参数的确定［J］．农业工程学报，2001，12（2）：47－50．

［14］ 吕殿青，王全九，王文焰，等．土壤盐分分布特征评价［J］．土壤学报，2002，39（5）：720－725．

［15］ 王全九．土壤中水分运动与溶质迁移［M］．北京：中国水利水电出版社，2007．

［16］ 刘新永，田长彦，马英杰．南疆膜下滴灌棉花耗水规律以及灌溉制度研究［J］．干旱地区农业研究，2006，24（1）：108－112．

［17］ 巨龙．田间滴灌条件下土壤水盐分布特征试验研究［D］．陕西：西安理工大学，2007．

［18］ 王永东，张宏武，徐新文，等．风沙土水分入渗与再分布过程中湿润锋运移试验研究［J］．干旱区资源与环境，2009，23（8）：190－194．

［19］ 吕谋超，杵锋，彭贵方，等．地下和地表滴灌土壤水分的室内试验研究［J］．灌溉排水，1996，15（1）：42－44．

［20］ 费良军，谭奇林，王文焰，等．充分供水条件下点源入渗特性及影响因素［J］．土壤侵蚀及土壤保持学报，1999，5（2）：70－74．

［21］ 费良军，吴军虎，王文焰．充分供水条件下单点膜孔入渗湿润特性研究［J］．水土保持学报，2001. 15（5）：137－140．

［22］ 张振华，蔡焕杰，郭永昌，等．滴灌湿润体影响因素的研究［J］．农业工程学报，2002，18（2）：17－20．

［23］ 李明思，康邵忠，孙海燕．点源滴灌滴头流量与湿润体关系研究［J］．农业工程学报，2006，22（4）：32－35．

［24］ 孙海燕，王全九．滴灌湿润体交汇情况下土壤水分运移特征的研究［J］．水土保持学报，2007，21（4）：115－119．

［25］ 蒲胜海，何新林，王振华．微咸水水源线源滴灌土壤水盐运移特征试验研究［J］．中国农村水利水电，2009（5）：56－59．

［26］ 王春霞，王全九，单鱼洋，等．微咸水滴灌下湿润锋运移特征研究［J］．水土保持学报，2010，24（4）：59－63．

第六章 滴灌棉田土壤水盐
空间变异特征研究

空间变异理论被引入土壤及环境科学领域后，国内外诸多学者针对各种条件下的土壤水盐运移理论做了大量的理论试验研究工作。Panagopoulos 等[1]将 GIS 技术与地统计学相结合，调查了面积为 2208m² 的地中海区域土壤盐分的变异性。陈丽娟等[2]针对民勤绿洲土壤盐渍化成因和水盐空间分布特征进行了研究。李小昱[3]利用空间变异理论及分形理论研究分析了土壤含水量与坚实度的分形特征，认为经典统计学不能定量描述土壤特性。祖皮艳木·买买提等[4]以于田绿洲区为典型研究区，重点分析了该区盐渍土及土壤盐分的空间分布格局，为当地防治土壤次生盐渍化提供了理论依据。随着计算机技术的不断发展，将地统计学与 GIS 技术及 RS 技术相结合，进行土壤属性更大区域的空间变异研究已然成为未来发展的必然趋势。本章节在前人的基础上利用基础统计学和地统计学分析研究了新疆石河子地区膜下滴灌棉田土壤水盐空间变异性规律。试验提取了不同滴灌年限的土壤，分别对多年土壤的水分和盐分数据用经典统计学和地统计学的方法进行处理和分析，得到土壤水分盐分的变异规律、空间变异模型及相关参数，并对其相关关系进行了系统的分析研究。

第一节 研 究 方 法

一、区域化变量理论

这里所说的"区域化"是指某一研究对象表现出一定的空间分布特征。一般情况下，区域化现象主要用区域化变量进行描述。在自然界，大部分事物都呈现出一定的区域化分布特征，例如某一矿物的空间分布，生态学中的物种种群的空间分布，土壤学中的重金属元素、养分、盐分等的空间分布等，这些对象的研究都离不开区域化变量理论。Matheron 将区域化变量定义为：以空间点 x 的 3 个直角坐标 x_u、x_v、x_ω 为自变量的随机场 $Z(x_u, x_v, x_\omega) = Z(x)$，称之为区域化变量，或区域化随机变量[5]。与普通随机变量不同的是，区域化变量是普通随机变量与位置有关的函数，它是普通随机变量在某一特定区域内特定点的取值，是空间坐标的函数。对于某一空间点的变量而言，其取样之前为纯随机变量，但是取样后就是一个普通的三元函数值。这一理论同概率论与数理统计学中定义的普通随机变量的概念一样。从纯数学角度来看，区域化变量是一个与空间位置有关的函数，此函数具有不确定性。区域化变量既具有结构性，又具有随机性。例如在空间相邻两点 x 和 $x+h$（h 为空间距离）处的样本值 $Z(x)$ 与 $Z(x+h)$ 具有某种程度的自相关，且这种自相关程度依赖于 h 的大小与变量特征。在分析某一特定对象时，该变量又表现出一定程度的限制性，一定水平的连续性和一定程度的各项异性。为了能够用数学模型定量描述区域化变量，G. Mathron 在 20 世纪 60 年代提出了空间协方差函数（Covariance Function）和变异函数（Variograms），尤其是变异函数能同时模拟区域化变量的随机性和结构性，从而为严格的数学方法解决区域化变量的随机性和结构性提供了基础。

二、变异函数理论

作为地质统计学研究的一种最基本的工具，变异函数在一维条件下定义为，当空间点 x 在一维轴上变化时，区域化变量 $Z(x)$ 在点 x 和 $x+h$ 处的值 $Z(x)$ 与 $Z(x+h)$ 差的方差的一半定义为区域化变量 $Z(x)$ 在 x 轴方向上的变异函数，记为 $\gamma(x, h)$，即

$$\gamma(x, h) = \frac{1}{2} Var [Z(x) - Z(x+h)]^2 \qquad (6-1)$$

式中：$\gamma(x, h)$ 为空间点 x 与欠量 h 的半方差函数；$Z(x)$、$Z(x+h)$ 分别为点 x、$x+h$ 处的样本值。

当变量满足二阶平稳假设时，对任意的 h 有

$$E[Z(x+h)] = E[Z(x)] \qquad (6-2)$$

因此，式（6-1）可以写成

$$\gamma(x, h) = \frac{1}{2} E [Z(x) - Z(x+h)]^2 \qquad (6-3)$$

由式（6-3）可看出，变异函数只取决于 x 与 h 两个变量，当该函数与位置无关而仅依赖于 h 时，$\gamma(x, h)$ 可改写为 $\gamma(h)$。即

$$\gamma(h) = \frac{1}{2} E [Z(x) - Z(x+h)]^2 \qquad (6-4)$$

通常将 $\gamma(h)$ 称为半变异函数（Semivriograms）。

一般情况下，理论变异函数模型是未知的，通常要利用实际取样的样本值去估计，对向量 h 而言，可以计算出一系列的 $\gamma^{\#}(h)$ 值。现阶段，地统计学模型主要分为 3 大类：第一类为有基台值模型，包括球状模型（Spherical model）、指数模型（Exponential model）、高斯模型（Gaussian model）、线性有基台值模型（Linear with still model）、纯块金效应模型（Pure nugget effect model）；第二类为无基台值模型，主要有抛物线模型、幂函数模型以及线性无基台值模型；另外，有一类还被称作空穴效应模型。图 6-1 常见变异函数图为常见几种模型的变异函数图，表 6-1 为相应的空间变异模型。

表 6-1　　　　　　　　　　　　常 见 变 异 函 数 模 型

空间变异模型	表达式	备注
球状模型	$r(h) = \begin{cases} C_0 + C_1 [1.5(h/a) - 0.5(h/a)^3], & 0 \leqslant h \leqslant a \\ C_0 + C_1, & h \geqslant a \end{cases}$	C_0 为块金值，$C_0 + C_1$ 为基台值，a 为做变程或相关尺度，其中幂函数模型中 $\lambda = 1$ 时，就是线性模型 $r(h) = C_0 + C_1 h$
指数模型	$r(h) = C_0 + C_1(1 - e^{-h/a})$	
高斯模型	$r(h) = C_0 + C_1(1 - e^{(-h/a)^2})$	
幂函数模型	$r(h) = C_0 + C_1 h^{\lambda} (0 < \lambda < 2)$	

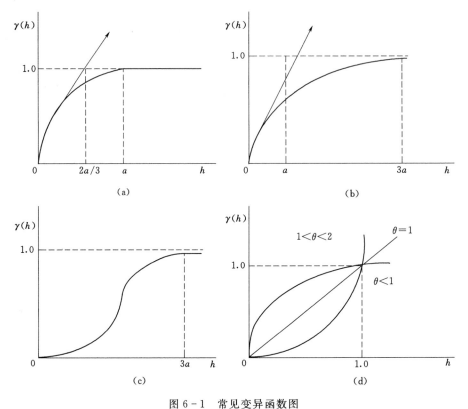

图 6-1　常见变异函数图

（a）球状模型；（b）指数模型；（c）高斯模型；（d）幂函数模型

三、克里格插值法

当前，地统计学中较为普遍的一种插值方法为克里格插值法，该方法是一种局部估计的加权平均，即对于任意待估点或块段 V 的实际值 $Z_v(x)$，其估计值 $Z_v{}^{\#}(x)$ 是通过该待估点或待估块段影响范围内的 n 个有效样品值 $Z(x_i)(i=1,2,\cdots,n)$ 的线性组合得到的。即

$$Z(x)^{\#} = \sum_{i=1}^{n} \lambda_i Z(x_i) \qquad (6-5)$$

式中：λ_i 为权重系数，是已知样点 $Z_v(x)$ 在估计 $Z_v{}^{\#}(x)$ 时影响大小的系数。其中 λ_i 必须满足下式：

$$\sum_{i=1}^{n} \lambda_i = 1 \qquad (6-6)$$

为使得 λ_i 的估计为无偏、最优估计，根据统计学相关知识在满足上式的同时，还要求估计方差最小的要求。最终利用拉格朗日原理求解方程组，即

$$\begin{cases} \sum_{j=1}^{n} \lambda_j \overline{\gamma}(v_i, v_j) + \mu = \overline{\gamma}(v_i, V) \\ \sum_{i=1}^{n} \lambda_i = 1 \end{cases} \qquad (6-7)$$

$$\sigma_k^2 = \sum_{i=1}^{n} \lambda_i \overline{\gamma}(v_i, V) - \overline{\gamma}(V, V) + \mu \tag{6-8}$$

式中：V 为待估点或块段的值；μ 为拉格朗日乘数；σ_k 为估计方差，$\overline{\gamma}$ 为变异函数。

该方法能利用各种信息对区域化变量进行最优线性无偏估计，本义利用普通克里格插值法。

四、随机模拟理论

常用的随机模拟方法有序贯高斯模型（Sequential Gaussian Simulation）、序贯指示模拟（Sequential Indicator Simulation）及截断高斯模型（Truncated Gaussian Simulation）3 种[6-7]，其中最常用的是序贯高斯模型。它是基于高斯概率理论和序贯模拟算法的一种随机模拟算法。是通过已有样本数据计算待估点值条件概率分布，然后从此概率分布中随机取一数值作为模拟现实。当每得出一个模拟值后，将该模拟值同原始数据及之前算得的模拟数据一起作为条件数值，从而计算另一点的模拟值。这种算法运算效率高，简单灵活，因而被认为是条件高斯模拟方法中最常用的方法之一[8]。由于变量空间分布的不确定性，致使普通插值方法得到的结果与变量实际值存在一定误差，但是随机模拟给定的是一系列等概率的模拟值，在反应空间变量的实际分布情况方面具有突出优点。因此，随机模拟理论更有广泛的应用空间。在实际应用过程中，利用随机模拟产生的值计算区域内变量不超过某一指标（这个指标依据具体情况而定，如作物的耐盐阀值，作物养分需求临界值等）的概率值。此概率值可以用来评价区域内某一指标的风险度、施肥决策等。若将 $Z(u)$ 定义为变量在空间某一位置的插值结果，Z_m 为变量阀值，则采样区域任一位置 u 处不超过临界值的概率定义为 $P\{Z(u) \leqslant Z_m\}$，其计算公式如下：

$$P\{Z(u) \leqslant Z_m\} = \lim_{u \to \infty} \frac{number\ of\ \{Z(u) \leqslant Z_m\}}{L} \tag{6-9}$$

式中：number of $\{Z(u) \leqslant Z_m\}$ 为一系列随机模拟中小于给定阀值的个数；L 为随机模拟的次数，在实际应用中，要求 $L \geqslant 100$。

同理，$P\{Z(u) \geqslant Z_m\}$ 定义为区域内任一位置处 u 超过某一阀值的概率，其计算公式如下：

$$P\{Z(u) \geqslant Z_m\} = \lim_{u \to \infty} \frac{number of\{Z(u) \geqslant Z_m\}}{L} \tag{6-10}$$

同理，number of $\{Z(u) \leqslant Z_m\}$ 表示一系列随机模拟中超过阀值的个数，L 的意义及要求与式（6-9）相同。

第二节　滴灌棉田水盐空间变异规律

一、滴灌棉田水分空间变异规律

本节试验布置详见第二章第三节第三部分。为分析膜下滴灌棉田生育期土壤水分在剖面上随时间及空间的变化特征，试验选取了 2012 年开始实施膜下滴灌的棉田作为研究地块。选用当地实施一膜两管 6 行的种植方式（棉花窄行距为 11cm，宽行距 66cm，膜间距为 60cm）（图 6-2），因此在试验设计时，只选取了整个膜的一半作为研究区域。取样点基本为棉田中央位置，每个样点取 3 个重复。取样时间为：2012 年 5 月 19 日、2012 年 6 月 24 日、2012 年 7 月 27 日、2012 年 8 月 20 日、2012 年 9 月 25 日、2012 年 10 月 29 日，共计取样 6 次。取样深度自地表至深层分别为 0～5cm、5～20cm、20～40cm、40～60cm、60～90cm、90～120cm、120～150cm，共计 7 个土层，每次取样 63 个。

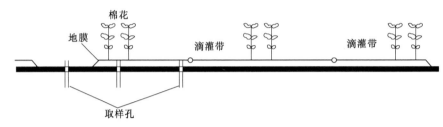

图 6-2　试验区种植模式及取样点示意图

利用烘干法测取土壤质量含水率，将野外所取土样及时带回试验室并称取其湿重，然后将其放置在烘箱中，在 105℃的温度下烘烤 6～8h 后称取土壤干重。土壤质量含水率计算公式采用下式：

$$W_m = \frac{W_0 - W_t}{W_t} \times 100\%$$ （6-11）

式中：W_m 为土壤质量含水率，%；W_0 为土壤鲜土重，kg；W_t 为干土重，kg。

（一）数据处理及结果分析

首先，按照地统计软件要求的格式，利用 Excel 电子表格整理好试验区土壤含水率数据。土壤含水率统计特征值的计算采用 SPSS19.0 专业分析软件进行；地统计分析采用专用分析软件 GS⁺9.0 进行。其具体步骤为：①在进行地统计分析前，考察网格数据是否符合正态分布，如果不符合，则利用软件自带的数据转换方法，如对数转换法、平方根转换法进行相应转换，直到其数据符合正态分布为止（所用数据转换方式必须为可逆）；②在数据符合正态分布的前提下进行空间变异函数建模，经反复比对，选取决定系数大，残差平方和小的模型为最优理论模型；③在建模的基础上进行普通克里格插值计算及多次随机模拟计算（本文所选模拟方法为同一随机种子 100 次模拟计算）；④将 100 次随机模拟的结果导入 Excel 电子表格，并统计各模拟样点在 100 次模拟中含水率值小于给定阈值的频数；⑤利用统计所得频数计算相应的概率值，统计出各概率分区样点的频率并制作成表格；⑥将所得概率值作为变量，利用软件绘制试验区含水率低于某一阈值的概率分布专题图。其结果分析如下：

1. 生育期始末膜下滴灌棉田土壤含水率合理取样数目估计

将各取样点看作相互独立的随机变量是经典统计学确定合理采样数目的基础。在一定显著水平下（$T = 0.05, 0.1$）和抽样允许误差范围内，所要求的合理取样数目根据 Cochran 提出的公式计算：

$$n = (\lambda_{Tf} S / \Delta)^2$$ （6-12）

式中：λ_{Tf} 为 t 分布的特征值；T 为显著性水平，一般取 5%、10%；f 为自由度，$f=N-1$；Δ 为采样精度，一般按 $\Delta=k$，$k=5\%$、10%、15%；S 为为样本标准方差。如果计算所得样本数 n 大于总样本容量 N 的 10%，则应采用不重复抽样公式，即

$$n-n/(1+n/N) \tag{6-13}$$

表 6-2 为试验区生育期始末各土层含水率合理采样数估计结果。由表可知，在不同置信度及抽样误差的控制下，两时期所估计的样本数基本都小于本次试验样本容量（其中估计数超过样本容量 10% 的全部经不重复抽样公式计算后同样小于样本容量），因此，本试验所取样本数基本能反应试验区土壤含水率在两个时期的真实特征。相比之下，置信度同为 95% 或同为 90% 时，合理取样数的大小随着相对误差的增大而较小，尤其当相对误差为 5%、10% 时，二者合理取样数相差 4 倍左右，而相对误差为 10%、15% 时，其合理取样数相差约为 2 倍左右。当相对误差相同，而置信度不同时，置信度越高，所估计的合理取样数就越多，这种趋势随着相对误差的增大而逐渐减弱。对比生育期初与生育期末各土层土壤水分合理取样数估计可以发现，除 0～20cm 土层外，其估计取样数目生育期末的都较生育期初大。分析其原因发现，这主要与两个时期各土层土壤变异系数有关。对比表 6-2、表 6-3 可以发现，变异系数越大，土壤含水率合理取样数就越多。一般情况下，土壤结构性因素（如成土母质、气候、地形、土壤质地与结构等）会使土壤各因素趋于均一化，而随机因素（灌溉、施肥等）会破坏土壤均一性，增加土壤的变异性。生育期初（播种前），土壤基本不受外界因素的干扰，其水分分布较为均匀；而生育期末，经过一个生育期的灌溉、施肥、耕作等人为影响，致使土壤空间变异性加剧，尤其对于生育期膜下滴灌引起的时空变异性更为明显。在平时的试验中，应视试验具体精度要求取样，取样太多会造成不必要的人力、财力等的浪费，取样太少又会造成较大误差，使试验结果缺乏可靠性。

表 6-2　　　　　　　　　　土壤含水率合理取样数估计

时段	深度/cm	置信水平					
		0.95/1.64645			0.9/1.96245		
		相对误差					
		5%	10%	15%	5%	10%	15%
生育期初	0～20	67	17	7	47	12	5
	20～40	45	11	5	32	8	4
	40～60	81	20	9	57	14	6
	60～80	94	23	10	66	17	7
	80～100	67	17	7	47	12	5
生育期末	0～20	66	17	7	47	12	5
	20～40	92	23	10	64	16	7
	40～60	170（69）	42	19	120	30	13
	60～80	191（73）	48	21	134（62）	34	15
	80～100	128（61）	32	14	90	22	10

注　表中"（）"内数值为式（6-12）计算的结果。

2. 生育期始末膜下滴灌棉田土壤水分统计特征

为分析棉田土壤水分在生育期初及生育期末的整体变化趋势，本书利用经典统计学方法计算了两个时期土壤含水率的均值、方差、标准差、变异系数等统计量。具体计算结果见表 6-3。

表 6-3　　　　　　　　　　生育期始末各土层土壤含水率统计特征值

时段	深度/cm	样本数	最小值	最大值	均值	标准差	偏度	峰度	变异系数
生育期初	0~20	117	0.09	0.23	0.138	0.029	0.565	0.056	20.9
	20~40	117	0.12	0.28	0.201	0.034	0.134	−0.366	17.1
	40~60	117	0.10	0.30	0.209	0.048	−0.453	−0.565	23.0
	60~80	117	0.07	0.29	0.204	0.050	−0.466	−0.428	24.7
	80~100	117		0.29	0.198	0.041	−0.098	−0.110	20.9
生育期末	0~20	117	0.07	0.21	0.147	0.030	−0.583	0.010	20.7
	20~40	117		0.25	0.170	0.042	−0.266	−1.058	24.4
	40~60	117	0.06	0.43	0.184	0.061	0.330	1.024	33.2
	60~80	117	0.04	0.41	0.180	0.063	0.269	0.692	35.2
	80~100	117	0.05	0.39	0.183	0.053	0.168	1.172	28.8

在经典统计学中，样本均值反映数据的集中程度，而样本变异系数 C_V 反映样本值的离散程度。通常认为，变异系数 $C_V \leqslant 10\%$ 为弱变异；$10\% < C_V \leqslant 100\%$ 为中等变异；$C_V > 100\%$ 为强变异[9]。由表 6-3 中均值可知，在生育期初（播种前）与生育期末，土壤含水率均呈现出随深度的增加而增大的趋势。试验区各土层土壤含水率均值生育期初较生育期末大，其中均值最大值出现皆出现在 40~60cm 土层。在研究区内，生育期初外界气温上升较快，水分在强烈的外界蒸发作用下不断向地表运移，越靠近地表，蒸发作用越强，土壤含水率越低。生育期末，当地棉花已全部收完，棉田土壤在外界蒸发作用下一直处于蒸发状态，致使越靠近地表的土层，同样土壤含水率越低。

由表 6-3 中 C_V 值可知，在生育期始末，试验区土壤含水率变异系数值保持在 (17.1, 35.2) 的较小范围内，呈现出中等弱变异特征。其中，除表层 0~20cm 土层外，其余各土层 C_V 值呈现出生育期末大于生育期初的特征，这主要与当地灌溉制度、地下水位等因素有关。在试验区，从每年 11 月中旬至翌年 3 月下旬处于土壤冻融期。虽然，冻融能导致土壤水分重新分配，但是，此时段土壤受外界干扰因素较少。而在生育期末，土壤水分不但受外界蒸发的影响，还受生育期灌溉、农田耕作、地下水位下降等多种因素的影响。因此，生育期末土壤含水率变异系数较生育期初大。由表 6-3 可知，试验区棉田土壤含水率在生育期始末偏度值保持在 [−1, 1] 范围之内，因此，这两个时段土壤含水率服从正态分布特征。

（二）土壤水分空间变异模型及相关参数

1. 土壤含水率正态性检验

地统计学分析要求样本数据必须满足正态分布，因此，在进行变异函数拟合前先进行土壤水分统计分布类型判定，具体描述如图 6-3 所示。

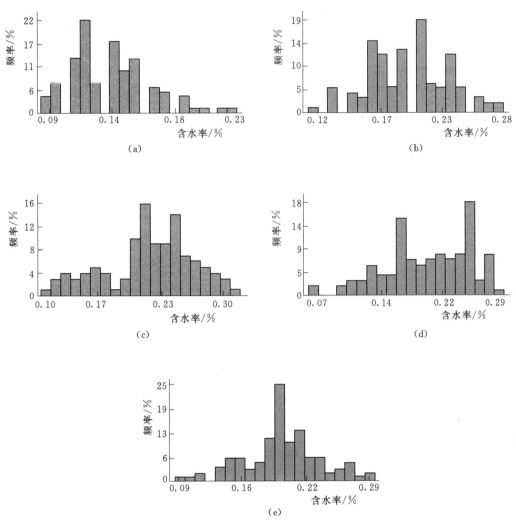

图6-3 土壤含水率频率分布图（以上均为非转化条件下的频率分布图）
(a) 0～20cm；(b) 20～40cm；(c) 40～60cm；(d) 60～80cm；(e) 80～100cm

图6-3为生育期初试验区棉田各土层土壤含水率频率分布图，由图可知，各土层土壤含水率基本都服从正态分布特征，这与表6-3中的偏度值所反映的信息相一致。经调查发现，当土壤含水率低于18%～20%时，棉花出苗将会受到抑制作用。试验区0～20cm土层土壤含水率值大部分保持在18%以下水平，其余各土层土壤含水率值大部分都保持在18%～20%左右的较高水平，部分土层（40～80cm）土壤含水率值高达25%以上的样本值出现的频数较高。试验区土壤消融后，表层土壤水分在外界蒸发的作用下被不断损耗，致使0～20cm土层土壤含水率值大部分保持在14%左右的水平。然而，棉花种子在干燥情况下的含水率为12%左右，而当地播种机的播种深度约为5～10cm。如果不能适时抢墒播种，那么在后期滴水出苗过程中势必需要增大灌水定额才能保证棉花出苗正常。

2. 土壤含水率空间变异函数拟合

在土壤科学领域，常用的变异函数理论模型有球状模型，指数模型及高斯模型。基于地统计学理论，利用专业分析软件 GS⁺9.0，采用交叉验证法对试验区各土层土壤含水率变异函数模型进行了拟合，经反复对比筛选，选取了决定系数较大，残差平方和较小的模型作为最优模型，具体拟合结果见表 6-4。

表 6-4　　　　　　　　　　土壤含水率变异函数拟合参数

时段	土层/cm	模型	块金值 C_0	基台值 C_0+C	变程	C/C_0+C	决定系数	残差和
生育期初	0~20	球状模型	0.000293	0.000928	197.5	0.684	0.919	8.8×10^{-9}
	20~40	球状模型	0.000523	0.001296	255.3	0.596	0.962	7.7×10^{-9}
	40~60	球状模型	0.001163	0.002606	325.4	0.554	0.975	2.0×10^{-8}
	60~80	指数模型	0.000474	0.002818	201.9	0.832	0.91	5.9×10^{-8}
	80~100	指数模型	0.000050	0.00166	56.4	0.97	0.144	2.2×10^{-8}

由表 6-4 可知，试验区 0~20cm、20~40cm、40~60cm 土层土壤半变异函数可以用球状模型拟合，且其决定系数都保持在 0.9 以上的较高水平，且残差值非常小。而 60~80cm 和 80~100cm 土层，土壤含水率空间分布可用指数模型拟合，其中 60~80cm 土层变异函数拟合精度较高（$R^2=0.91$），说明以上土层的拟合函数能够精确描述试验区土壤含水率的空间结构特征。而 80~100cm 土层，其拟合精度相比之下较低（$R^2=0.144$），说明这一土层土壤水分空间结构性较差，这与本次取样的时间有关。本次取样时间正处在当地冻融期结束以后，此时，靠近 80cm 土层附近的土壤水呈现向上和向下的双向运移趋势，加之当地土壤分层严重，才导致这一土层中含水率空间分布的结构性较差。

通常将 C_0 称为块金方差，该值反映系统属性的随机变异，由采样尺度及系统属性本身变异特征控制，同时还受测量误差的影响[10]。由表 6-4 可知，试验区各土层中 C_0 值均保持在 [0.000050，0.001163] 的较低范围内，说明由于系统属性及采样误差造成的土壤空间变异性较小。C 值表示结构性因素（成土母质、气候、地形等）引起的变异分量，C_0+C 为基台值，反应系统内总变异。C/C_0+C 表示结构性因素引起的变异占系统总变异的比重，可以反应变量的空间相关程度。一般，若该值大于 75%，则说明变量空间相关性强；若该值在（25%，75%）之间，呈中等空间相关性；若该值小于 25%，则说明空间相关性弱。通常将引起土壤空间变异的原因分为内因和外因，其中内因为结构性因子，如土壤形成过程中的成土母质、地形、地下水位、土壤结构、气候等因素，而外因是指随机性因子，一般指田间管理过程中的灌溉、施肥、作物种植结构、耕作方式等。由表 6-4 可知，试验区 0~20cm、20~40cm、40~60cm 土层中，25%＜C/C_0+C＜75%，土壤含水率呈现出中等强度的空间相关性。说明 0~60cm 土层土壤含水率空间变异性是随机性因素（灌溉、耕作、施肥等）和结构性因素（气候、土壤结构、地质地形、成土母质等）共同作用的结果。而 60~80cm、80~100cm 土层，C/C_0+C 值均大于 75%，呈现出强烈空间相关性。变程 A 的大小用来反应试验区内变量的空间自相关距离。通常，该值要大于实际样点的间隔。由表 6-4 可知，试验区 0~20cm、20~40cm、40~60cm 各土层含水率自相关距离保持在 [197.5，325.4] m 范围内，呈现出随深度的增加而增大的趋势。由此说明，在试验区，表层 0~60cm 土层中，随着深度的增加，含水率空间自相关性逐渐增强。这是因为，越靠近土壤表层，其受外界干扰因素的影响就越大，人为因素导致土壤表层空间变异性增强。然而对于 $60 \sim 80cm$ 和 $80 \sim 100cm$ 土层而言，土壤含水率自相关距离呈现随深度增加而减小的趋势，变程最小值出现在 $80 \sim 100cm$ 土层中，这与试验监测时间有关。本试验监测期恰好为当地土壤完全融通后不久，此时，深层和靠近地表土壤由于受雪水入渗、蒸发等因素的影响水分运移较为活跃。尤其对于深层 $100cm$ 附近土体，土壤水分呈现向下-向上双向运移的趋势，这就导致靠近这一土层的土壤水分空间变异性较大，自相关距离较小。

为直观反应土壤含水率空间自相关关系，绘制了如图 $6-4$ 所示的各土层土壤含水率各项同性半变异函数图。通常认为，当半变异函数开始出现稳定变化时的空间距离称为变程或空间自相关距。变程以内变量可视为在空间上是相互关联的，而对于变程以外的值，其被视作是相互独立的。变程对应的半变异函数被视为基台值 $C_0 + C$，C 称作拱高，具体如图 $6-4$ 所示。

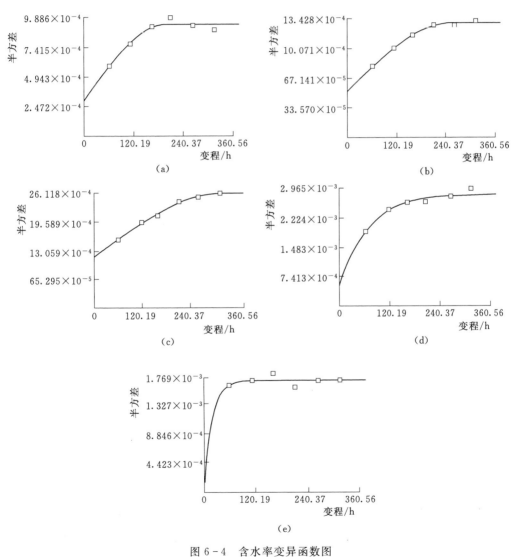

图 6-4 含水率变异函数图

(a) $0 \sim 20cm$；(b) $20 \sim 40cm$；(c) $40 \sim 60cm$；(d) $60 \sim 80cm$；(e) $80 \sim 100cm$

（三）土壤水分随机模拟及不确定性分析

克里格插值方法自 20 世纪 50 年代应用于矿山品位、石油储量估算等研究后，迅速在土壤科学领域、生态学领域得到了大范围推广与应用，且由该方法衍生的各种插值（普通克里格法、指示克里格法、协同克里格法、泛克里格法、析取克里格法等）方法不断出现，为自然科学的诸多领域研究提供了较为可靠的理论支持。其中，普通克里格插值方法是最常用的方法，它能够从数学角度精确估计某一空间未采样点的具体属性值，该属性值具有最优线性无偏的特点。然而在应用过程中，由于该方法具有明显的平滑作用，通常会淡化变量空间变异特征，尤其对于突变点的平滑效应更为明显，因此该方法的局限性也逐渐被突显出来。由于土壤各种属性具有很强的空间不确定性，这种不确定性的程度会依属性的不同而不同，即使是同一空间点位，经过多次模拟后，其预测值并不是唯一确定的。而随机模拟方法为解决土壤属性预测的不确定性提供了可靠的理论依据。该方法并不注重空间某一点的预测值是否为最优无偏的，而是从实际出发，综合考虑了变量空间的不确定性，从而能够从统计学的角度给出某一空间点位的变量属性值不超过或超过某一给定阀值的概率。在土壤科学领域，得到某一区域某一变量超过或不超过某一给定阀值的概率比得到该区域具体的值更有意义。

本研究主要利用随机模拟方法中的序贯高斯模拟法研究了试验区膜下滴灌棉田 0～20cm、20～40cm 土层在播种前土壤含水率低于某一给定阀值的概率，并统计了属于某一概率范围土壤面积，以期能为后期春播时的滴水出苗工作提供一定的理论参考。经调查发现，当土壤含水率低于 18％～20％时会使棉花出苗受到抑制，因此，综合考虑后，本研究将以 18％作为目标阀值，即当试验区土壤含水率低于 18％时，棉花种子萌发会受到影响。

为统计试验区棉田土壤含水率低于给定的阀值的概率，本文首先利用 GS+9.0 软件中自带的序贯高斯模拟方法，在同一随机种子条件下针对试验区 0～20cm、20～40cm 土层土壤含水率各自进行了 100 次的随机模拟，并将每次模拟得到的数值转换到 Excel 电子表格中，然后统计出各模拟点位在 100 次的随机模拟中小于 18％的次数，即在 100 次随机模拟中含水率值小于 18％的频数，再利用频数与总次数求得每一点位在 100 次模拟中小于 18％的概率值，然后以该概率值为变量绘制概率等值线图（图 6-5），并统计处于某一选定概率区间的比例及面积见表 6-5。

由图 6-5（a）及表 6-5 可以看出，试验区表层 0～20cm 土层有 92.3％的区域（其面积约为 22.2hm²）土壤含水率值小于 18％的概率高达 90％以上，而处于其他概率区间的土地面积只占试验区面积很少的一部分（试验区总面积为 24hm²）。由此可以推断，试验区在播种前表层 0～20cm 土层土壤含水率值无法保证当年棉花种子的萌发。由 20～40cm 土层土壤含水率概率分布图［图 6-5（b）］及各概率分区比例［图 6-5（b）］可以发现，这一土层有 82.3％（面积约为 19.75hm²）区域，其土壤含水率值低于 18％的概率低于 50％，这说明该土层大部分土壤含水率大于 18％，且这一事件发生的概率大于 50％。在这 19.75hm² 范围内，大部分区域含水率低于阀值的概率仅为 10％以下，且这些区域在试验区主要呈东北-西南方向分布（图 6-5）。相反，这一土层只有 17.7％（面积

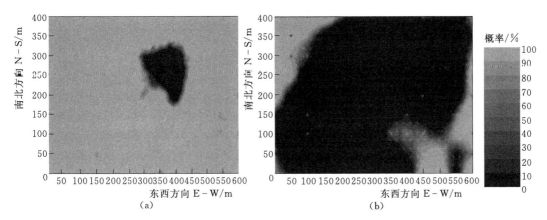

图 6-5　土壤含水率概率分布图

(a) 0～20cm；(b) 20～40cm

约 4.25hm²）的土地其含水率低于阀值的概率高于 50％，且这些区域主要分布于试验区周边地带，即试验区的东南-西北方向 [图 6-5 (b)]。

表 6-5　　　　　　　　　　试验区表层土壤含水率概率分布表

深度 /cm	概率/%					
	<50		50～60		60～70	
	比例/%	面积/hm²	比例/%	面积/hm²	比例/%	面积/hm²
0～20	0.062	1.49	0.001	0.02	0.003	0.07
20～40	0.823	19.75	0.014	0.34	0.014	0.34

深度 /cm	概率/%					
	70～80		80～90		90～100	
	比例/%	面积/hm²	比例/%	面积/hm²	比例/%	面积/hm²
0～20	0.003	0.07	0.008	0.19	0.923	22.15
20～40	0.014	0.34	0.023	0.55	0.112	2.69

由于试验区全部实施干播湿出的种植方式，因此，对于表层土壤大部分地区含水率低于给定阀值这一现实情况基本不会对棉花出苗产生影响。但是，经研究发现，试验区滴水出苗时期的灌水定额高达 136mm，而当地棉花的机械播种深度大约在 5～8cm 左右，相比之下，现行的灌溉制度能满足棉花前期出苗的需求，但是对于后期棉花生长的需水情况无法保证。由于苗期当地气温上升较快，土壤蒸发强烈，此时段土壤主要靠蒸发作用耗水。而这 136mm 的水量，一部分会被下层土壤吸收，大部分会在蒸发作用下消耗，对于 0～20cm 这一严重缺水的土层，现行的灌溉制度是否真正能满足棉花生长，尤其是后期生长令人担忧。

(四) 土壤水分相关关系分析

本节就土壤含水率在深度方向上的相关性展开讨论。首先利用 Pearson 相关系数法探讨了生育期始末研究区各土层土壤含水率在深度方向上的相关关系，具体分析结果见表 6-6。

表 6-6　　　　　　　　　　　剖面土壤含水率 Pearson 相关分析

时段	深度/cm	0~20	20~40	40~60	60~80	80~100
生育期初	0~20	1				
	20~40	0.421**	1			
	40~60	0.138	0.683**	1		
	60~80	−0.081	0.128	0.636**	1	
	80~100	−0.045	0.077	0.106	0.535**	1
生育期末	0~20	1				
	20~40	0.657**	1			
	40~60	0.461**	0.822**	1		
	60~80	0.329**	0.459**	0.763**	1	
	80~100	0.217*	0.283**	0.326**	0.656**	1

**　在 0.01 的置信度下，双尾检验结果达到极显著水平；

*　在 0.05 的置信度下，双尾检验结果达到极显著水平。

由表 6-6 可以看出，试验区生育期初土壤含水率在深度方向上相关性除相邻土层呈现极显著相关性外，其余各土层间均表现出弱相关性或无相关性。比较表中相关系数可知，20~40cm 土层与 40~60cm 土层相关性最强，40~60cm 土层与 60~80cm 土层次之，0~20cm 土层与 20~40cm 土层最小。由表 6-6 中生育期末各相关系数可以看出，各土层土壤含水率相关性呈现随深度的增加而不断减弱趋势。其中，除 80~100cm 土层在 95% 的置信度下双尾检验呈现显著水平外，其余各土层含水率值在 99% 的置信度水平下，其双尾检验均呈现极显著水平。对比生育期始末各系数大小可知，生育期末各土层含水率相关性较生育期初大，且其 0~80cm 深度内的每一土层对其相邻土层的影响远大于生育期初。

为探明各土层土壤水分间具体存在什么样的函数关系，在 Pearson 相关分析的基础上，选取了两监测期各相邻土层作为典型对象进行分析，利用 Origin 软件绘制了各相邻土层间的散点图（图 6-6），并用系统自带拟合功能进行了简单函数拟合，具体拟合结果见表 6-7。

表 6-7　　　　　　　　　　　各土层土壤含水率关系拟合结果

时段	深度 x/cm	深度 y/cm	方程式	决定系数 R^2
生育期初	0~20	20~40	$y = 0.5x + 0.132$	0.17
	20~40	40~60	$y = 0.957x + 0.017$	0.461
	40~60	60~80	$y = 0.665x + 0.065$	0.397
	60~80	80~100	$y = 0.438x + 0.107$	0.281
生育期末	0~20	20~40	$y = 0.895x + 0.039$	0.425
	20~40	40~60	$y = 1.211x + 0.022$	0.674
	40~60	60~80	$y = 0.789x + 0.034$	0.579
	60~80	80~100	$y = 0.546x + 0.085$	0.424

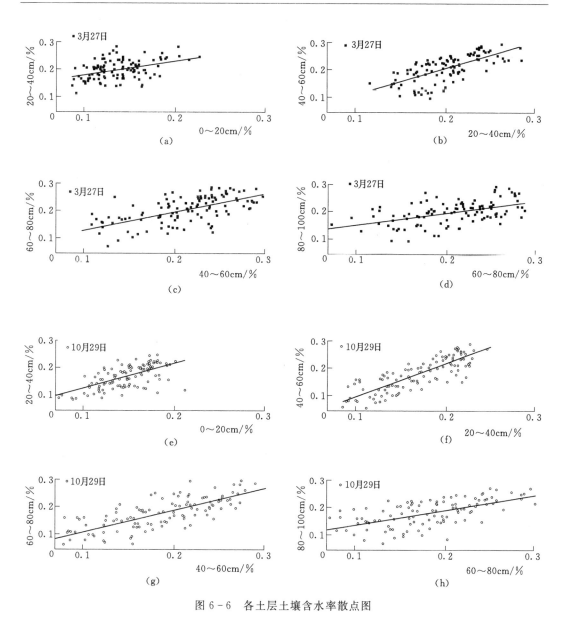

图 6-6 各土层土壤含水率散点图

由图 6-6 及表 6-7 可知，在深度方向相邻两土层土壤含水率相关关系可以采用线性函数拟合，其拟合精度各不相同。对比生育期初各拟合结果可以发现，试验区表层 0～20cm 与 20～40cm 土层含水率相关性最弱，其决定系数 R^2 仅为 0.17；60～80cm 与 80～100cm 土层次之；而 20～40cm 土层与 40～60cm 土层含水率相关性最强，其 R^2 值为0.461；40～60cm 土层与 60～80cm 土层次之，其 R^2 值为 0.397。对比分析生育期始末各对应土层含水率可知，在深度方向上生育期末相邻土层土壤含水率决定系数值 R^2 均大于生育期初，其值保持在（0.424，0.674）之间。两监测期内，20～40cm 土层与 40～60cm 土层决定系数最大，40～60cm 土层与 60～80cm 土层次之且都大于其他土层，这一特征与 Pearson 相关分析所得结论相一致。

二、滴灌棉田盐分空间变异规律

(一) 数据处理及结果分析

1. 滴灌棉田生育期土壤盐分合理取样数估计

将各取样点看作相互独立的随机变量是经典统计学确定合理采样数目的基础。在一定显著水平下 ($T = 0.05, 0.1$) 和抽样允许误差范围内，所要求的合理取样数目根据Cochran提出的公式计算取得。具体计算公式及原理已在本章第二节第一部分做了详细说明，故不再赘述，具体计算结果见表 6-8。

表 6-8　　　　　　　　　　　　土壤盐分合理取样数估计

时段	深度/cm	置信水平					
		0.95/1.96245			0.9/1.64645		
		相对误差					
		0.05	0.1	0.15	0.05	0.1	0.15
生育期初	0~20	105	82	59	102	73	85
	20~40	102	75	91	97	65	64
	40~60	102	73	86	96	63	60
	60~80	103	76	98	99	67	69
	80~100	101	71	80	95	61	57
生育期末	0~20	110	92	72	107	84	62
	20~40	100	70	78	95	60	55
	40~60	99	68	72	93	58	51
	60~80	99	67	71	93	57	50
	80~100	99	67	69	92	56	49

由表 6-8 可知，在给定的置信水平及相对误差下，采用 Cochran 公式及不重复抽样公式所计算的土壤盐分合理取样数目都小于试验区样本数目 (117)，因此，本次试验取样满足精度要求，可以用来描述试验区盐分空间分布特征。在同一置信度下，同一深度的取样数目随相对误差的增大而减小；同一相对误差，不同置信度下，95%的置信度下所要求的取样数目多于90%置信度。在生育期始末，除 0~20cm 土层外，其余各土层同等条件下的取样数目生育期初的都比生育期末大。这一变化趋势与变异系数的分布趋势相同。

2. 滴灌棉田生育期土壤盐分统计特征

在经典统计学中，样本均值反映数据的集中程度，而样本变异系数 C_V 反映样本值的离散程度，表 6-9 为试验区生育期始末土壤盐分统计特征值。

由表中最大值可以发现，试验区部分地区存在高度盐渍化土壤，其含盐率高达 10g/kg 以上。由均值可知，在生育期始末，土壤盐分均值呈现随深度增加而不断增大趋势，其盐分最小值分别为 3.85g/kg、3.98g/kg，且均位于表层 0~20cm 土层。对比分析生育期始末 0~60cm 土层盐分值可以发现，其含盐率值均小于6g/kg，按照新疆盐碱土分类标准属于轻度盐渍化土壤。而对于大于 60cm 土层而言，其土壤盐分值均大于 6g/kg，属于中度盐渍化土壤。由以上现象可以推断，试验区土壤盐渍化程度呈现随深度的增大而不断加剧的趋势。由各土层生育期始末盐分值可知，生育期末土壤盐分值较生育期高。由变异系数值可知，试验区盐分变异系数值均大于 10%，呈现中等偏强变异特征，尤其对于 10 月 29 日 0～20cm 土层而言，其盐分值变异系数高达 105%，属于强变异特征，这主要是田间人为管理因素导致的。生育期内，农户所进行的灌溉、施肥、耕作等措施对于靠近表层土壤的盐分运移干扰较大。

表 6-9 　　　　　　　　　　　棉田土壤含盐率统计特征值

时段	深度/cm	最小值/(g/kg)	最大值/(g/kg)	均值/(g/kg)	标准差/(g/kg)	变异系数/%
生育期初	0～20	1.04	15.00	3.85	3.23	84
	20～40	1.19	19.55	4.76	3.52	74
	40～60	1.18	18.17	5.79	4.12	71
	60～80	1.08	23.62	6.22	4.66	75
	80～100	1.07	21.36	6.95	4.82	69
生育期末	0～20	1.26	23.79	3.98	4.20	105
	20～40	1.13	14.05	4.91	3.26	66
	40～60	1.22	16.90	5.98	3.90	65
	60～80	1.37	19.67	6.68	4.26	64
	80～100	1.41	22.93	7.40	4.68	63

（二）土壤盐分时间变异规律

1. 滴灌棉田土壤盐分年内演化趋势

为分析常年膜下滴灌棉田土壤盐分在一个完整监测年内的变化情况，试验选取了 6 块棉田作为研究对象，见表 6-10。

表 6-10 　　　　　　　　　　试验地块与其膜下滴灌应用年限对照

开始实施滴灌年份	1998	2001	2003	2005	2007	2009	2012
年限	15	12	10	8	6	4	1

表 6-11 　　　　　　　　　　　　2012 年试验区地下水位

日期	3月20日	4月25日	5月22日	6月21日	7月20日	8月23日	9月23日	10月2日	11月26日	12月22日
水位/m	3.88	3.69	3.31	3.03	2.51	2.64	2.87	3.09	3.42	3.80

监测时间为 2012 年 5 月至 2013 年 5 月，其结果如图 6-7 所示。经分析发现，试验区土壤盐分在不同种植年限的地块间显示明显的差异性。首先，各地块土壤盐分呈现随生育阶段的推后而降低的趋势；其次，各土层盐分在 5 月（苗期）、7 月（花铃期）及 9 月中上旬（收获期）呈现出一定的积盐趋势；以上现象主要与当地气候、灌溉及地下水变化有关。每年 3～5 月，即播种前，当地气温上升较快，且其值基本保持在 30℃ 左右的较高水平。强烈的蒸发作用导致土壤盐分呈现垂直向地表运移的趋势。7 月，频繁的灌水导致

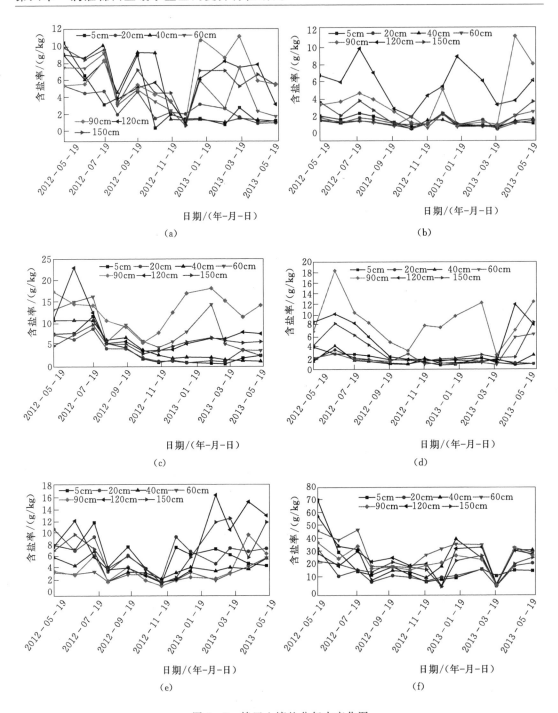

图 6-7 棉田土壤盐分年内变化图

（a）1998 年地块；（b）2001 年地块；（c）2003 年地块；（d）2005 年地块；（e）2009 年地块；（f）2012 年地块

地下水位上升至 2.5m 左右（表 6-11），加之此时段气温较高，棉花蒸腾耗水量较大，致使土壤盐分在地下水位及蒸腾蒸发作用下再次出现累积现象。当地最后一次灌水时间在每年的 8 月 20 日左右（棉花采收前），从 8 月 20 日至 9 月中旬，棉田基本处于长期蒸发耗水状态，这就导致此时段不同程度的盐分累积现象。

由图 6-7 可知，实施膜下滴灌 1 年的棉田 ［2012 年地块，图 6-7 （f）］，土壤盐分值基本保持在 10g/kg 以上，按新疆盐碱土分类标准属于重度盐化土及盐土范围；膜下滴灌持续 4 年的地块 ［2009 年地块，图 6-7 （e）］，土壤盐分虽有所降低，但仍保持在 5～10g/kg 左右的较高水平。持续滴灌 4～12 年的地块 ［2001 年、2003 年、2005 年地块，图 6-7 （b）、（c）、（d）］存在稳定积盐层，其深度大约在 90cm 以下土层，其盐分值基本保持在 6g/kg 上下，属于中度、重度盐化土，60cm 以上土层基本处于脱盐状态，盐分值保持在 2～4g/kg，属于非盐化土壤。膜下滴灌 12 年以上的棉田 ［1998 年地块，图 6-7 （a）］，土壤盐分随监测时间的推后波动幅度较大，各土层盐分基本保持在 1～11g/kg 之间，大部分时段保持在 6g/kg 的较高水平，属于中度盐化土。

2. 滴灌棉田土壤盐分年际演化趋势

为分析棉田土壤盐分年际变化特征，本文将各土层年内各月数据求取平均值并作为此土层当年的平均水平，利用 Origin 软件进行绘图分析。由图 6-8 可知，实施膜下滴灌初年 ［2009 年，图 6-8 （f）］，各土层土壤盐分本底值相对较高，平均基本保持在 4～12g/kg 之间，属于中度、重度盐碱土。至第二年 （2010 年），各土层土壤盐分有整体小幅上移趋势。这是因为开垦初年大定额滴灌导致地下水位明显升高，加之气温较高，蒸发强烈，使得土壤长期处于潜水蒸发状态。再者，人为耕作措施破坏了原有盐碱荒地的土壤结构，导致土壤原有盐分平衡被打破。在以上两个因素的共同作用下使得土壤中盐分很容易在地下水及外界蒸发作用下呈现上升趋势。至第三、第四年 （2011 年、2012 年），各土层土壤盐分表现出明显的持续脱盐现象，尤其在 20cm 土层以下最为明显，5～20cm 土层盐分值虽有减小，但幅度很小。说明持续膜下滴灌对于土壤盐分淋洗作用明显，尤其对 20cm 以下土层作用更为显著。膜下滴灌第五年 （2013 年），深层 80cm、100cm 土层盐分呈明显上升趋势，且幅度较大，而其余土层虽有上升趋势，但整体幅度较小 ［图 6-8 （f）］。由 2007 年地块 ［图 6-8 （e）］可知，实施膜下滴灌第三年 （2009 年） 至第六年 （2012 年），棉田各土层土壤盐分随监测年的推后呈现明显降低趋势，处于持续脱盐状态，此地块 1m 深度土壤剖面脱盐率大约为 34.1％。至第七年 （2013 年），各土层土壤盐分年际变化幅度较小，且基本趋于稳定状态。由图 6-8 的 1998 年、2001 年、2003 年及 2005 年 4 地块可知，实施膜下滴灌 7 年以上的地块存在明显的稳定积盐层，其积盐层的深度保持在 80～100cm 土层，且这 4 块棉田土壤盐分年际变化基本保持相同趋势。除 80～100cm 土层，其余各土层盐分值基本保持在 0～5g/kg 范围内，大部分地块盐分均值保持在 2.5g/kg 上下，属于非盐化土。4 块棉田都在 2011 年出现盐分峰值，这是由于当地灌溉引起地下水位上升导致的，经实际调查发现，试验区当年 （2011 年） 年初 （4 月末） 及年末 （10 月末） 的地下水位分别高达 2.25m、2.48m，由此可以推断，在该试验区当年生育期地下水位一定保持较高水平，这是导致 2011 年各地块土壤盐分突增的主要原因。

（三）土壤盐分在水平方向的空间变异模型及相关参数

1. 土壤盐分概率分布特征

一般在进行地统计分析前要检验样本数据的正态性，以避免样本数据因为偏态分布而产生比例效应，从而弱化变量的空间变异程度，增大估计误差。通常，偏度值的大小反应

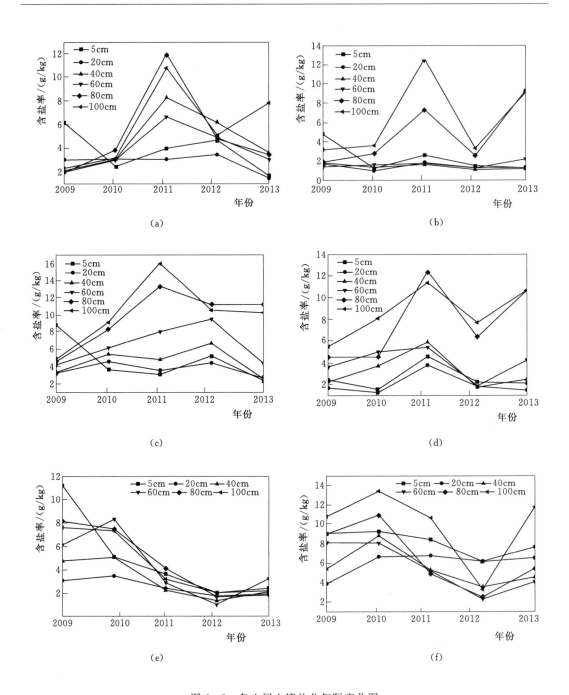

图 6-8　各土层土壤盐分年际变化图

(a) 1998 年地块；b. 2001 年地块；(c) 2003 年地块；(d) . 2005 年地块；(e) 2009 年地块；(f) 2012 年地块

样本数据的分布特征，当偏度值在 [−1，1] 范围内时，说明样本数据服从或近似服从标准正态分布[11]。为分析两次取样的样本数据的分布特征，计算了土壤盐分的偏度值及峰度值，并对数据的正态性进行了检验，具体结果见表 6-12 及如图 6-9 所示。

表 6-12 土壤盐分分布类型

时段	深度/cm	分布类型	偏度值1	峰度值1	偏度值2	峰度值2
生育期初	0～20	LN	1.6	1.99	0.59	−0.81
	20～40	LN	1.45	2.29	0.21	−1.03
	40～60	LN	0.91	0.03	−0.01	−1.23
	60～80	LN	1.24	1.45	−0.1	−1.02
	80～100	LN	0.84	−0.1	−0.3	−0.94
生育期末	0～20	LN	3.05	10.07	0.9	0.69
	20～40	LN	0.77	−0.37	0.01	−1.32
	40～60	LN	0.89	0.19	−0.17	−1.07
	60～80	LN	0.87	0.27	−0.25	−0.93
	80～100	LN	0.91	0.31	−0.21	−0.88

注 LN为自然对数；偏度值1、峰度值1均为为进行自然对数转换的值，偏度值2、峰度值2是经过对数转换后的值。

由表6-12可知，试验区各土层土壤盐分均服从左偏正态分布特征，经过对数转换后，各土层土壤盐分偏度值均位于 [−1，1] 范围内，且基本都位于0附近。因此，转换后的偏度值均服从正态分布特征，为进行地统计分析打下基础。

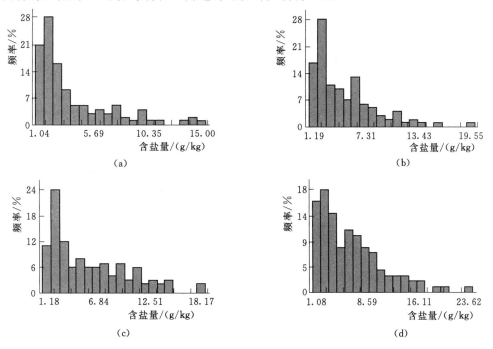

图 6-9（一） 土壤盐分概率分布图（以上各图均未经过转化）

（a）0～20cm；（b）20～40cm；（c）40～60cm；（d）60～80cm

（a）、（b）、（c）、（d）生育期初盐分频率分布图

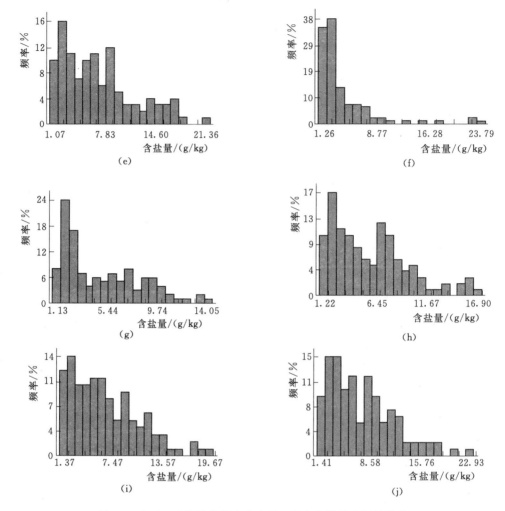

图 6-9（二）　土壤盐分概率分布图（以上各图均未经过转化）

（e）80～100cm；（f）0～20cm；（g）20～40cm；（h）40～60cm；（i）60～80cm；（j）80～100cm

（e）生育期初盐分频率分布图；（f）、（g）、（h）、（i）、（j）生育期末盐分频率分布图

　　为直观分析土壤盐分分布特征，绘制了土壤盐分频率分布图（图 6-9）。由图可知，试验区生育期始末各土层土壤盐分均呈现不同程度的偏态分布特点，且各土层土壤含水率频率分布图出现明显的右侧拖尾现象。由此说明，在试验区内个别地区分布着高盐碱度土壤。图中，各土层土壤盐分值大于 10g/kg 的样点数呈现随深度的增加而增加的趋势。说明，在试验区内，土壤盐分随深度的增加而呈现累积趋势，且盐碱化程度也随着加剧，这与第一节统计分析结果相一致。

　　2. 变异函数模型及相关参数

　　由表 6-13 可知，生育期初，试验区各土层土壤盐分变异函数可用指数模型较好拟合，其拟合系数均在 0.95 以上；而生育期末土壤盐分变异函数可以采用高斯模型和指数模型较好拟合，其拟合系数皆在 0.6 以上；两时段各土层拟合残差值均较小。因此，生育期始末土壤盐分空间结构特征可以利用以上拟合函数表示，且精度高，可靠性强。

通常块金值 C_0 表示由于采样误差或小于采样尺度的随机因素引起的变异。由表 6 - 13 中 C_0 值可知，在生育期始末，试验区棉田土壤盐分块金值均保持在（0.034，0.338）的较低水平（图 6 - 10）。由此可知，由于小于采样尺度及采样误差引起的土壤盐分空间变异性较小。在生育期初，土壤块金值呈现出随土层深度的增加而增大的趋势，说明随着深度的增加，由采样误差及小于采样尺度的随机因素引起的空间变异增大。这与当地土壤结构及人为操作导致的误差有关。

表 6 - 13　　　　　　　　　　　　土壤盐分变异函数参数

时段	土层/cm	模型	块金值 C_0	基台值 C_0+C	变程 A	$C/(C_0+C)$	决定系数	残差平方和
生育期初	0~20	指数模型	0.038	0.521	148.5	0.927	0.981	2.9×10^{-4}
	20~40	指数模型	0.069	0.538	222.9	0.872	0.994	1.8×10^{-4}
	40~60	指数模型	0.239	0.695	465.3	0.656	0.992	3.3×10^{-4}
	60~80	指数模型	0.320	0.795	546.9	0.597	0.99	4.6×10^{-4}
	80~100	指数模型	0.338	0.807	628.5	0.581	0.965	1.5×10^{-3}
生育期末	0~20	高斯模型	0.067	0.508	80.4	0.868	0.771	1.7×10^{-3}
	20~40	高斯模型	0.052	0.508	93.2	0.898	0.873	2.1×10^{-3}
	40~60	指数模型	0.050	0.513	145.2	0.903	0.713	5.3×10^{-3}
	60~80	高斯模型	0.047	0.949	88.2	0.905	0.809	2.4×10^{-3}
	80~100	高斯模型	0.034	0.456	86.1	0.925	0.675	3.9×10^{-3}

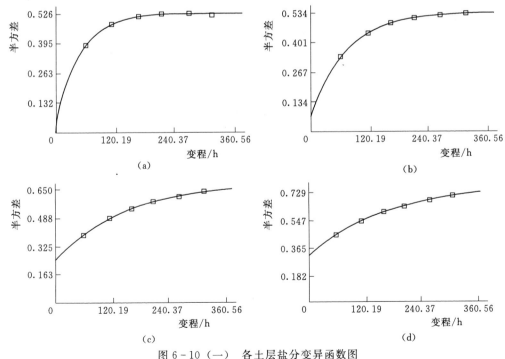

图 6 - 10（一）　各土层盐分变异函数图

（a）0~20cm；（b）20~40cm；（c）40~60cm；（d）60~80cm；

（a）、（b）、（c）、（d）3 月 27 日各土层变异函数图

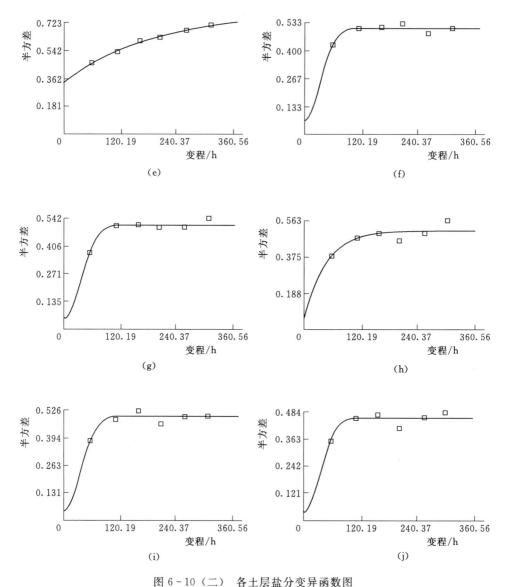

图 6-10（二）　各土层盐分变异函数图

（e）80～100cm；（f）0～20cm；（g）20～40cm；（h）40～60cm；（i）60～80cm；（j）80～100cm

（e）3 月 27 日各土层变异函数图；（f）、（g）、（h）、（i）、（j）10 月 29 日各土层盐分变异函数图

C_0+C 为基台值，反应系统内总变异。由表中基台值 C_0+C 可知，在生育期初，该值基本保持与块金值相同的变化趋势，即随深度增大，C_0+C 值呈现增大的趋势。说明随深度增大，由土壤质地、成土母质、土壤结构等结构因素引起的变异也在逐渐加剧，这与试验区土壤结构有关。经研究发现，试验区各地块土壤分层现象明显，不同地块土壤分层情况各不相同，这可能是导致上述现象产生的主要原因。对比生育期始末的基台值可以发现，除 60～80cm 土层以外，其余各土层中，生育期初的基台值都大于生育期末。由此可以推断，在生育期初，土壤结构性因素对于盐分空间异质性的作用要强于生育期末。这是因为，生育期末的土壤空间异质性的形成还有一部分原因是由于随机性因素导致的，这些

随机性因素包括日常灌溉、中耕、施肥等。通常，结构性因素是土壤空间异质性的主要形成原因，而随机性因素的存在会使土壤空间异质作用减弱，使得其朝向均一化发展，这是导致上述现象发生的主要原因。

通常变程值 A 又称为变量的空间相关距离。该值越大，说明变量的空间相关范围越大。位于该值范围之内的样点被视作是具有一定的空间相关性，反之被视为是相互独立的。由表 6-13 可知，生育期初，土壤盐分的变程值呈现随深度的增加而增大的趋势。说明在深度方向上，此时期各土层土壤盐分的空间相关域呈现随深度增加而增大的趋势。这是因为，随着深度的增大，土壤盐分受外界人为干扰因素就越少，因此才会在较大范围内具有相关性。生育期末，盐分变程值呈现中间土层高、表层和深层低的趋势。这可能与生育期耕作、灌溉、施肥及地下水位变化有关。因为生育期初，除土壤表层在秋季进行过犁翻外，其余各土层基本未受任何人为干扰。而在生育期末，由于此时段土壤盐分所受的人为干扰因素较多，如灌溉、耕作、地下水位的升降等，这就导致这一时期在铅垂剖面上产生不同相关距离。

C/C_0+C 表示结构性因素（土壤结构、成土母质、气候等）引起的变异占总变异的比重，可以反应变量的空间相关程度。一般，若该值大于 75%，则说明变量空间相关性强；若该值在（25%，75%）之间，则说明具有中等程度的空间相关性；若该值小于 25%，则说明空间相关性弱。

通常将土壤形成过程中的成土母质、地形、地下水位、土壤结构、气候等因素称为内因，这些因素是造成土壤空间变异的主要因素；而外因是指随机性因子，一般指田间管理过程中的灌溉、施肥、作物种植结构、耕作方式等，这些因素的存在会使结构性因素的作用减弱，使得土壤属性朝均一化发展。

在生育期初，C/C_0+C 值呈现出随深度的增大而逐渐减小的趋势，其中表层 $0\sim20cm$、$20\sim40cm$ 土层，该值大于 75%，呈现强烈空间相关性；而大于 $40cm$ 土层范围，该值在（25%，75%）之间，土壤盐分呈现中等空间相关性，这主要与取样时间有关。本次采样时间恰好为当地土壤消融期末，此时，当地棉田土壤已基本全部融通。靠近地表土层中的土壤盐分，在融雪水的作用下被淋洗至深层的过程中，上层土壤盐分分布在雪水入渗过程中逐渐趋于均一化，这使得结构性因素成为这些土层土壤空间异质性的主导因素。然而，由于土壤属于高度空间异质体，且经研究发现，田间土壤质地、容重、孔隙度等空间变异的影响导致农田土壤饱和导水率的差异很大，尤其是农业耕作所导致的表层饱和导水率的差异更大。这就使得土壤盐分空间分布的不均匀程度增大。

在生育期末，土壤盐分 C/C_0+C 值表现出与生育期初相反的趋势，即随着深度的增加，该值呈现逐渐增大的趋势，这主要与生育期内的灌溉、耕作等田间管理因素有关。各种各样的人为因素会导致土壤属性朝向均一化发展，减弱属性的空间变异性。膜下滴灌棉田，越靠近表层，土壤盐分受人为等因素的影响就越大。总体上，在生育期末，土壤盐分的空间相关性主要还是受结构性因素的影响较大，而随机性因素只对表层土壤有一定的影响。

（四）土壤盐分相关关系分析

试验区土壤盐分数据在 99％的置信度下，其双尾检验结果均为极显著水平（表 6 - 14），说明在深度方向上各土层土壤盐分存在较为密切的相关关系，其中每相邻土层间的相关关系均在 0.55 以上的水平。相比之下，生育期土壤盐分在深度方向的相关性比生育期末强，其相关系数基本都大于生育期末对应的值。这可能是由于农户耕作、灌溉等一系列因素干扰导致生育期末土壤盐分在深度方向的相关性减弱。由表可知，某一土层与其邻近土层间的相关性随着深度的增大而逐渐减弱。为探明相邻土层间具体存在何种函数关系，本书绘制了相邻土层土壤盐分散点图，并对其函数关系进行了拟合，具体结果如图 6 - 11 所示及见表 6 - 15。

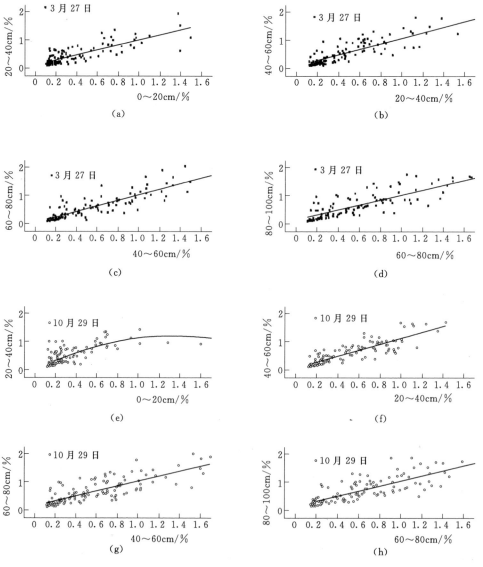

图 6-11　各土层土壤盐分散点图

表 6-14　　　　　　　　各土层土壤盐分 Pearson 相关关系分析

时段	深度/cm	0~20	20~40	40~60	60~80	80~100
生育期初	0~20	1				
	20~40	0.810**	1			
	40~60	0.537**	0.838**	1		
	60~80	0.404**	0.635**	0.871**	1	
	80~100	0.423**	0.633**	0.721**	0.845**	1
生育期末	0~20	1				
	20~40	0.550**	1			
	40~60	0.325**	0.865**	1		
	60~80	0.364**	0.632**	0.788**	1	
	80~100	0.329**	0.563**	0.571**	0.812**	1

＊＊　在 0.01 的置信度下，双尾检验结果达到极显著水平。

　　试验区相邻土层间土壤盐分间具有较好的相关关系（图 6-11），经函数拟合发现，各相邻土层间土壤盐分相关曲线均可以用线性函数及二次曲线模型拟合，且拟合精度较高，其决定系数基本保持在 0.5 以上。其中，由生育期初拟合系数可以看出，生育期土壤盐分在深度方向上相邻两土层的相关关系呈现出随深度的增加而逐渐增大的趋势。生育期始末，靠近表层的 0~20cm 土层与 20~40cm 土层中土壤盐分值决定系数均小于同期其他水平。这主要是因为，越靠近土壤表层，其受干扰因素就越多，从而导致其与下层土壤的相关性越弱。

表 6-15　　　　　　　　各土层土壤盐分拟合结果

时段	深度 x	深度 y	方程式	决定系数
生育期初	0~20	20~40	$y = 0.881x + 0.137$	0.65
	20~40	40~60	$y = 0.977x + 0.114$	0.695
	40~60	60~80	$y = 0.982x + 0.053$	0.752
	60~80	80~100	$y = 0.872x + 0.152$	0.709
生育期末	0~20	20~40	$y = -0.591x^2 + 1.6532x + 0.03$	0.574
	20~40	40~60	$y = 1.035x + 0.009$	0.746
	40~60	60~80	$y = 0.860x + 0.155$	0.617
	60~80	80~100	$y = 0.892x + 0.144$	0.656

第三节　本　章　小　结

　　本章先从时间尺度上分析了试验区土壤水分及盐分在年内及年际间的演化特征。利用经典统计学方法分析了土壤水分统计分布特征，并对其合理取样数进行了估计。利用地统计学分析方法对生育期初的土壤水分空间分布函数进行了拟合，并利用随机模拟方法对试验区播种前土壤干旱情况进行了不确定性分析。空间尺度上，主要利用经典统计学及地统计学相关知识对试验区生育期始末 0～100cm 土层的土壤盐分空间分布规律进行了研究，并利用随机模拟及不确定性分析方法对试验土壤发生盐渍化的风险进行了评价，具体结果小结如下：

（1）各时期，土壤含水率在深度方向呈现出明显的带状分布特征。0～150cm 土壤剖面存在稳定含水率高值区，其位置基本保持在棉花根系所在的 30～70cm 土层范围内。由此说明，试验区现行膜下滴灌灌溉制度能够保证棉花根系大部分时间处于良好的水环境。

（2）经典统计学分析发现，在生育期始末，土壤含水率均呈现出随深度的增加而增大的趋势。生育期初，各土层含水率值均大于生育期末对应的值。试验区土壤含水率在生育期始末都呈现出中等偏弱的变异特征，其各土层变异系数值均在（0.171，0.352）的较小范围内变化。除表层 0～20cm 土层外，其余各土层变异系数呈现出生育期末大于生育期初的特征。

（3）根据 Cochran 提出的公式计算试验区含水率合理取样数后发现，在同一置信水平下，相对误差为 5％的取样数大约为相对误差为 10％的 4 倍左右。而相对误差为 10％的取样数约为 15％时的 2 倍左右。对比含水率变异系数与合理取样数发现，在相同条件下，变异系数越大，所要求的合理取样数就越多。耕作、灌溉、施肥等人为因素对于土壤含水率的变异性影响较大。

（4）由随机模拟及不确定性分析得知，试验区表层 0～20cm 土层有 92.3％的区域（其面积约为 22.2hm²）土壤含水率值小于 18％的概率高达 90％以上，而处于其他概率区间的土地面积只占试验区面积很少的一部分。由此可以推断，试验区在播种前表层 0～20cm 土层土壤含水率值无法保证当年棉花种子的正常萌发。在 20～40cm 土层，只有 17.7％（面积约 4.25hm²）的土壤其含水率低于阈值的概率高于 50％，且这些区域主要分布于试验区周边地带，呈东南-西北走向。由此可知，这一土层含水率值大部分都大于 18％。

（5）经 Pearson 相关分析得知，在深度方向上，各土层土壤含水率保持一定相关性，其中各相邻土层间的水分相关性最强。生育期末各土层间的相关性比生育期初强，且相邻土层间土壤水分可以用线性函数拟合。

（6）由年内土壤盐分变化分析可知，随着生育期的推后，各土层土壤盐分整体呈减小趋势；处于 5 月中旬（苗期）、7 月中旬（花铃期）及 9 月中旬（收获期）时段的棉田土壤盐分波动较大，有不同程度的积盐趋势；在盐碱地实施膜下滴灌技术的最初 1～4 年，各土层土壤盐分呈现随种植年限的推后而减小；滴灌 4 年以上的棉田土壤出现稳定积盐层，积盐层的深度基本保持在 90cm 以下土层；实施膜下滴灌 15 年的地块，土壤盐分随生育期的推后波动幅度较大，且呈现中度盐碱化程度。为防止长期膜下滴灌棉田土壤出现次生盐渍化的发生，建议针对膜下滴灌 10 年左右的棉田采取春灌或冬灌压盐措施。

（7）由土壤盐分年际变化情况分析可知，实施膜下滴灌 1～6 年的地块，土壤盐分呈现出随种植年限的增加而减小的趋势，这一趋势在第三年以后较为明显，脱盐效果以 20cm 土层以下土层更为显著；实施膜下滴灌 6～7 年，土壤盐分基本处于新的平衡状态，各地块出现稳定积盐层，其深度大约在 80～100cm 土层上下，盐分变化稳定后，80cm 以上土层的大部分盐分值基本保持在 2.5g/kg 左右，属于非盐化土。

（8）经典统计分析认为，在生育期始末，土壤盐分均值呈现随深度增加而不断增大趋势，对于小于 60cm 土层，其含盐率值均小于 6g/kg，按照新疆盐碱土分类标准属于轻度盐渍化土壤；而在大于 60cm 土层中，其土壤盐分值均大于 6g/kg，属于中度盐渍化土壤，各土层盐分值均呈现中等偏强的变异性，采用 Cochran 公式及不重复抽样公式所计算的土壤盐分合理取样数目都小于试验区样本数目，土壤盐分采样数目随变异系数的增大而增加。

（9）地统计分析可知，生育期初土壤盐分空间变异函数可以用指数模型较好拟合（其 R^2 均大于 90%），而生育期末的盐分分布除 40～60cm 可用指数模型拟合外，其余都符合高斯模型（其 R^2 均大于 60%）。生育期初，其基台值呈现随深度的增加而增大的趋势。除 60～80cm 以外的各土层，生育期初的基台值都大于生育期末。由此可以说明，在生育期初，土壤结构性因素对于盐分空间异质性的作用要强于生育期末。试验区生育期初土壤盐分的变程值呈现随深度的增加而增大的趋势，但是对于生育期末而言，盐分变程值呈现中间土层高、表层和深层低的趋势。这主要与生育期耕作、灌溉、施肥及地下水位变化有关。由 C/C_0+C 值可知，在生育期初，该值呈现出随深度的增大而逐渐减小的趋势，其中小于 40cm 土层，该值大于 75%，呈现强烈空间相关性；而大于 40cm 土层范围，该值 25%＜ C/C_0+C ＜75%，土壤盐分呈现中等空间相关性。在生育期末，土壤盐分 C/C_0+C 值表现出与生育期初相反的趋势，即随着深度的增加，该值呈现逐渐增大的趋势，这主要与生育期内的灌溉、耕作等田间管理因素有关。

（10）各土层间盐分在深度方向上具有一定的相关性，其在 99% 的置信度下，双尾检验结果均呈现极显著水平。随着土层间距的增大，其相关性逐渐减弱。各相邻土层间盐分值可以用线性函数较好拟合。

参考文献

［1］ Panagopoulos T，Jesus J，Antunes M D C，et al. Analysis of spatial inerpolation for optimizing management of a salinized field cultivated with lettuce ［J］. Europen Journal of Agronomy，2006，24（1）：1－10.

［2］ 陈丽娟，冯起，成爱芳 . 民勤绿洲土壤水盐空间分布特征及盐渍化成因分析 ［J］. 干旱区资源与环境，2013，27（11）：99－105.

［3］ 李小昱，雷廷武，王为 . 农田土壤特性的空间变异性及分形特征 ［J］. 干旱地区农业研究，2000，18（4）：61－65.

［4］ 祖皮艳木·买买提，海米提·依米提，吕云海 . 于田绿洲典型区土壤盐分及盐渍土的空间分布格局 ［J］. 土壤通报，2013，44（6）：1314－1320.

［5］ 周和平，王少丽，姚新华，等 . 膜下滴灌土壤水盐定向迁移分布特征及排盐效应研究 ［J］. 水利学报，2013，11：1380－1387.

［6］ 陈翠英，江永真 . 土壤养分空间变异性的随机模拟及其应用 ［J］. 农业机械学报，2006，37（12）.

［7］ Deutsch C V，Journel A G. GSLIB，Geostatistical Software Libraryand User's Guide ［M］. New York：Oxford Univ. Press，1998.

［8］　Pendrel J，Leggett M，Mesdag P，et al. Geostatistical simulation for reservoir characterization ［C］. 2004 CSEG National Conven-tion，2004.

［9］　雷志栋，杨诗秀，谢森传. 土壤水动力学 ［M］. 北京：清华大学出版社，1988.

［10］　李保国，胡克林，陈德立，等. 农田土壤表层饱和导水率的条件模拟 ［J］. 水利学报，2002，2：36－40.

［11］　GS＋ manual，ganma design ［CP/CD］. Software，2000.

第七章　滴灌棉田冻融期土壤水盐运移规律研究

新疆位于中国的西北部，属于干旱半干旱地区，也是土壤含盐率较高的地区，该区在每年 11 月进入冬季，到翌年 3 月底 4 月初，该时间过程长达 5 月之久。在冻结期间，土壤的冻结深度随着温度的降低而加深，冻结深度可达到 1.0～1.5m，这是由于每年气温变化差异导致，而地表覆盖积雪厚度最大可达 35cm 左右。冻融条件下，温度是导致土壤中水分与盐分迁移的驱动力[1-2]，气温的降低引起了土壤温度的降低，土壤温度的降低引起土壤水分冻结，导致水分的重新分配，从而使得局部土水势降低，引起水分和盐分的迁移。进入春季后，受气候影响，温度回升较大，再加之风的作用以及降雨量很少，导致土壤在消融期过程中，土壤温度、土壤含水量和土壤盐分存在明显的变化。在积雪融化后随着水分的蒸发，盐分便积累于表层，出现地表返盐的现象。当盐分达到一定程度时，便会引起土壤次生盐碱化，对农业的生产造成严重的危害。

研究冻融期土壤温度、盐分迁移特征对于防治春季土壤反盐有着重要的现实意义。国内许多学者针对土壤冻融问题做了大量试验研究，有学者研究了冻融土壤水-热-盐迁移特征[3-5]，也有人针对土壤冻融机理进行了探讨[6]，还有针对不同条件对土壤水分入渗影响做了研究[7-8]。尚浩松等[9]还针对冻结条件下水热耦合迁移数值模拟做了改进研究。吴谋松等[10]主要针对土壤冻融过程中水流迁移特性及通量进行了模拟研究。为研究冻融期大田土壤温度、水分及盐分的迁移特征，李瑞平等[11]专门针对河套灌区冻融期土壤水盐热运移规律进行了长期监测研究。宋存牛等[12]专门针对冻融过程中土体水热力耦合作用理论和模型研究进展进行了详细论述，以上研究均为冻融期土壤水热盐迁移模拟研究的典型实例。

第一节　冻融期土壤温度与气温关系

试验选取石河子垦区 121 团对常年膜下滴灌种植年限较长的棉田（11 年）作为典型地块，从 2011 年 11 月至 2012 年 3 月进行土壤温度监测试验。垂直方向将地温计布置在 0cm、10cm、30cm、70cm、90cm、120cm、150cm 7 个土层（图 7-1），从 2011 年 11 月 21 日开始监测，2012 年 3 月 25 日监测完毕（每 2h 记录一次数据）。期间每个地温计收集数据 2490 个，共收集数据 17430 个。土壤温度采用 Microlite U 盘温度计（图 7-2）自动收集，温度量程为 -40～80℃，精度为 0.3℃，每 2h 自动监测记录 1 次数据。

由温度监测数据可知，当年 12 月上旬至翌年 3 月下旬为土壤的整个冻融期，其中 12 月 8—19 日为初冻期，12 月 20 日至 3 月 14 日为冻结期，3 月 15—25 日为消融期，冻融期长达 146 天，冻融期间最大冻土深度在 80cm，80cm 以下处于非冻结区。

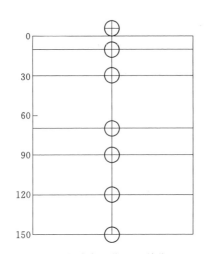

图 7-1　温度计布置位置（单位：mm）　　　图 7-2　Microlite U 盘温度计

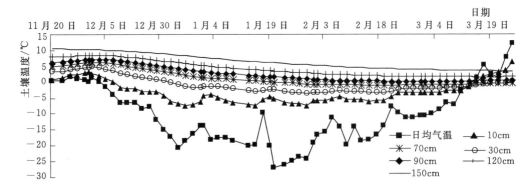

图 7-3　冻融期气温与土壤温度变化关系曲线

通过气温与土层温度变化关系曲线（图 7-3）可知，在整个冻融过程中，浅层土壤温度（30cm 以上）受气温的影响变化剧烈，而深层土壤（30cm 以下）受气温的影响变化平缓。10cm 处的最低温度与最低气温相差 20.05℃，时间滞后 9 天，随着土壤深度的增加，温差不断增大，滞后时间不断延长。通过分析可知，土壤 10cm 处冻结用时 5 天，而消融只用了 2 天，随着深度的增加，冻结和消融用时不断增加，用时之差不断扩大。这是由于消融期气温上升速率大于冻结期下降速率，表层土壤温度上升速率大于非冻结层上升速率。在冻结时，土壤水分放热，放出热量由表层的负温消耗，随着深度增加，负温消耗增加，冻结时间延长，而在消融时，土壤水分吸热，受表层土壤和非冻结层土壤温度上升的影响下，处于中间的冻结部分不断吸热融化，造成土壤的消融速度远远快于冻结速度，上层土壤消融速度快于下层，土壤的快速消融造成土壤水分快速上升，极易引起土壤返盐。

从 11 月中下旬至来年 3 月上旬，土壤温度随土层的加深呈递增的趋势，土壤表层至下层出现了较大的温度梯度，且随时间的推移而缓慢下降。从图 7-4 中可以看出，冻结

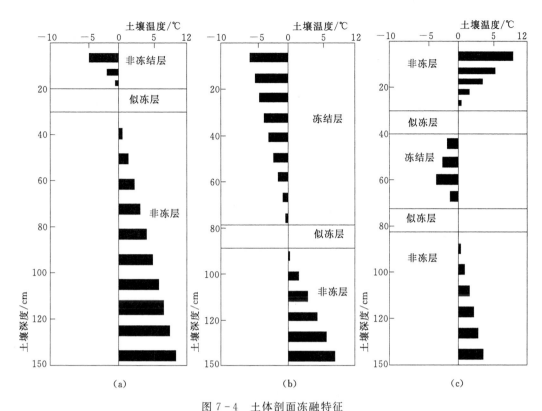

图 7-4　土体剖面冻融特征

(a) 冻结初期 (12 月 7 日)；(b) 冻结期 (1 月 22 日)；(c) 融化期 (4 月 1 日)

初期白天为 0℃，夜间温度下降 0℃ 以下导致土壤表层冻结，形成一个非稳定冻结阶段，如图 7-4 (a) 所示。在冻结期间，大气温度较低，土壤温度也随土层深度缓慢降低，故该时期的内部结构如图 7-4 (b) 所示。在消融期，大气温度回升较快，使得土壤从表层向下温度依次降低，而土壤的深层从底部向上土壤温度开始降低，并且土壤剖面形成 2 个似冻层，如图 7-4 (c) 所示。

　　为进一步分析气温、地温间的相关关系，第二次试验所用温度数据来自于当地国家级气象站，此站与试验区相隔 200m 左右，所测温度为 0.5cm、10cm、15cm、20cm、40cm、80cm、160cm、320cm，共计 9 个土层。温度计量间隔时间为 1h，每天 24h 连续监测，最后取平均值作为当日平均温度。

　　图 7-5 为 2012 年 11 月 1 日至 2013 年 3 月 31 日试验区气温及地温随时间变化曲线图，由图 7-5 可知，当地气温随时间呈现先减小后增大的波动变化趋势，最低温度为 -30℃，出现在当年 12 月下旬，其中 1 月上旬—2 月中下旬，气温波动幅度较大。图中各土层地温整体变化幅度小于外界气温，同一时期各土层土壤温度呈现随深度的增加而增大趋势，这一规律在当年 11 月至翌年 3 月中旬间表现尤为明显；而在 3 月中旬以后，土壤温度呈现出上大下小的趋势，表层 0~40cm 土层温度升高较快，至 3 月末 4 月初，表层 0~40cm 土壤温度上升至 20℃ 左右的较高温度，这一温度可为种子萌发提供可靠保障；相比之下，离地表越近的土层，其温度随时间变化越剧烈。图中 0~40cm 土体范围内，

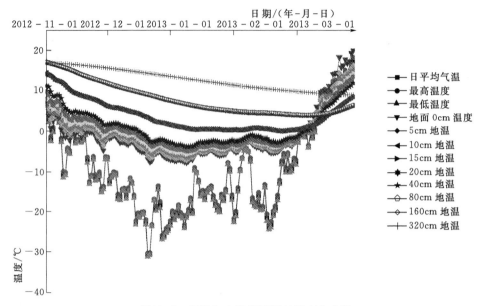

图 7-5　气温与土壤温度随时间变化曲线

各土层温度表现出较高的同步性，由此可以初步推断这一土体范围内各层土壤温度间具有较高的相关性。

采用经典统计学中的 Pearson 相关系数法对其进行了统计分析，具体分析结果见表 7-1。

由表 7-1 可知，日均气温与各土层地温间的相关关系呈现出随深度增加而减小的趋势，即气温对土壤温度的影响随土层深度的增大而减弱。在 0.01 的置信水平下，各土层（除 160cm 外）双尾检验结果表现出极显著水平，其中 0~40cm 土层的决定系数都保持在 0.8 以上。对比相邻两土层间的决定系数可以发现，冻融期相邻土层间土壤温度保持高度的相关性，其决定系数（表中与主对角线相邻的对角线的值）保持 0.8 以上较高水平，且随着深度增加，各土层间的决定系数值逐渐减小，即其相关性逐渐减弱，这一特征也可从图 7-5 中看出。

表 7-1　　　　　　　　　　日平均气温与土壤温度 Pearson 相关系数分析表

	土层深度/cm	0	5	10	15	20	40	80	160	320
土层深度/cm	1									
0	0.907**	1								
5	0.910**	0.993**	1							
10	0.898**	0.981**	0.996**	1						
15	0.878**	0.959**	0.984**	0.996**	1					
20	0.851**	0.929**	0.963**	0.982**	0.996**	1				
40	0.803**	0.858**	0.907**	0.940**	0.967**	0.986**	1			
80	0.458**	0.470**	0.556**	0.623**	0.691**	0.754**	0.847**	1		
160	0.04	0.001	0.098	0.177*	0.262**	0.349**	0.487**	0.874**	1	
320	−0.277**	−0.321**	−0.234**	−0.158	−0.074	0.014	0.161*	0.649**	0.934**	1

＊＊　表示在 0.01 的置信度下，双尾检验结果达到极显著水平；

＊　表示在 0.05 的置信度下，双尾检验结果达到极显著水平；土层深度单位为 cm。

第二节　土壤水分的变化规律

一、土壤水分变化特征分析

冻融期土壤水盐运移规律实验布置见第二章第三节第四部分。该区自每年11月中旬地表土壤温度低于0℃，开始冻结，到第二年的2月下旬或3月初形成最大冻结深度，一般达到0.7～0.9m，之后冻层开始消融，4月上旬消尽。由于受到冻融作用的影响，土壤中的水分出现了迁移和集聚的现象。

随着冬季的来临，气温逐渐降低，土壤温度随气温的降低而不断下降，表层土壤冻结，形成冻结带，土水势降低，为了建立起新的土水势平衡，水分不断向冻结带迁移。当气温继续下降时，土壤不同层位的温度随之下降，此时在冻结带下部土壤与冻结带土壤之间就产生了新的土水势差，该土水势差的存在将导致水分急速向上迁移而形成下部非冻结带的土壤含水量减少。经过一段时间的水分迁移后，由于剖面下部水分不断向上补给，非冻结带的含水量又开始增大，如此循环往复，温度不断下降，冻结带厚度不断增加，冻结带随之不断发展，冻结带下部土壤含水量呈现出"大-小-大"的规律性变动现象。随着冻结带不断向下发展，冻结带内不同层位的土壤含水量依次增大。土壤冻结过程中温度与冻土深度见表7-2。

表7-2　　　　　　　　　　　　冻结期气温与冻土层深度

冻结阶段	日期/(年-月-日)	最低温度/℃	最高温度/℃	冻土层深度/cm
冻结初期	2010-11-27	-7.4	-0.8	10
冻结初期	2010-12-27	-14.8	-6.4	42
冻结中期	2011-01-27	-29.4	-14.5	75
冻结末期	2011-02-27	-28.5	-13.8	90

从表7-2可看出温度与冻土深度之间的关系，随着大气温度逐渐降低土壤冻结深度越大。图7-6地块一为1998年耕种地块，地块二为2001年耕种地块，地块三为2003年耕种地块，地块四为2005年耕种地块，地块五为2007年耕种地块，地块六为2009年耕种地块。从6块地中两年的冬季试验数据分析中可以看出土壤水分含量随时间的变化情况。从图中可以看出，0～30cm范围内土壤含水率变化比较明显；随时间的推移上层土壤含水率逐渐变大，即2月上层土壤含水率比其他月份含水率略高，此时也是土壤温度最低的时候，也就是说随温度的降低土层土壤含水率缓慢增加，这是由于受到温度梯度的影响使得下层水分向上运移的结果。中部土壤含水率变化规律不明显，30～60cm含水率出现突起的峰值，60～90cm含水率有减小的趋势。在该期间120～150cm范围内含水率有所减少且表现出土壤上层含水率有所增加，下层略有降低且均保持在0.25%以上。冻结初期和冻结中期的土壤含水率分别与冻结末期土壤含水率进行对比，末期的土壤含水率变化比较明显，末期土壤含水率略高于初期、中期的土壤含水率，上层0～30cm处土壤含水率变化较大，30～60cm含水率具有一定的波动性，这是由于水由高势能的地方向低势

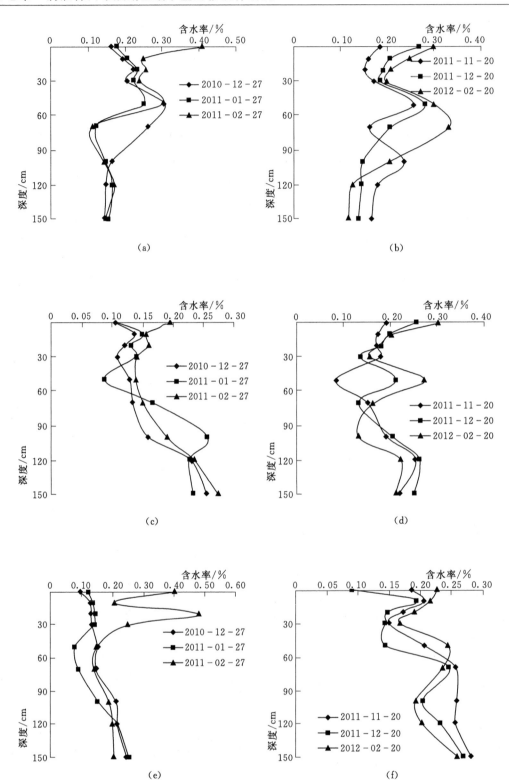

图 7-6（一）　冻结期水分运移规律

（a）、（b）地块一 1998 年限；（c）、（d）地块二 2001 年限；（e）、（f）地块三 2003 年限

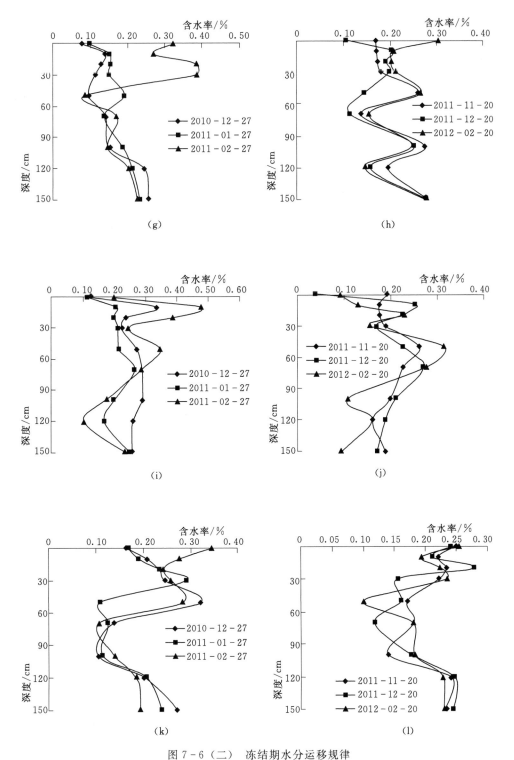

图 7-6（二）　冻结期水分运移规律

（g）、（h）地块四 2005 年限；（i）、（j）地块五 2007 年限；（k）、（l）地块六 2009 年限

势能的地方运动，未冻土层中的水向冻土层方向运动。由于冻结期气温较低、蒸发较弱、积雪覆盖和冻结层的保护，土壤水分损失较少，因此冻结期对土壤水分的保护是有利的。

　　随着大气温度的回升，土壤温度也开始升高，土壤上层冻结土壤开始融化，并随气温的升高，上层水分开始蒸发。图 7-7 为 1998 年、2001 年、2003 年、2005 年、2007 年和 2009 年耕种的条田。由于 4 月初土壤表面的覆雪已经全部融化，土壤温度受大气温度的

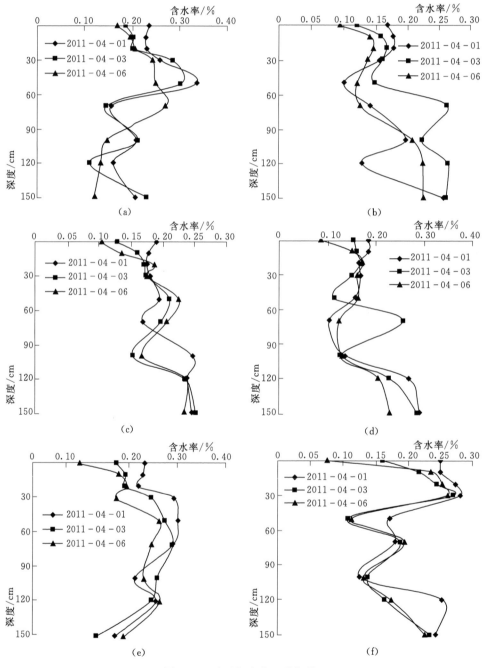

图 7-7　消融期水分运移规律

影响，导致春季土壤表层 0～30cm 水分发生较大的变化，如图 7-7 所示，0～30cm 处土壤水分随时间的推移而减少，上层土壤水分受大气温度的影响而蒸发散失导致上层水分减少。该时间段对土壤上层水分影响比较明显，对土壤下层的影响不大，4 月 6 日的土壤含水率随着深度的加深，土壤含水率由上向下缓慢升高，表现为上层减小下层增大中间平缓。

二、土壤水分时间变异性分析

在整个冻融期，各土层含水率随时间的变异系数随深度的变化比较明显（图 7-8）。两处理中，C_v 值的整体变化趋势一致。各土层含水率随时间的变异系数 C_v 值，裸地处理（L 处理）的皆大于相应深度覆膜处理（M 处理）的值，这是由于薄膜对积雪的阻隔作用及保温隔热作用导致的。两处理分别在 60cm、150cm 处出现变异系数峰值，峰值 C_v 值都小于 0.5，故两者都呈现中等变异性。峰值的出现说明，在整个越冬期内，60cm、150cm 土层中，样本数据比较离散，含水率

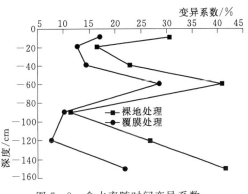

图 7-8　含水率随时间变异系数

随时间变化最为明显，且各监测时间点的含水率值差异较大。90cm 以下土体，含水率 C_v 值呈现出随深度的增加而增大的趋势图。据靳志峰[13] 等人研究发现，当地冻土深大约为 80cm 左右。由此可以判断，90cm 以下土层为非冻层，说明在冻结带下界而以下的土壤中水分随时间变异性会随深度的增大有增大趋势。

通过变异系数的主要分布范围，按照变异系数的大小所在的主要区间，将土层划分为两个区域，20～80cm 土层是冻融影响的关键区域，将此土层厚度确定为冻融关键层。80～150cm 土层是为冻融期土壤水分运动的非活跃区域，认为是由于上部冻融的影响造成的，属于非关键区域。

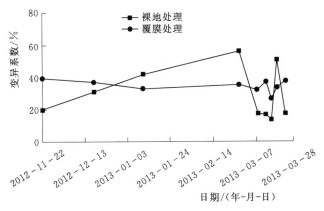

图 7-9　含水率在铅垂方向变异系数

为分析土壤水盐在深度方向的变异性，本试验在数据处理时，将同一取样点的土壤含水率值进行了方差分析，得出其变异系数 C_v 值，处理结果如图 7-9 所示。

由图 7-9 含水率在铅垂方向变异系数图可知，含水率在深度方向的变异系数 C_v 值皆为 $0.1 \leqslant C_v \leqslant 0.6$，因此，含水率在深度方向上呈现出中等变异性。2012 年 11 月 22 日至 2013 年 3 月 1 日，L 处理的含水率 C_v 值呈现出随着时间的推后而

有增大的趋势，M 处理的含水率在深度方向的变异性较小，其 C_v 曲线几乎与水平轴平行，这与土壤冻融机理有关。在土壤冻结带发育的过程中，由于薄膜的保温隔热作用，使得 M 处理的冻融速度较 L 处理的小，因此，在同一时间，L 处理的 C_v 值大于 M 处理的。而在 2013 年 3 月 1—24 日期间，L 处理 C_v 曲线的变化幅度大于 M 处理，这是由于这一时段外界气温变化导致的。试验区在这一时段气温上升较快，外界蒸发作用强烈，加之在消融阶段出现的交替冻融，使得这一时段含水率在深度方向变化较为剧烈。

图 7-10 为全观测期土壤含水率变化图，由图可知，在铅垂剖面上，L 处理和 M 处理的含水率变化趋势相同，都呈现出随深度的增加先减小，后增大，再减小的趋势，相应的含水率峰值大都出现在表层 10cm 和 120cm 土层。在 10cm 土层中，各时期平均含水率值 L 处理的含水率要比 M 处理的大，其平均值分别为 18%、14%。这是由于积雪融化后，融雪水入渗补给导致的。而在 120cm 土层出现含水率峰值，这是土壤冻结和消融共同作用的结果。因为在土壤冻结期，下层土壤水分在水势梯度的作用下不断向冻结层运移，当达到最大冻土深度以后，下层非冻结土壤中的水分会聚集在冻土深度（80cm）以下的土体中，而 120cm 土层恰好位于这一土体。当土壤进入消融期，冻结带下界面的土壤水分呈下渗型运移特征，这使得位于冻结层以下的 120cm 土层中出现了含水率峰值。

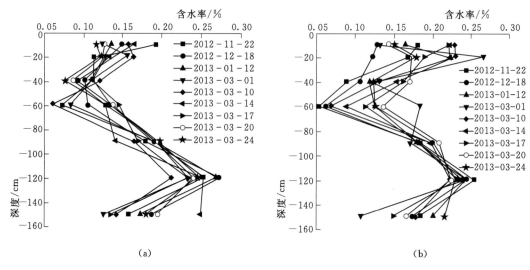

图 7-10　全观测期土壤含水率变化
(a) L 处理含水率变化；(b) M 处理含水率变化

第三节　土壤盐分的变化规律

一、土壤盐分变化特征分析

冻结期对土壤水分有着保护的作用，但也有不利的地方。水是盐分的运载工具，土壤水分的变化最终导致盐分的运动，盐分的多少将会对植物生长产生很大的影响。随温度的降低，土壤冻结深度也随之加深，土层便形成自上而下 3 个区域冻土层-似冻土层-未冻土层。

似冻层的位置也随着温度的下降而向下推动。土壤水分由下层缓慢向冻土层运动致使土壤盐分也随之变动。这样就形成了冻融作用下不同种植年限膜下滴灌棉田水盐变化的新序列。

地块一、地块二、地块三、地块四、地块五和地块六分别为1998年、2001年、2003年、2005年、2007年和2009年开始耕种的地块，通过对两年冬季试验数据进行分析，冻结期土壤盐分变化情况（图7-11）。由图可以看出，在两年的试验数据中，6块棉田90～120cm内均有峰值出现，并且地块一、地块二、地块四、地块六变化趋势有着一致性。0～30cm土层内土壤盐分均比冻结初期（12月27日）土壤含盐率略有增加，且随时间的推移，温度的降低在该区间有规律性增加。土壤上层盐分含量在冻结末期比冻结初期略高，呈现积盐的状态；并且0～10cm处积盐量最大，在图7-11（i）观测点土壤积盐率可达28.33％。从图7-11也可以看出，经过多年的滴灌耕种，土壤上层的盐分逐渐向下运移，大量土壤盐分存留在90～120cm之间，而耕种时间较短地块上层含盐率较大，图7-11中地块五、地块六分别为2007年、2009年开始耕种。这也体现出经过长期的滴灌耕种土壤盐分从上层向下层逐渐转型的一个过程。

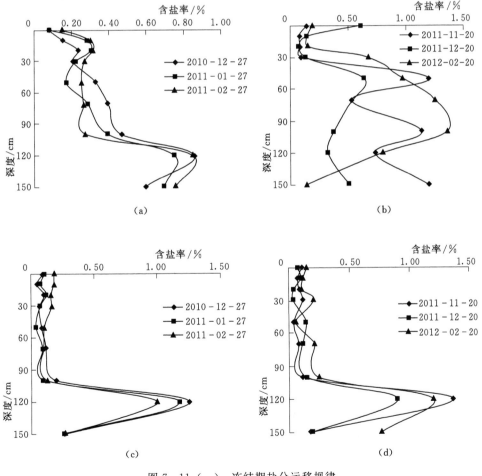

图7-11（一）　冻结期盐分运移规律

（a）、（b）地块一1998年限；（c）、（d）地块二2001年限

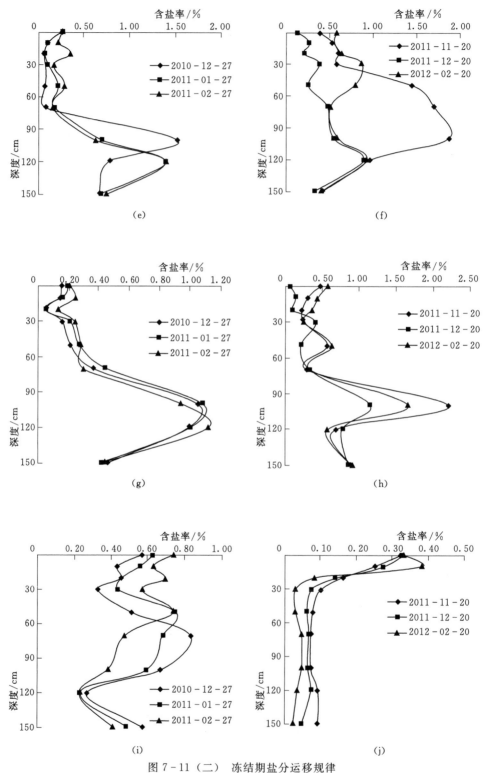

图 7-11（二）　冻结期盐分运移规律

（e）、（f）地块三 2003 年限；（g）、（h）地块四 2005 年限；（i）、（j）地块五 2007 年限

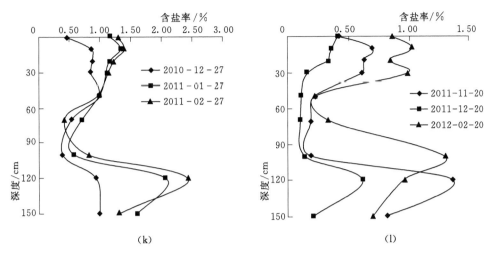

图 7-11（三）　冻结期盐分运移规律

（k）、（l）地块六 2009 年限

在 3 月中下旬气温开始回升，此时田间雪层开始融化，在 3 月底地表覆雪已全部融化，在 0～30cm 土壤含水量较大，而下层还没有完全融通仍处于冻结状态，土温的变化是白天融化，晚上冻结。因此在土壤消融期，随着冻层的消融和融冻水的下渗和蒸发，使得盐分又进行了一次再分配。土壤冻层的融化是由上层和下层向中间开始缓慢融通，由于受到大气温度的影响，上层土壤要比下层融化得快，而中间冻结层就起到了一个隔绝上层水分下渗的一个作用。在冻层的盐分，一部分随水流向土层深处使得下部土壤盐分增加或随冻融水回渗到地下水中，另一部分随着水分的蒸发而积累于土壤表层，且主要累积在 0～30cm 的土层内。由于土壤盐分的再分配，使得盐分状况发生很大的变化。

图 7-12（a）、（b）、（c）、（d）、（e）、（f）分别为 1998 年、2001 年、2003 年、2005 年、2007 年和 2009 年开始耕种的条田。由图 7-12 可以看出，土壤冻层在进入消融期后，各层土壤盐分的变化情况。由图 7-12（a）可以看出在 0～10cm 土层盐分逐渐增高，在土壤其他各层也均有增加，在 7-12（b）中可以看到上层盐分变化比较有规律，随时间的推移盐分逐渐增加，30～70cm 规律不明显，70～120cm 土壤盐分处于累积状态。从图 7-12（c）、（d）、（e）、（f）中盐分变化比较杂乱，但还是有一定的规律性。这是由于棉田开垦耕种时间较短，土壤各层盐分分布变化不均一，人类在耕种期间对其干扰的结果（如灌溉、耕作等管理方式），再加之各种自然因素（土壤的地质、温度、水分等），致使剖面上部盐分的空间分布更为复杂，因此该现象也是盐分由上向下转型的一个过渡。现在就以两个典型的图［图 7-12（a）（b）］证明分析，如图 7-12（a）地块各层土壤含盐率均略有增加，处于一种积盐的状态且土壤表层盐分较大，是由于气候干燥，蒸发量较大，表层损失水分过多，导致盐分浓度过高甚至以固态形式滞留在地表上；又如图 7-12（b）地块各层的土壤含盐率也有相应的增加，且在 120～150cm 之间处于脱盐状态，脱盐率最低为 9.45%，最高为 19.66%，这是由于各地块的土质差异、管理方式以及地下水位等不同不诸多因素而导致的。

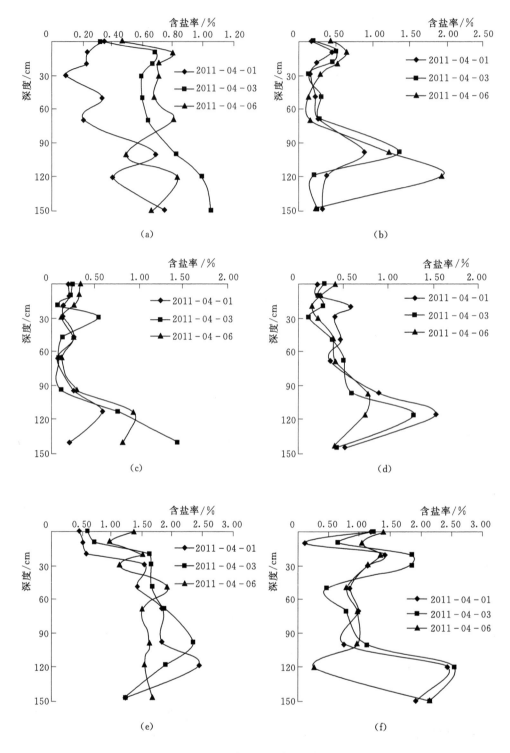

图 7-12　消融期盐分运移规律

二、土壤盐分时间变异性分析

由图 7-13 可知，L 处理和 M 处理中，含盐率 C_v 值整体变化趋势相同，分别在 90cm 土层出现峰值，峰值高达 1.1 左右，呈强变异性。这是因为 90cm 土层恰好位于冻结土体的下界面附近。在土壤还未达到当地冻土深度时，非冻层的水分在温度梯度作用下向冻结带运移，而相对于 80cm 的冻土深度而言，90cm 土层是土壤水盐向上层土壤运移的必经土层；当冻结带发育停滞后，大量盐分聚集在冻结层下界而，即 90cm 土层附近；当土壤开始消融后，冻结带中的水盐又呈现上移-下渗型运移态势，下渗部分的水分同样首先经过 90cm 土

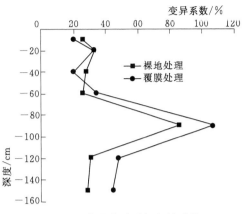

图 7-13　含盐率随时间变异系数

层向下运移，而水分是盐分运移的载体，因此，这一土层的土壤盐分在消融期又出现较大变化。同时，试验区春季气温回升速度较快，土壤蒸发强烈，会出现潜水蒸发的可能，使得下部土体中的水盐再次在外界蒸发作用下出现上移现象，以上因素综合作用下，导致在整个冻融期这一土层盐分变化较为剧烈。而在除 90cm 土层以外的土壤中，含盐率随时间的 C_v 值，随深度变化较小，C_v 值都在 0～0.5 范围内，属于中等变异。60～150cm 土层中呈现出 M 处理的含盐率 C_v 值大于 L 处理的趋势，这与含水率 C_v 值的变化趋势刚好相反，这与土壤温度有关。在冻融期，温度是土壤水盐运移的主要驱动力，然而，由于塑料薄膜的存在，使得 M 处理土壤温度较 L 处理相应土层的高，因此，才会出现 M 处理中盐分变化相对 L 处理较为活跃的现象。

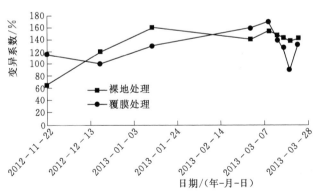

图 7-14　含盐率在铅垂方向变异系数

由图 7-14 可知，随着观测时间的推后，盐分在深度方向的 C_v 值有增大的趋势，相比之下，L 处理的 C_v 值曲线较 M 处理的变化幅度大。说明两处理中，L 处理的盐分在深度方向上的变化更显著，这与冻融期积雪及土壤温度变化有关系，温度梯度的大小直接影响水分运移的速度，间接地影响到了盐分在土壤中的变异程度。含盐率的 C_v 值大多在 1.0 以上，因此，在冻融期，盐分在深度方向呈现出强变异性。

图 7-15 为全观测期土壤含盐率变化图，由图 7-15 可以看出，L 处理与 M 处理的含盐率在深度方向的变化趋势与幅度基本相同，在 0～90cm 各土层，各观测期的含盐率值在深度方向上相差不大，都呈现出随深度的增加曲线基本与纵轴平行，且含盐率值较低，

皆保持在 2g/kg 范围内。由分析可知，这一土体属于在冻结带范围内，由此可以推测，在整个冻融期间，冻结带中的盐分随深度和时间变化幅度较小。由图 7-15 (a)、(b) 可以看出，两处理都在 120cm 土层出现了各观测期的峰值，在这一土层，M 处理的含盐率的最大值与最小值（12g/kg、4.97g/kg）都比 L 处理的（9.8g/kg、2.6g/kg）大。一方面，峰值出现在 120cm 土层这一现象可以说明，在冻融期，120cm 土层是土壤盐分稳定积聚区，且这一峰值区并不随时间而改变，这同时也说明，在相同的条件下，不同处理方式（覆膜与裸地）并不影响盐分在冻融期积聚区的分布。另一方面，由 120cm 土层的 M 处理的最大值和最小值皆大于 L 处理这一现象可以看出，两处理在含盐率大小上还是有一定的差异，但这种差异究竟是不是由于覆膜而导致的，这一问题有待于在今后进一步深入研究。

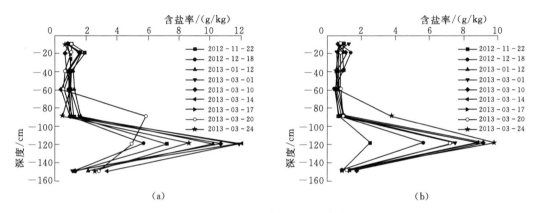

图 7-15　全观测期土壤含盐率变化
(a) L 处理含盐率变化；(b) M 处理含盐率变化

第四节　积雪覆盖与积雪入渗土壤水盐运移规律

新疆北疆地区极易受到来自西伯利亚的冷空气影响，形成较大降雪，到来年春季，温度上升，形成雪水补给地面的现象。冻融期的积雪覆盖对土壤水分变化特征有着最直接的影响。本节通过分析冻融期有无积雪覆盖的田间实测资料，研究土壤剖面含水率和含盐率的变化特征，探讨冻融过程及消融雪水入渗对土壤水盐运移规律的影响，为滴灌棉田盐碱化防治提供科学的理论依据。

由图 7-16 (a) 可见，11 月 22 日，表层土壤含水率下降，在 60cm 处含水率出现极低值，而在 120cm 左右出现含水率极大值。这是由于还未进入冻融阶段，地表蒸发导致水分上移，所以 60cm 出现含水率极低值。随着气温下降，表层土壤开始冻结，土壤含水率开始增加；随着冻层不断加厚，冻层内的储水量也开始增加，在 20cm 附近和 60cm 附近形成两个含水率高值区，2 月底含水率达到最高值，达到 27% 和 17%。这是由于随着冻结锋面的下移，不断在冻结锋面形成低压区，导致水分向冻结面迁移，故产生含水率高值区。

盐随水走，这是盐分在土壤中迁移的主要方式。由图 7-16 (b) 可知，12 月中旬，

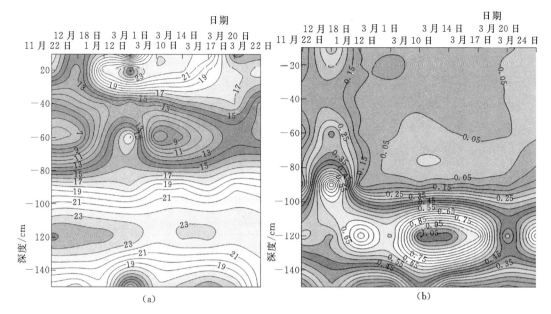

图 7-16 裸地土壤含水率和含盐率变化等值线
(a) 土壤含水率；(b) 土壤含盐率

土壤在 90cm 深度处形成一个聚盐区，这是由于土壤冻结过程中，随着温度的降低，冻结锋面不断下移，盐分在冰冻前锋下逐渐积累。到 1 月上旬，冻结锋继续下移，在 120cm 处形成盐分聚集区。由于温度变化的滞后性，冻结锋面保持在 120cm 附近并持续影响，使得在 120cm 处，盐分继续累积，达到峰值。

积雪区（除 150cm）各层土壤含水率的均值都大于对照区。通过单因素方差分析可知，20~50cm 处显著性水平均小于 0.05，说明 20~50cm 处土壤含水率受到积雪融水的影响显著。由积雪区与对照区土壤含水率关系曲线（图 7-17）可以看出，从 2011 年 11 月 20 日（下雪前）到 2012 年 3 月 17 日（消融期）期间，积雪区 0~70cm 处土壤含水率平均增加 2.97%，90~150cm 处平均减小 2.66%，而对照区各层土壤含水率平均减小 2.36%，这是由于土壤冻结前期和消融期的雨雪入渗增加上层土壤水分，土壤冻结使得下层土壤水分上移，造成下层含水率减小。随着消融时间的推移，积雪融水随着消融土层的不断增加而缓慢下渗。土壤水分受蒸发的影响，积雪区和对照区 0~30cm 处土壤含水率平均各减小 7.22% 和 2.35%，然而在 30~50cm 处积雪区土壤含水率增加了 4.14%，这说明地表蒸发降低了 0~30cm 处土壤水分，而融水下渗增加了 30~50cm 土壤水分。积雪区和对照区 70~120cm 土壤含水率呈波动变化，但是积雪区 150cm 土壤含水率呈增加趋势，并且积雪区各层土壤含水率均高于对照区。这说明融水下渗增加了上层土壤水分，推迟下层土壤水分的上移，使得下层土壤水分保持相对稳定，对土壤水分调控以及保墒、抑盐有着十分重要的作用。

积雪区 0~30cm 土壤含盐率的均值小于对照区，50cm 处土壤含盐率的均值明显大于对照区。通过单因素方差分析可知，5cm 处显著性水平小于 0.05，其余各处显著性水平均大于 0.05，说明 5cm 处土壤含盐率受积雪融水的影响显著。由积雪区与对照区土壤含

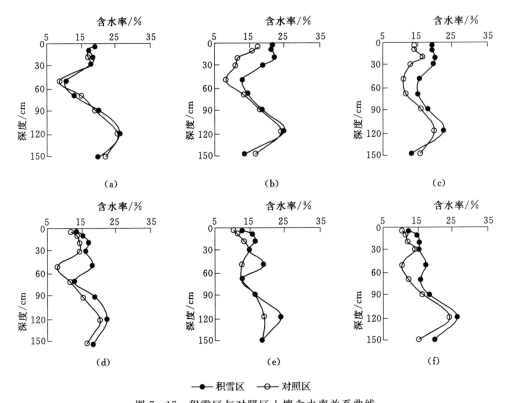

图 7-17　积雪区与对照区土壤含水率关系曲线

(a) 2011 年 11 月 20 日；(b) 2012 年 3 月 17 日；(c) 2012 年 3 月 21 日；(d) 2012 年 3 月 25 日；

(e) 2012 年 3 月 29 日；(f) 2012 年 4 月 2 日

盐率关系（图 7-18）可以看出，从 2011 年 11 月 20 日（下雪前）到 2012 年 3 月 17 日（消融期），积雪区 0～5cm 土壤含盐率减小 0.03%，5～30cm 土壤含盐率增加 0.03%，而对照区 0～30cm 处土壤含盐率基本保持不变，这说明表层土壤受消融积雪淋洗土壤盐分向下运移，为出苗期创造了有利的水盐环境。另外，积雪区和对照区 90cm 处土壤盐分有所增加，而 120～150cm 处土壤盐分明显减小，这说明土壤质地也是影响水盐运移变化的因素之一，30～90cm 处土壤为黏土，通透性差，土壤水分运移较差，盐分变化相对较小，而 120～150cm 处土壤为砂壤土，通透性好，保水性差，盐分受水分运移的影响极为明显，下层土壤水分的上下运移是导致 120～150cm 处的盐分增减主要原因之一。

由表 7-3 可看出，2013 年 3 月 14 日，不覆膜处理 20cm 土层的土壤平均温度为 -1.3℃，说明这一土层还处于冻结状态，而到 2013 年 3 月 16 日时，两处理中各土层平均温度都已回升至 0℃之上，土壤已基本处于融通状态。为分析土壤融通后水盐运移特征，选择 3 月 16 日以后的 3 个时间段进行监测。由图 7-19 可知，不覆膜条件下各时段土壤盐分在垂直方向上整体呈现出离表层越近，土壤盐分值越大的趋势，而土壤含盐率随时间呈现出不规律波动现象。尤其在 3 月 18 日这天，土壤含盐率随深度变化波动较大，分别在 20cm、60cm 土层出现含盐率峰值，其值分别为 1.071%、0.918%。土壤融通后，各土层土壤水分在外界蒸发作用下向地表运移，盐分也整体随水分上移，这是导致 3 月 16

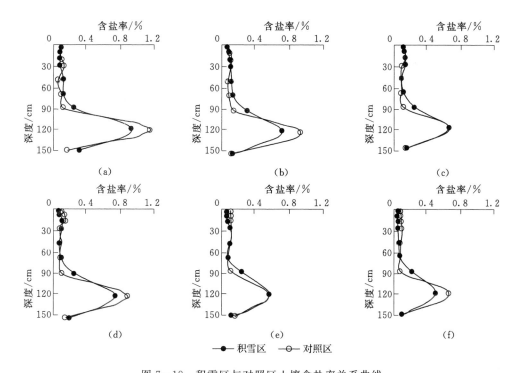

图 7-18　积雪区与对照区土壤含盐率关系曲线

（a）2011 年 11 月 20 日；（b）2012 年 3 月 17 日；（c）2012 年 3 月 21 日；（d）2012 年 3 月 25 日；
（e）2012 年 3 月 29 日；（f）2012 年 4 月 2 日

日—20 日积雪覆盖处理中土壤盐分呈现表层盐分增大的主要原因。

表 7-3　　　　　　　　　　　　　　　20～60cm 土层温度数据

处理	深度/cm	温度/℃			
		3 月 14 日	3 月 16 日	3 月 18 日	3 月 20 日
覆膜处理	20	3.54	6.95	7.11	7.84
	40	2.69	4.74	5.71	6.30
	60	2.46	3.66	4.85	5.52
不覆膜处理	20	−1.30	3.89	6.39	7.32
	40	0.17	2.49	5.04	5.98
	60	0.67	1.83	3.81	4.79

由图 7-19 可知，虽然两处理在土壤融通后盐分都有所变化，但是相比之下，积雪覆盖处理中盐分随空间及时间的变化比覆膜处理的大，这主要是积雪及温度差异造成的。不论是积雪覆盖处理还是覆膜处理，都在消融后受到外界蒸发作用而产生一定的盐分上移趋势，尤其积雪覆盖处理盐分变化更为明显。虽然在 3 月 16—20 日两处理所处环境相同，但是其初始含水率不同，这就导致两处理土壤盐分运移产生差异。相比之下，积雪覆盖处理在土壤融通后至播种之间的这段时间更容易造成春季土壤次生盐渍化的发生。

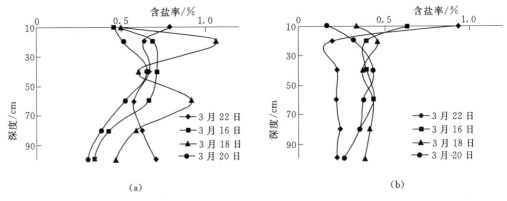

图 7-19　不同覆盖处理下土壤盐分变化图
(a) 积雪覆盖；(b) 薄膜覆盖

第五节　无积雪覆盖土壤水盐运移规律

由图 7-20 (a) 可见，覆膜地土壤含水率与裸地的变化规律类似，但总体上变化幅度小于裸地。这是由于在地表覆盖塑料薄膜，一方面隔绝了积雪入渗，另一方面阻断与外界空气的热交换和地表热量向空气中的散失并且提高了土壤的温度。在冻结期开始，地表含水率较大，60cm 附近含水率较小；随着冻层不断加厚，冻层内的储水量也开始增加，在 60cm 附近土层间形成一个含水率高值区。在 3 月初积雪完全融化，将膜揭去。地表含水率先下降后增加，再下降，这是由于地表蒸发加强，地表水分很快被蒸发殆尽，由于毛细管作用等，下层水分很快向上补充，故含水率增加，但随着蒸发的持续，下层不能充分补给，表层含水率下降。随着冻层进一步融化，0～30cm 土壤含水率保持较低水平，60cm 附近含水率则逐渐增加，随后又开始减小，这是由于随着消融的加速，地表蒸发，形成了一个水分迁移通道，地表水分蒸发为迁移力，拉动了下层的水分上移。140cm 深度以下土壤水分比较稳定。

由图 7-20 (b) 可以看出，由于覆膜处理，阻断与外界空气的热交换和地表热量向空气中的散失，故冻结层稳步的向地下推进，没有在冻结锋的反复的冻融影响，所以并没有像裸地的冻结锋不断向地下推进，使在冻结锋产生聚盐效果。而在冻结锋面稳定时，和裸地有同样的规律，都在其锋面聚盐。到 3 月下旬，由于覆膜，去除积雪融化补给的影响，地表水分很快下降，随着蒸发的持续，土层中的水分向地表运移并蒸发，冻结期间累积于底层中的盐分，也随之迅速向表层移动。在冻层稳定期，100cm 以上盐分无明显变化。

在 2013 年 3 月 16 日将覆膜处理的塑料薄膜揭去（揭膜时不能将膜上积水灌入测坑），与积雪覆盖处理形成对照。由图 7-20 可知，薄膜覆盖下的土壤除了初始含盐率（2012 年 11 月 22 日）在 0～20cm 土层随深度增加而减小外，其余各土层含盐率随深度及时间变化波动较小，这是由于覆膜处理导致的。在 2012 年 11 月 22 日，表层土壤在秋季蒸发作用下集聚了大量盐分，使得深度 10cm 处盐分值较大，而在覆膜条件下，薄膜阻隔降

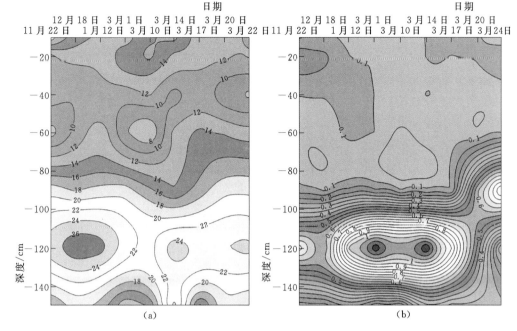

图 7-20　覆膜地土壤含水率与含盐率变化等值线
(a) 土壤含水率；(b) 土壤含盐率

雪，消除降雪对土壤水盐运移的影响，且薄膜具有保温隔热作用，减小了外界气温对土壤温度的影响，致使土层间保持较小的温度梯度[14]，这是覆膜处理中盐分随深度波动较小的主要原因。在 20cm 以下土层，薄膜覆盖条件下各土层含盐率比对应的初始含盐率大。这与此阶段土壤温度变化有关，在较强的外界蒸发作用下，土壤水分整体上移，导致下层土壤盐分在蒸发作用下也随水分向上移动。

第六节　本　章　小　结

（1）冻融期外界气温对土壤温度的影响随着深度的增加而减弱，在 0.01 的置信水平下，除 160cm 外，外界气温与土壤温度间保持极显著相关关系。冻融期相邻土层间土壤温度保持高度相关性，其决定系数均大于 0.8，且随着深度的增加，各土层间的决定系数逐渐减小。在整个冻融过程中，温度通过土壤水分间接影响盐分。

（2）通过对冻融期膜下滴灌棉田的土壤水分迁移特征进行分析可知，由于受到冻融作用的影响，表层土水势降低，水分向表层集聚，同时在一些初始含水率较高的区域，由于土水势较低，也会在此区域形成水分的集聚现象。形成了含水率"大-小-大"的分布格局。在冻结期，温度降低，土壤水分缓慢从非冻结层向冻结层运移，土壤水分在负温的影响下自表层向深层冻结；上层 0~30cm 处土壤含水率变化较大；60~100cm 处土壤含水率呈现一定的波动性；0~30cm 土层内的各层土壤盐分均比冻结初期土壤含盐率略有增加，且随时间的推移，温度的降低在该区间有规律性增加。60~100cm 处的土壤盐分稍有减少。在120～150cm处土壤盐分变化幅度不大。在消融期，上层土壤含水率逐渐减少；温度升高，积雪融化造成表层土壤水分下渗，但由于温度快速上升，蒸发量不断增加引起土水势降低，造成土壤水分上移，120～150cm范围内土壤盐分迅速向上扩散，造成上层土壤盐分不断增加，形成了春季返盐的现象。春季返盐主要是累积在冻土层中的盐分再分配导致，因此防止春季土壤返盐的关键在于减少冬季冻土层中土壤盐分的累积程度。

（3）在冻融全观测期中，L处理和M处理含盐率随时间动态变异系数都在90cm土层出现峰值，呈强变异性。而除90cm以外的其他土层，含盐率随时间动态变化呈中等变异特征，变幅较小。在冻结带的下界面附近，土壤盐分运移活动较活跃。全观测期含水率随时间的变异性发现，L处理的含水率随时间变异系数都较M处理的大，说明在相同条件下，L处理更容易受外界融雪及外界气温等因素的影响。但由于冻融期水分及盐分在土壤中的运移受土壤结构、初始含水率、含盐率及温度等各种因素的影响，对这些因素对冻融土壤水盐运移的作用机理，有待于在后期试验中做进一步研究。

（4）通过冻融条件下有无薄膜覆盖土壤水分变化分析可知，覆膜土壤含水率与裸地的变化规律类似，但总体上变化幅度小于裸地。在冻结期，随着气温下降，冻层不断由地表向深层推进，土壤水分缓慢向冻结锋面运移。在融化期，由于覆膜处理，无积雪入渗补给，蒸发量不断增加引起表层土壤水分降低，造成土壤水分上移，极易引起土壤返盐。在冻结期，由于覆膜使得冻结层稳步的向地下推进，没有在冻结锋的反复的冻融影响，故未在冻结锋产生聚盐效果。覆膜有利于阻止盐分上移，而在融雪期，由于没有积雪入渗补给，造成地表蒸发加剧，水分上移，盐溶于水，故盐分也随着上移，易造成土壤盐渍化。

参考文献

［1］张殿发，郑琦宏．冻融条件下土壤水盐运移规律模拟研究［J］.地理科学进展，2005，24（4）：46－55.

［2］张殿发，郑琦宏，董志颖．冻融条件下土壤中水盐运移机理探讨［J］.水土保持通报，2005，25（6）：14－18.

［3］李瑞平，史海滨，赤江刚夫，等．冻融期气温与土壤水盐运移特征研究［J］.农业工程学报，2007，23（4）：70 74.

［4］黄兴法，王千，曾德超．冻期土壤水热盐运动规律的试验研究［J］.农业工程学报，1993（03）：28－33.

［5］焦永亮，李韧，赵林，等．多年冻土区活动层冻融状况及土壤水分运移特征［J］.冰川冻土，2014（02）：237－247.

［6］张殿发，郑琦宏，董志颖．冻融条件下土壤中水盐运移机理探讨［J］.水土保持通报，2005（06）：14－18.

［7］郑秀清，陈军锋，邢述彦．不同地表覆盖下冻融土壤入渗能力及入渗参数（英文）［J］.农业工程学报，2009（11）：23－28.

［8］陈军锋，郑秀清，邢述彦，等．地表覆膜对季节性冻融土壤入渗规律的影响［J］.农业工程学报，2006（07）：18－21.

［9］尚松浩，雷志栋，杨诗秀．冻结条件下土壤水热耦合迁移数值模拟的改进［J］.清华大学学报（自然科学版），1997（08）：64－66＋104.

［10］吴谋松，王康，谭霄，等．土壤冻融过程中水流迁移特性及通量模拟［J］.水科学进展，2013

（04）：543-550.

[11] 李瑞平，史海滨，赤江刚夫，等.基于水热耦合模型的干旱寒冷地区冻融土壤水热盐运移规律研究 [J].水利学报，2009，40（4）：403-432.

[12] 宋存牛.冻融过程中土体水热力耦合作用理论和模型研究进展 [J].冰川冻土，2010（05）：982-988.

[13] 靳志锋，虎胆·吐马尔白，牟洪臣，等.土壤冻融温度影响下棉田水盐运移规律 [J].干旱区研究，2013，30（4）：623-627.

[14] 张殿发，郑琦宏，董志颖.冻融条件下土壤水盐运移机理探讨 [J].水土保持通报，2005，25（6）：15-18.

第八章　不同年限滴灌棉田土壤
水盐分布规律研究

新疆属于西北干旱地区，土地资源丰富，光热条件充足，但水资源匮乏，生态环境极端脆弱。气候干燥、蒸发量大，特殊的自下而上水分运移过程导致盐分在土壤表层聚集，形成了大面积的盐碱地。干旱区围绕滴灌土壤水盐动态和盐分平衡的研究较多，如李玉义等对不同地貌类型盐分累积变化[1-2]以及灌溉技术对土壤盐渍化的影响进行了评价，陈小兵[3]等阐述了次生盐渍化的驱动因子。近年来，国内外将滴灌技术用于原生盐碱地的开发和次生盐碱化的防治已取得明显的效果[4-8]。目前随着滴灌技术的推广应用，滴灌的农田土壤盐分积累问题越来越严重[9-11]，新疆绿洲农田出现了新的次生盐渍化农业问题[12-13]。由于滴灌棉田是小定额灌水，一般情况下不会产生深层的渗漏，而盐分的来源主要是灌溉水中所携带的盐分，水去盐留致使盐分在土体中无法移除。虽然滴灌技术在新疆得到大面积推广，但盐分的累积机理的研究是人们所关注的问题，因此，为更好地防治土壤次生盐碱化以及田间水分管理，开展大面积高效节水技术推广具有重要的现实意义。

第一节　水分运动特征

当土壤孔隙没有被水充满，土壤中的水分处于非饱和状态时，我们称该土壤区域为非饱和带（或称包气带），称其中的水分为非饱和土壤水，即土壤水。当水充满了土壤的全部孔隙，土壤处于饱和状态时，该区域称为饱和带（或饱水带），而称其中的水分为饱和土壤水，即一般所指的地下水。土壤水是作物生长的主要水分来源，又是土壤肥力的重要组成部分，是植物水分循环的水源基地。土壤水中只有被作物生长吸收利用的部分才是有效的，主要分布在根区土壤层内。水分在田间不停地以下渗或蒸散发运动着，而且其转化极其复杂，但在特定的时间和空间里，它处于一个相对稳定的状态，可以通过近似方法了解其运动规律。

非饱和状态下的土壤水，遵循热力学第二定律，水分从水势高处自发地向水势低处运动。一般认为，适用于饱和水流动的达西定律在很多情况下也同样适用于非饱和土壤水分流动。对于非饱和土壤水，当无须专门考虑溶质势 ψ_s、温度势 ψ_r 以及气压势时，任一点的土水势只包括重力势 ψ_g 和基质势 ψ_m。若以单位重量的土壤水计，水势单位用水头表示，那么，非饱和土壤水的总水头就等于位置水头和基质势水头（或称负压水头）之和。

达西定律是多孔介质中流体流动所应满足的运动方程。质量守恒是物质运动和变化普遍遵循的原理，将质量守恒原理具体应用在多孔介质中的流体流动即为连续方程。达西定律和连续方程相结合便导出了描述土壤水分运动的基本方程[14]：

$$\frac{\partial \theta}{\partial t} = \frac{\partial}{\partial t}\left[K_x(\theta)\frac{\partial \psi_m}{\partial x}\right] + \frac{\partial}{\partial y}\left[K_y(\theta)\frac{\partial \psi_m}{\partial x}\right] + \frac{\partial}{\partial z}\left[K_z(\theta)\frac{\partial \psi_m}{\partial z}\right] - \frac{\partial K_z(\theta)}{\partial z} \quad (8-1)$$

　　土壤水分运动所遵循的基本规律是达西定律和质量守恒原理，基本方程只是两者的结合。对基本方程的理解，本质上是对非饱和土壤水分运动所服从的达西定律和质量守恒原理的理解。在实际应用中，有时可以不使用基本方程而直接应用达西定律和质量守恒原理分析或解决问题。

第二节　溶质运移特征

　　土壤水含有溶质对于人类的生活和生产活动有着重要的影响。不仅存在着土壤盐碱化的问题，而且还会发展成为更广泛和深远的水土环境问题，因此，越来越引起人们的重视。为了防止水质的恶化、土壤的污染，必须制定有效的防治规划，采取合理的措施。为此，需要了解溶质在土壤中（非饱和区和饱和区）的运移规律，以便对土壤中溶质的时空分布和变化进行预测预报。

　　组成土壤液相的并不是纯水而是含有溶质的水溶液。土壤溶质作为土壤环境系统中的重要组成部分，它的运移过程必然影响着土壤与环境间的物质与能量的交换过程。天然条件下，以土壤为研究对象，溶质主要通过降雨、施肥、灌溉、地下水补给、植物残留物、植物固氮以及河流与湖泊侧渗等过程输入到土壤中，而土壤又通过生物吸收、大气挥发、地表径流与水土流失、农田排水以及地下水的交换等过程向外部环境输出溶质。土壤水还会溶解土壤母质中含有的可溶盐，在蒸发条件下，不同矿化度的潜水总是或多或少地将所含的盐分带到土壤中并在表层积聚。因此土壤内的溶质通过各种途径与环境间不断的进行交换，处于一种动态变化过程，并与其环境保持一种动态平衡。

　　土壤中溶质的运动是十分复杂的，溶质随着土壤水分的运动而迁移，不仅如此，溶质在自身浓度梯度的作用下也会运动。部分溶质可以被土壤吸附、为植物吸收或者当浓度超过了水的溶解度后会离析沉淀。溶质在土壤中还有化合分解、离子交换等化学变化。所以，土壤中的溶质处在一个物理、化学和生物的相互联系和连续变化的系统中。土壤中水分（水溶液）的运动及其引起的含水率分布的变化，对土壤中溶质运动的影响是明显的。因此，溶质运移的研究必须在研究土壤中水分运动的基础上进行。

　　对流、溶质分子扩散、机械弥散过程、土粒与土壤溶液界面处的离子交换吸附作用以及溶质随薄膜水的运动是土壤中溶质运移的主要物理过程。土壤中的溶质运移如同其他物质迁移过程一样，同样符合质量守恒定律和能量守恒定律。在一般情况下，土壤中化学物质以固、液、气3种状态存在于土壤介质当中，联合质量守恒方程和通量方程可以获得描绘土壤溶质迁移的对流-弥散方程[15]（CDE）：

$$\frac{\partial \theta}{\partial t}(\rho_b + c_1 + ac_g) = \frac{\partial}{\partial z}\left(D_g^s \frac{\partial c_g}{\partial z}\right) + \frac{\partial}{\partial z}\left(D_{lh} \frac{\partial c_1}{\partial z}\right) - \frac{\partial}{\partial z}(J_w c_1) - (\rho_b \gamma_a + \theta \gamma_1 + a \gamma_g)$$

$$(8-2)$$

　　在实际应用中，根据土壤溶质所存在的状态、迁移过程、具体溶质的性质以及发生的物理化学特性来确定上述对流弥散中各项的取舍，从而获得具体研究条件下的土壤溶质迁移的对流弥散方程。

第三节　生育期不同年限滴灌棉田水分变化规律

2008年4—10月，在石河121团选择了采用膜下滴灌1～10年的棉田作为试验田。试验按照棉花不同的生育期，分4个不同的阶段取土，分别为播前（4月初）、苗期（5月下旬，头水前）、盛铃期（7月下旬）、收获期（9月上旬）。在播前取土时，首先测出播前土壤初始理化性质，在每年份地块挖两个剖面，每个剖面1.6m深，在0cm、0～10cm、10～20cm、20～30cm、30～50cm、50～70cm、70～90cm深度取土，共取土样200个。其次再按0～30cm、30～60cm、60～100cm分3层进行取样，所有地需取样60个；苗期、盛铃期、收获期则分别在第一次取土地点取土（利用GPS定位），每块条田取2个点，利用烘干法测出土壤含水率。

由于膜下滴灌灌水湿润深度较浅，只对包括耕作层在内的根部有影响，且棉花根深度较浅，因此取0～70cm深度含水率为研究对象。由图8-1可以看出，不同种植年限地块土壤含水率在生育期内各土层总体趋势表现为盛花期含水量最大，收获期含水量最小，苗期和播前含水量居中。土壤水分的这种变化趋势是由于播种前和苗期土壤在阳光直接照射下，蒸发强烈且此时段没有灌水，故含水量相对盛花期小；而在棉花盛花期，随着灌水量及灌水频率的增大，含水率也相应增加；进入收获期后，随着灌水量逐渐减小总体含水量也随之减少。对比不同种植年限地块可以看出，各土层体积含水率随土层深度的增加而增大，播前和苗期含水量在各种植年限地块变化范围较大，这是由于随着种植年限增加，土壤的特性及空间结构发生变化，从而导致土壤含水量的不同；盛花期所有地块土壤含水量都在15%～40%之间，保持在较高水平；收获期各地块含水量基本都在0～20%之间，含水量较低，无明显差异。

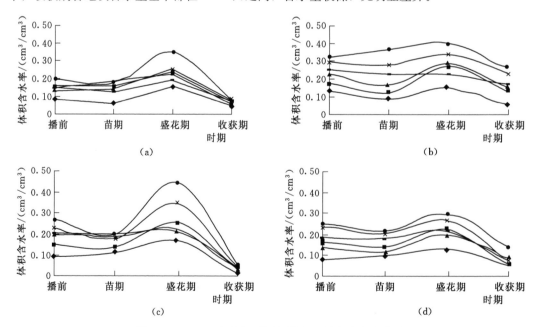

图8-1（一）　生育期不同年限各土层含水率变化图

(a) 1998年地块；(b) 1999年地块；(c) 2000年地块；(d) 2001年地块

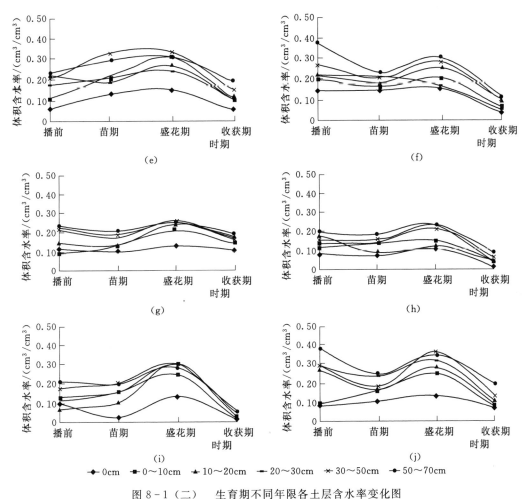

图 8-1（二）　生育期不同年限各土层含水率变化图

（e）2002 年地块；（f）2003 年地块；（g）2004 年地块；（h）2005 年地块；（i）2006 年地块；（j）2007 年地块

第四节　生育期不同年限滴灌棉田盐分累积规律

　　本节取样的地点、取样时间、取样剖面以及取样方法等与第三节处理相同，之后将烘干土样粉碎，按 1∶5 比例加入纯净水（一般为 18g 土加 90g 纯净水），沉淀后利用电导仪测定土壤电导率。

　　从图 8-2（a）中看出，耕种 2a 的土壤平均电导率值从表层 $3.211×10^3 \mu S/cm$ 逐渐减小到底层 $1.934×10^3 \mu S/cm$。这与未耕种地土壤电导率值从表层至底层规律相似。耕种 8a、13a 土壤的电导率值分别从表层 $0.43×10^3 \mu S/cm$、$0.984×10^3 \mu S/cm$ 升高至底层 $2.093×10^3 \mu S/cm$、$1.996×10^3 \mu S/cm$。从图 8-2（b）中看出，未耕种的土壤电导率值最高即土壤含盐率最高，这是由当地的地形、气候、水文、植被等自然要素的长期相互作用和人类活动所致，是典型的盐碱土。随着深度的增加电导率值逐渐减小，从土壤表层 $6.25×10^3 \mu S/cm$ 逐渐减少到底层 $2.13×10^3 \mu S/cm$，变化幅度较大，呈现表聚现象。表层 0～40cm 电导率值较大占整个剖面的 71.2％。这是自然条件下土壤含盐率的典型分布类型。与未耕种、耕种 2a 地的电导率值比较可以看出随耕种年限的延长土壤平均含盐率有表层向底层转型，导致底层含盐率高于表层含盐率，致使底层聚盐长此下去为土壤次生盐渍化埋下隐患。耕种 2a、8a、13a 土壤含盐率随深度变化并不明显，这主要是受当地耕种、施肥、灌溉等人为因素以及气温、地形、土壤的物理特性的共同影响。从耕种 8a、13a 地可以看出两者曲线规律相似。受地下水位升高影响导致盐分上移。

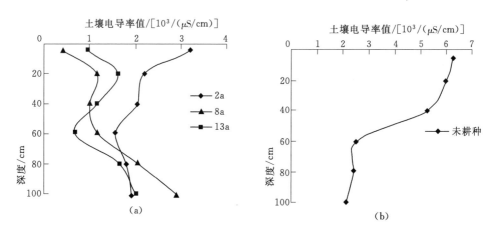

图 8-2　不同年限土壤电导率值剖面图
（滴头、行间、膜间各层平均值）

图 8-3 为膜下滴灌各年限地块在 0～30cm、30～60cm、60～100cm 土层的电导值分别在播前、苗期、盛铃期和收获期 4 个时期的对比图，从图 8-3 中可以看出，除了在播前各年限棉田变化没有规律外，在其他 3 个时期都是随着膜下滴灌年限的增加，含盐率积累在各土层都有明显的增加，这在盛铃期表现得尤为明显。在播前，在垂直方向上其他 3 个阶段在 0～30cm 深度土层含盐率较低，到 30～60cm 深度含盐率变大，然后到 60～100cm 深度内含盐率又降低；这是由于滴灌使滴头下土壤水分接近饱和状态，然后缓缓向四周扩散，形成一个半圆锥形的浸润体（即湿润峰）。土壤中的盐分亦随水移动而被淋洗到浸润体外缘，起到"驱盐"的作用，从而使主要根系层的土壤形成了一个低盐区或淡化区。使盐分向水平湿润锋和垂直下方累积，由于 0～30cm 属于耕作层，水分在此淋洗充分，使得此深度形成淡化区含盐率较低，而盐分被压倒 30～60cm 土层深度，因此这个深度含盐率较高；又由于 60～100cm 深度受膜下滴灌盐分运移影响很小，再加上当地地下水位在 3m 以下，不会因潜水蒸发造成此深度盐分的累积，所以在此深度内含盐率相对 30～60cm 深度降低了，因此 30～60cm 深度是棉田盐分最大聚集区。

从图 8-4 中可以看出，膜下滴灌各年限棉田在各生育阶段总的变化趋势是在水平方向上播前含盐率很大，苗期含盐率逐渐降低，盛花期含盐率逐渐升高，收获期含盐率又逐渐降低，尤其在 1998 年、1999 年和 2000 年地块表现得很明显，而在 2007 年滴灌地块不明显。

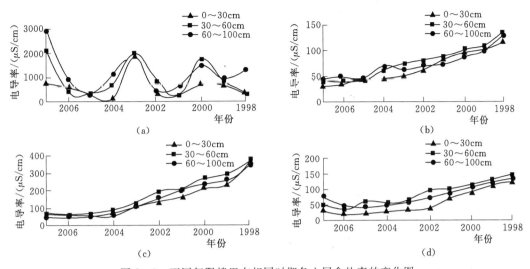

图 8-3　不同年限棉田在相同时期各土层含盐率的变化图

（a）播前各地块电导率对比；（b）苗期各地块电导率对比；

（c）盛花期各地块电导率对比；（d）收获期各地块电导率对比

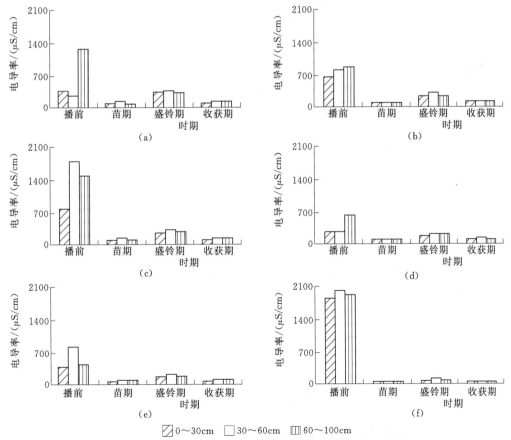

图 8-4（一）　相同年限棉田在不同时期含盐率的变化图

（a）1998 年地块；（b）1999 年地块；（c）2000 年地块；（d）2001 年地块；

（e）2002 年地块；（f）2003 年地块

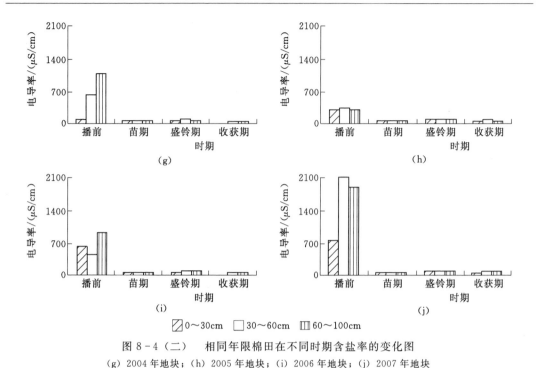

图 8-4（二）　相同年限棉田在不同时期含盐率的变化图

(g) 2004 年地块；(h) 2005 年地块；(i) 2006 年地块；(j) 2007 年地块

在播前，由于滴灌只是在植物根区形成一个淡化区，使盐分在空间位置上的差异性分布只是在作物生长季节有助于作物避盐，但是一旦经过茬耕作，盐分重新均匀分布，将逐渐使表层土壤含盐率上升（盐分并未从土中排除）。在茬灌结束后，根区边缘的盐分将重新返回根区，造成返盐，积盐很严重，因此播前盐分很高；在苗期，由于干播湿出，有少量降水以及机耕等使得苗期含盐率较播前有很大的降低，但是苗期由于长时间没有灌水，同时蒸发强烈而使各土层土壤含水率均较低，因而土壤盐分仍较高，灌头水后将土壤盐分溶解并淋洗，土壤盐分有所下降，至盛铃期由于棉花的需水量较多，相应的灌水量也是最多的，在随水滴肥的过程中，土壤水中的溶质含量较高，滴入土壤后增加了土壤中的盐分含量。吐絮期到收获期总盐分含量下降是因为棉花的生长处于一种衰退时期，对水分的需求并不是很高，相应的灌水量减少了，从而减少了土壤水中的溶质，也就减少了土壤水中的盐分含量。

在灌溉条件相同的情况下，对同块地不同滴灌年限的土壤含盐率进行对比分析。由图 8-5 可以看出，相同地块不同滴灌年限含盐率总趋势是各土层含盐率均比上一年略高，在 60～100cm 土层含盐率累积程度逐渐增加趋势，图 8-5（a）、（b）、（c）分别滴头、行间和膜间裸地，图 8-5（a）滴头 0～60cm 处土壤含盐率比较平缓，行间略比滴头含盐率略高，膜间裸地盐分最大且在 60cm 出现转折。从各图可以看出在 60cm 处成为土壤盐分一个增大的转折点，在土壤深层 60～100cm 范围含盐率随深度增加土壤含盐率逐渐增大，并有逐年增加的趋势，这是由于在耕种前期经过一段时间的大水漫灌，为了将土壤耕作层中存有的大量有害盐分淋洗到耕作层以下降低盐分对作物正常生长产生的影响，又经过 2 年以上的耕种使土壤盐分被淋洗到土壤下层并随水分下移以及吐絮期气温回降较大，土壤深层的水分蒸发强度减慢对水盐向上运移的强度减弱，致使下层大量积盐。随滴灌年限的增加各土层含盐率也相应有所增加，上层土壤含盐率受滴灌水盐分的影响处于一定值范围以便植物的正常生长，而下层土壤含盐率随滴灌年限延长而不断增加并出现累积现象。60～100cm 土层处盐分逐渐增大的趋势，且 60～80cm 土层处积盐最多且 80cm 范围内出现盐粒晶体。滴灌 3a 的棉田土壤平均含盐率比滴灌 2a 的增加了 0.3％，滴灌 5a 比滴灌 4a 增加了 0.49％、滴灌 7a 比滴灌 6a 增加了 0.26％、滴灌 9a 比滴灌 8a 增加了 0.08％、滴灌 11a 比滴灌 10a 增加了 0.43％。说明在灌溉条件相同的情况下连续种植棉田土壤盐分的总盐量在增加。

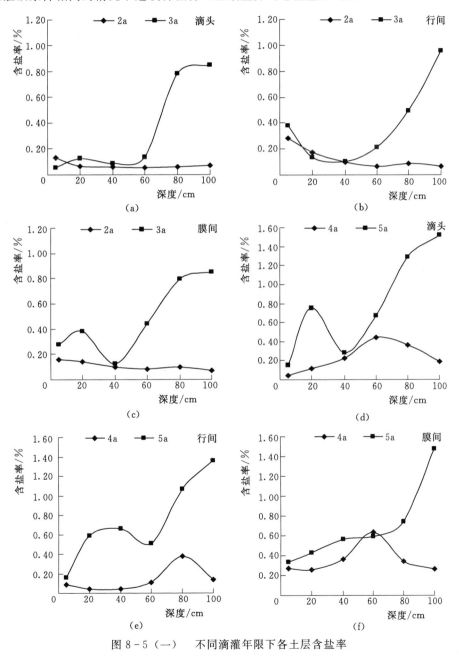

图 8-5（一） 不同滴灌年限下各土层含盐率

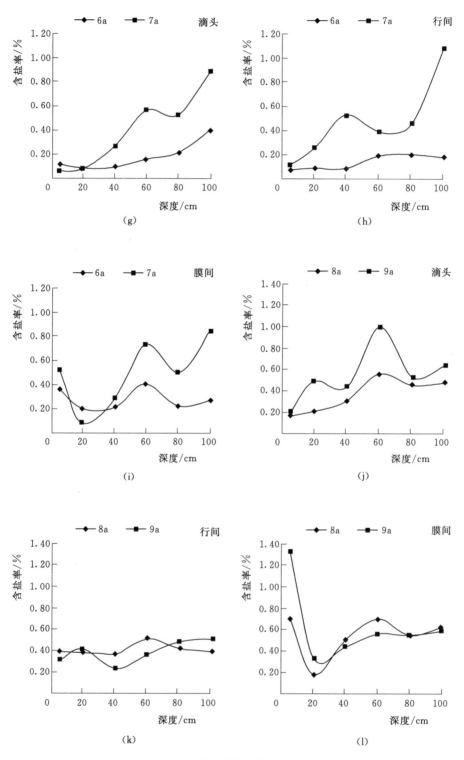

图 8-5（二）　不同滴灌年限下各土层含盐率

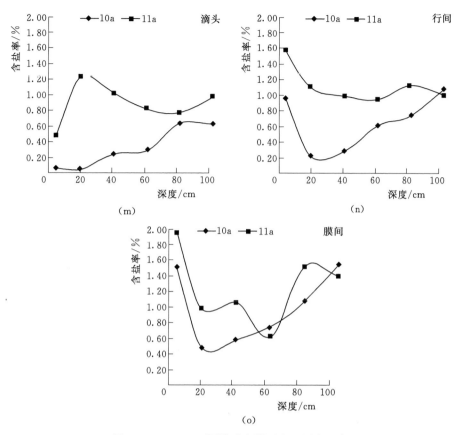

图8-5（三）　不同滴灌年限下各土层含盐率

　　对不同滴灌年限土壤平均含盐率进行综合分析（图8-6），随着种植年限的延长土壤含盐率累积程度总的趋势是增加的，这是由于土壤质地和结构、土壤的初始含水率的分布不均一、灌水量的大小、地下水位变化等都对测试结果有影响，体现出人类的活动对盐分的变化有着重要的影响。从图8-6可以看出随着滴灌年限的增加，棉田中的总盐量的平均值累积也逐年增加且土壤积盐程度有加剧增长的趋势，这与农户管理方式有着重要的关系。由于

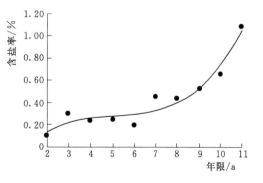

图8-6　不同年限土壤平均含盐率变化

每年均要向棉田施大量的肥料，部分被棉花吸收利用，剩余的盐分便留在土壤内部以及在滴灌时灌溉水中还有部分盐分也随水进入土壤内，也起到了积盐的效果。此现象将对今后棉田的耕种提供预警，为防止土壤次生盐渍化有着重要的指导意义。

　　灌溉水分、地表水和地下水，灌溉水进入农田，水中的盐分也随水进入农田。部分盐分残留于耕作层和周边的土壤中，大部分盐分向深层入渗以至于入渗给地下水位之间的黏性土层。膜下滴灌的土壤盐分在生育期内是增加还是减少，可以作为判断灌水方式的一个

优劣指标，根据物质守恒定律，可将根层盐分均衡方程简化为

$$\Delta S = S_2 - S_1 \tag{8-3}$$

式中：ΔS 为灌溉前后土壤盐分的变化率；S_2 为灌溉后土壤含盐率；S_1 为灌溉前土壤含盐率。$\Delta S > 0$ 说明土壤积盐；$\Delta S < 0$ 说明土壤脱盐；$\Delta S = 0$ 说明盐分平衡。

由表 8-1 可知膜下滴灌土壤 0～60cm 范围土壤总含盐率呈脱盐状态，0～100cm 范围土壤总含盐率呈积盐状态。说明膜下滴灌可以使膜下的上层土壤脱盐下层土壤积盐，但是棉花在整个生育期是小定额灌水，次数频繁，因此灌溉水几乎不能入渗至更深层导致盐分被淋洗至土壤深层或进入浅层地下水中，灌溉间歇期，在潜水的蒸发作用下盐分再次输入土壤和地表。

表 8-1　　　　　　　　　不同滴灌年限下棉田土壤含盐率变化

深度/cm	年限/a	S_1/%	S_2/%	ΔS/%
0～60	2	0.21	0.62	0.41
	4	0.24	0.14	−0.10
	6	0.40	0.33	−0.07
	8	0.47	0.41	−0.06
	10	1.18	1.17	−0.01
0～100	2	0.42	0.68	0.26
	4	0.52	0.90	0.38
	6	0.78	1.20	0.42
	8	1.02	1.57	0.55
	10	1.79	2.36	0.57

第五节　非生育期不同年限滴灌棉田水分变化规律

每年 11 月至翌年 4 月初为试验区的冻融期，基于 2012—2013 年和 2013—2014 年冻融期不同种植年限滴灌棉田的实测资料，讨论了不同种植年限滴灌棉田在非生育期的水盐运移变化特征。

一、土壤水分时间变异性分析

利用经典统计方法，在试验区冻融期不同种植年限滴灌棉田各土层（0～140cm）的土壤含水率的监测数据基础上，对冻融过程中各时期不同种植年限滴灌棉田各土层的含水率的平均值、标准差进行计算，求出其变异系数，分析在此过程中时间变异特征。通常对土壤的变异性研究，以变异系数（Cv）来评估，当 $Cv \leqslant 0.1$ 时，称弱变异性，$0.1 \leqslant Cv \leqslant 1$ 为中等变异性，则各个不同种植年限的土壤含水率的变异系数均小于 0.5，属于中等变异性。

随着土层深度的增加，变异性呈现一定的规律性（图 8-7）。在 20～80cm 土层内，

空间变异系数较大，在 0.3～0.47 之间，大于下部土层的变异系数，且一些年份达到最大值，例如，种植年限的为 14a 的达到最大值 0.47，种植年限为 7a 的达到 0.45，表明在此深度范围内土壤水分变化剧烈，为冻融期土壤水分运动的活跃区域。在 80～150cm 土层范围内，变异系数基本都较小（除种植年限为 5a 外），在 0.26～0.8 之间，变异系数明显小于上部土层，表明在此范围内土壤水分的运动变化程度减弱，为冻融期土壤水分运动的非活跃区域。

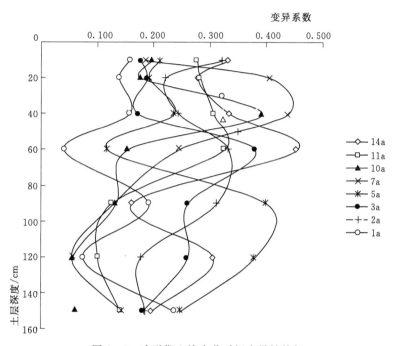

图 8-7　冻融期土壤水分时间变异性特征

通过变异系数的主要分布范围，按照变异系数的大小所在的主要区间，将土层划分为两个区域，20～80cm 土层是冻融影响的关键区域，将此土层厚度确定为冻融关键层。80～150cm 土层为冻融期土壤水分运动的非活跃区域，认为是由于上部冻融的影响造成的，属于非关键区域。不同种植年限的滴灌棉田地块土壤含水率的时间变异性，无明显区别。

二、土壤水分变化特征分析

现主要以种植年限为 5a 的滴灌棉田重点论述冻融期水分变化特征。以 10 月 25 日土壤含水率为初始值（图 8-8），到 11 月 22 日，土壤冻结，表层含水率增加幅度较大，从 12.12％增至 25.47％，是由于期间一部分白天积雪融化，夜间冻结，不断增加了土壤含水率，同时由于冻结带的形成，土水势降低，冻结带和其下的未冻带产生势差，未冻带的水分不断向冻结带迁移，造成了表层水分的增大。由于未冻带的水分迁移到表层，其土水势不断增加，相对未冻带以下的土层水势增加，同样产生势差，则未冻带水分又向下迁移，在 65cm 附近含水率增大，同时也收到来自地表的温度的影响，其势能与 100～120cm 土层势能产生势能差，100～120cm 水分减少，向着 60～70cm 低势能区迁移。这

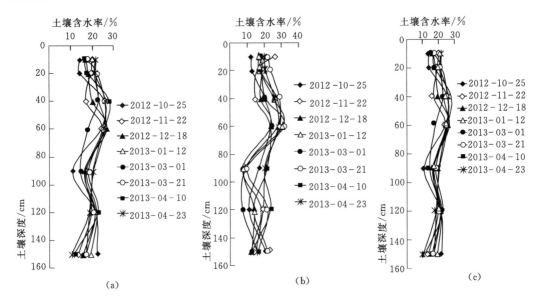

图 8-8　不同种植年限滴灌棉田土壤含水率变化曲线

(a) 种植年限 11a；(b) 种植年限 5a；(c) 种植年限 1a

样就形成了 60～80cm 土层含水率增大，而 120cm 附近含水率减少。到 12 月 18 日，随着气温的继续降低，冻结带不断下移，表层含水率相比 11 月 22 日减少 8%，是由于温度积雪降低，继续产生势差，下层水分向上迁移，在 60cm 附近形成水分极大值（23.6%）其下土层（90cm）土壤含水率达到 6.74% 的极小值。到 1 月 12 日，气温进一步降低，冻结带继续下移，由于 60cm 附近含水率较大，冻结时间延长，故进一步吸引下层土层水分上移，使得 120cm 附近含水率也减少了 4.2%，补充上次水分。到 3 月 1 日，温度继续降低，由于 60cm 附近含水率很大，冻结带依然停留在 60cm，其下层含水率进一步减少，120cm 附近减少至 6.59%，0～40cm 土层含水率减少，这是由于冻结带中仍有部分未冻水向着地表迁移，因为地表水势更低。到了 3 月 21 日，地表积雪已融化 7 天左右，地表（5cm）基本干燥，冻结层开始融化，0～40cm 土层含水率增加，是由于积雪融化以及冻结水分的融化。积雪融化下渗补给为主。但在 70cm 附近温度较低，依然有冻融的影响，故 120cm 附近含水率增加。到 4 月 10 日，土层基本融通。表层水分蒸发，其含水率减小，在 90cm 附近含水率增加，这是由于其上层土壤融化后下渗形成的。

通过种植年限为 5a 的滴灌棉田冻融期的水分迁移分析结果，分析种植年限为 1a 和 11a 的滴灌棉田地块，可以看出不同种植年限滴灌棉田之间含水率变化特征并无明显变化规律，而与初始含水率关系密切。

第六节　非生育期不同年限滴灌棉田盐分累积规律

一、冻融期各年份棉田土壤盐分累积特征

本节试验布置详见第二章第三节第四部分。通过不同种植年限的膜下滴灌棉田的水盐

监测数据，来分析水盐变化规律。在分析数据时，将同一块棉田、不同取样时间的数据作为一组数据，相关的统计结果见表8-2。

表8-2　　　　　　　　　　　　各年份棉田土壤盐分统计表

地块年份	样本数/个	均值/%	标准差/%	极小值/%	极大值/%	变异系数
1998	40	0.3917	0.2460	0.0875	1.1506	0.6280
2001	40	0.4586	0.4772	0.0909	1.8881	1.0406
2003	40	0.4675	0.4498	0.0899	1.9700	0.9621
2005	40	0.3020	0.3366	0.0791	1.9300	1.1146
2007	40	0.1456	0.0735	0.0900	0.4804	0.5048
2012	40	1.5146	0.5351	0.6700	2.6400	0.3533

从表8-2可以看出，除了2005年和2007年两个地块以外，随着膜下滴灌种植技术应用时间的增长，对应的地块土壤盐分含量均值呈现出逐渐降低的趋势，这主要是由于膜下滴灌技术应用后，盐分被淋洗至土壤深层，薄膜的保温保湿作用一定程度上抑制了土壤返盐，并且棉花播种时间越长其所吸收带走的盐分含量就越多。1998年地块土壤盐分含量较低为0.3917%，2012年地块土壤盐分含量最高为1.5146%，后者为前者的3.87倍。1998年、2003年、2007年、2012年4块棉田土壤盐分变异系数在0.1～1，属于中等变异性。2001年和2005年地块棉田土壤盐分变异系数大于1，为强变异性。

从图8-9中可看出，不同监测时间的土壤盐分含量不同，1998年地块土壤盐分分布在区间［0.088%，1.151%］内，盐分主要集中在120cm土层；2001年、2003年、2005年地块各深度土层盐分变化趋势相似，都是先变化极小，然后逐渐增至最大而又迅速减小。不同的是，2001年地块盐分最大值在100cm土层，2003年地块盐分最大值在90cm土层，2005年地块盐分最大值在80cm土层；2007年地块盐分最大值在20cm土层，40～140cm土层盐分变化不大，在区间［0.1%，0.2%］内；2012年地块盐分主要分布在40cm和140cm土层。

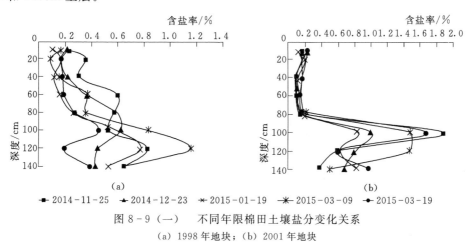

图8-9（一）　不同年限棉田土壤盐分变化关系

(a) 1998年地块；(b) 2001年地块

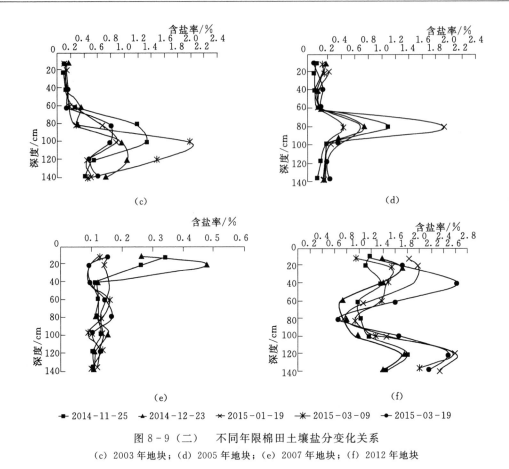

图 8-9（二）　不同年限棉田土壤盐分变化关系

(c) 2003 年地块；(d) 2005 年地块；(e) 2007 年地块；(f) 2012 年地块

从图 8-10 中可以看出，2014 年 11 月 13 日各年份棉田中，随着种植年限的延长，浅层 0～60cm 含盐率呈现出先快速减小然后增大最后慢慢减小的趋势。种植年限间隔时间短的棉田，各土层含盐率变化不大。然而种植年限在 7 年以上的棉田，各土层含盐率差异比较大，0～40cm 层含盐率基本保持在小于 3g/kg 的水平，属于非盐化土，而 60～100cm 层含盐率处在区间 [5，15] g/kg 内，属于中度及重度盐化土。2014 年 11 月 25 日，随着种植年限的增长，各层土壤含盐率呈现出先减小后增大的趋势。种植年限在 9 年以上的棉田，土壤盐分主要集中在 80～120cm 土层。随着气温逐渐降低，各土层盐分又发生新的变化，到 2014 年 12 月 23 日，气温降至 -10℃ 以下。随种植年限增长各层土壤盐分呈现出先增大后减小再增大最后减小的波浪变化趋势，各层盐分最小值出现在 2007 年棉田中；从 2015 年 1 月 19 日、2015 年 3 月 9 日、2015 年 3 月 19 日的取样分析可以看出，各层土壤含盐率变化趋势基本一致，都是随着种植年限的增长各层土壤含盐率呈现出先减小后增大再减小的趋势，并且 60～100cm 层的盐分含量变化比较大，尤其是 60cm 和 100cm 层，这是由于冻融期冻融深度最大为 80cm 层，冻融循环对 60～100cm 层的土壤盐分影响最大。

从图 8-11 可以看出，随着种植年限的增长，冻融期土壤盐分含量平均值在 2007 年地块中达到最小值 1.23g/kg，之后含盐率逐渐增加至稳定值 4g/kg。

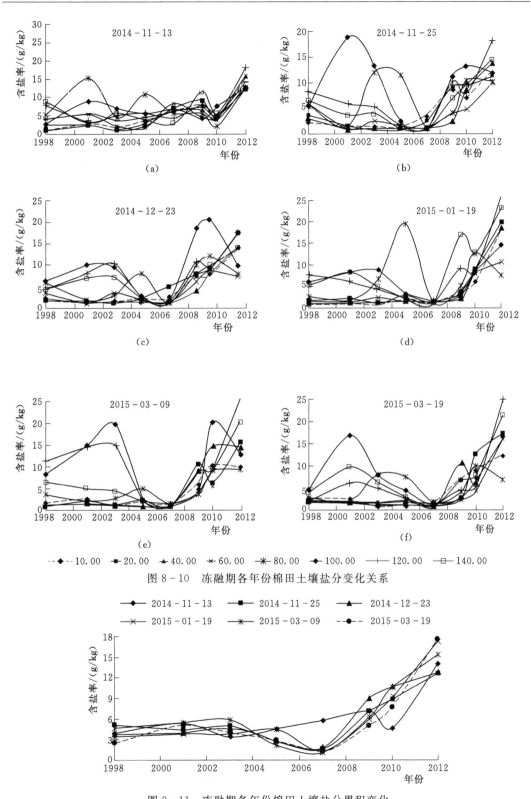

图 8-10　冻融期各年份棉田土壤盐分变化关系

图 8-11　冻融期各年份棉田土壤盐分累积变化

图 8-12 为各年份棉田盐分变化趋势图，将各年份棉田整个冬季的取样数据点绘而成。从图 8-12 可以看出，拟合程度较高，可以用该曲线来预测试验地冻融期内土壤盐分的变化趋势，拟合公式为

$$y = 0.02x^3 - 120.15x^2 + 240641x - 2 \times 10^8 \quad (R^2 = 0.9724)$$

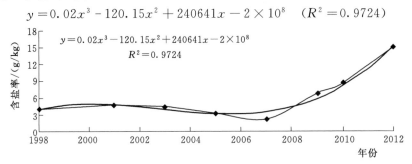

图 8-12　冻融期各年份棉田盐分变化趋势

二、土壤盐分时间变异性分析

通过计算冻融期各时段不同种植年限膜下滴灌棉田盐分的标准差和均值，进而求出变异系数，即冻融期土层盐分的时间变异性，分析冻融期不同种植年限的膜下滴灌棉田的盐分时间变异性特征。

对土壤盐分的变异性研究，各个不同种植年限的土壤含盐率的变异系数相差较大，但整体的变异系数在 0.13~0.58 之间，属于中等变异性；个别的土层达到 1.12，属于强变异性。从图 8-13 可以发现，0~60cm 土层的变异系数基本比其以下土层大 0.1 左右，

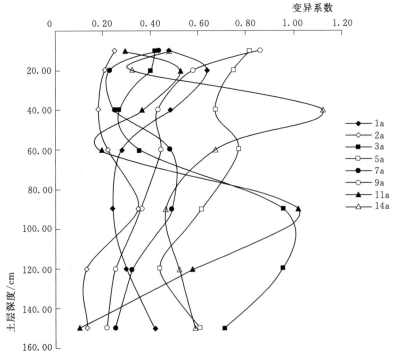

图 8-13　冻融期土壤盐分时间变异性特征

60～150cm 土层变异系数相对较为集中，在 0.13～0.49 范围内，且各土层变异系数变化不大（除 3a，5a）。表明 0～60cm 土层盐分迁移变化幅度较大，而 60～150cm 土层盐分变化幅度相对减弱。不同种植年限的滴灌棉田盐分的时间变异性总体上无明显规律。

三、土壤含盐率变化特征分析

试验从 2012 年 10 月 25 日开始到 2013 年 4 月结束（期间每月进行一次土壤盐分变化监测）。选取 2012 年 10 月 20 日为土层的初始含盐率，2013 年 4 月 10 日为冻融期结束时的含盐率。通过计算土层厚度范围内的含盐总量的变化率和变化量，研究分析冻融期不同种植年限膜下滴灌棉田的盐分变化规律。

土壤受冻融作用的影响，水分逐渐向地表移动，盐溶于水，水分也向着地表迁移，故土层的含盐率有所增加。从图 8 - 14 (a) 中可以看出，0～150cm 土层含盐率都有所提高，平均含盐率增加了 74.89%。0～40cm 土层盐分平均增长率在 98.52%，低于整个土层的平均增长率，但还是呈现出土壤表层积盐，同时有的年份出现爆发式增长，比如种植年限为 5a 的，其含盐率相比冻融前，增长了 627.60%，由于积雪消融的影响，有的年份则出现负的增长。40～90cm 土层盐分含量的增长率均高于整体平均增长率，也有一些年份出现爆发式增长。90～150cm 土层的含盐率的平均增长率是最低的，为 43.35%。不同种植年限棉田的含盐率的增长率随着年限的增加，有上升的趋势。

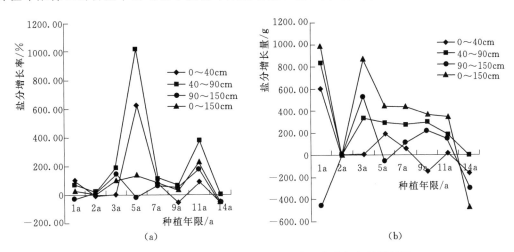

图 8 - 14　不同种植年限滴灌棉田土壤盐分增长率及增长量

(a) 增长率；(b) 增长量

从土壤含盐率的增长率来说，随着种植年限的增加，有上升的趋势，但只是表示其增加的幅度。从图 8 - 14 (b) 可以发现，除种植年限为 2a 的地块，0～150cm 土层的盐分增加量，随着种植年限的增加盐分增加量逐渐减少。种植年限为 1a 的棉田，盐分整体增加了 9887.21g，到种植年限为 11a 时，仅增加了 3543.5g。种植年限为 14a 的呈现负增长，盐分有所减少，这与土壤质地有关，有待进一步研究。0～40cm 的含盐率的增加值波动性较强，在种植年限 1a、5a、7a 增加幅度较大外，其余年份增加量较少，或者出现负增长，这是由于积雪消融的影响，降低了表层盐分的积聚。40～90cm 土层的含盐率则增加幅度较大，平均增幅在 2796.36g。90～150cm 土层盐分平均增长量则是最小的，仅为 255.93g。

通过以上关于 0～150cm 含盐率的增长率和增长量的分析，发现受冻融作用的影响，随着种植年的增加，土层含盐率的增长量逐渐变小，这与土层内的初始含盐率有关。但盐分增长率却是随着年限的增加，有增大的趋势。0～40cm 土层含盐率受到外界干扰较大，且有积雪消融的影响，其含盐率的增加量并不是很大（除种植年限为 1a 外）。40～90cm 土层含盐率均有较大增长量，是盐分的主增长区。90～150cm 土层含盐率则认为受到 40～90cm 土层的胁迫，增长量也有相对降低。

第七节　不同年限滴灌棉田土壤盐渍化评价

在西北干旱地区随着农业的迅速发展，土壤的盐渍化越加受到关注，盐渍化离子的确认及离子分布特征的定量评价开始受到关注，8 大离子在土壤中分布的特点及其相互间关系的定量化研究成为研究的重点[16]。主成分分析方法的突出特点是可以揭示土壤盐渍化离子数据的结构和内在联系，描述土壤盐渍化离子分布的主要特征[17,18]。以新疆膜下滴灌 10 种不同年限的棉田为研究对象，采用 SPSS 软件对影响土壤 0～30cm 盐碱性的 8 大离子进行了主成分分析，以期为滴灌土壤盐渍化的定量化评价研究提供依据。

一、主成分分析法原理及基本思想

（一）主成分分析法原理

记原来的变量指标为 X_1，X_2，$\cdots$，X_p，它们的综合指标——新变量指标为 Z_1，Z_2，$\cdots$，$Z_m(m \leqslant p)$，则

$$\begin{cases} Z_1 = L_{11}X_1 + L_{12}X_2 + \cdots + L_{1p}X_p \\ Z_2 = L_{21}X_2 + L_{22}X_2 + \cdots + L_{2p}X_p \\ \qquad\qquad\qquad \vdots \\ Z_M = L_{m1}X_1 + L_{m2}X_2 + \cdots + L_{mp}X_p \end{cases}$$

Z_1，Z_2，$\cdots$，Z_m 分别称为原变量指标 X_1，X_2，$\cdots$，X_p 的第一，第二，$\cdots$，第 m 主成分，在实际问题的分析中，常挑选前几个最大的主成分。

（二）基本原则

(1) Z_i 和 $Z_j(i = j；j = 1，2，\cdots，m)$ 相互无关。

(2) Z_1 是 X_1，X_2，$\cdots$，X_p 的一切线性组合中方差最大者，Z_2 是与 Z_1 不相关的 X_1，X_2，$\cdots$，X_p 的所有线性组合中方差最大者；$\cdots$；Z_m 是与 Z_1，Z_2，$\cdots$，Z_{m-1} 都不相关的 X_1，X_2，$\cdots$，X_p 的所有线性组合中方差最大者。

（三）系数 l_{ij} 的确定原则

(1) Z_i 和 $Z_j(i = j；i，j = 1，2，\cdots，m)$ 相互无关。

(2) Z_1 是 X_1，X_2，$\cdots$，X_p 的一切线性组合中方差最大者，Z_2 是与 Z_1 不相关的 X_1，X_2，$\cdots$，X_p 的所有线性组合中方差最大者；$\cdots$；Z_m 是与 Z_1，Z_2，$\cdots$，Z_{m-1} 都不相

关的 X_1，X_2，…，X_p 的所有线性组合中方差最大者。

（四）主成分分析的数学特征

找主成分就是确定原来变量 $X_j(j=1,2,…,p)$ 在诸主成分 $Z_i(i=1,2,…,m)$ 上的载荷 $L_{ij}(i=1,2,…,m；j=1,2,…,p)$。它们分别是 X_1，X_2，…，X_p 的相关矩阵 m 个较大的特征值所对应的特征向量。

二、主成分分析计算步骤

通过上述主成分分析基本原理的介绍，可以把主成分分析计算步骤归纳如下。

（一）计算相关系数矩阵

$$R = \begin{bmatrix} r_{11} & r_{12} & \cdots & r_{1p} \\ r_{21} & r_{22} & \cdots & r_{2p} \\ \vdots & \vdots & \vdots & \vdots \\ r_{p1} & r_{p2} & \cdots & r_{pp} \end{bmatrix}$$

其中

$$r_{ij} = \frac{\sum_{k=1}^{n}(X_{ji}-\overline{X}_i)(X_{ij}-\overline{X}_j)}{\sqrt{\sum_{k=1}^{n}(X_{ji}-\overline{X}_i)^2 \sum_{k=1}^{n}(X_{ij}-\overline{X}_j)^2}}$$

（二）计算特征值与特征向量

首先解特征方程 $|\lambda_i - R| = 0$ 求出特征值 $\lambda_i(i=1,2,…,p)$，并使其按大小顺序排列，即 $\lambda_1 \geqslant \lambda_2 \geqslant \cdots \geqslant \lambda_p \geqslant 0$；然后分别求出对应于特征值 λ_i 的特征向量 $e_i(i=1,2,…,p)$。

（三）计算主成分贡献率及累计贡献率

主成分 Z_i 贡献率 $r_i \Big/ \sum_{k=1}^{p}\gamma_k (i=1,2,…,p)$，累计贡献率 $\sum_{k=1}^{m}\gamma_k \Big/ \sum_{k=1}^{m}\gamma_k$。

一般取累计贡献率达 85%～95% 的特征值 λ_1，λ_2，…，λ_m 所对应的第一，第二，…，第 $m(m \leqslant p)$ 个主成分。

（四）计算主成分载荷

$$l_{ij} = p(Z_i, X_j) = \sqrt{\lambda_i e_{ij}} (i, j=1,2,…,p)$$

计算各主成分的得分

$$Z = \begin{bmatrix} Z_{11} & Z_{12} & \cdots & Z_{1m} \\ Z_{21} & Z_{22} & \cdots & Z_{2m} \\ \vdots & \vdots & \vdots & \vdots \\ Z_{n1} & Z_{n2} & \cdots & Z_{nm} \end{bmatrix}$$

三、具体实例分析

以石河子 121 团炮台实验站实验地不同年限棉田膜下滴灌播前 0～30cm 土层的八大

离子的化验结果为研究对象，对当地土壤盐渍化进行了评价，见表 8-3。

表 8-3　　　　不同年份棉田膜下滴灌土壤 0～30cm 土层八大离子含量　　　（单位：mg/kg）

年份	CO_3^{2-}	HCO_3^-	Cl^-	SO_4^{2-}	Ca^{2+}	Mg^{2+}	K^++Na^+
1998	0	203.08	1020.38	3219.84	330	207	1504.25
1999	0	276.67	112.38	3531.84	757.5	231	555.59
2000	50.66	479.75	1712.52	1622.4	170	123	1675.4
2001	33.29	771.13	142.71	1410.24	280	24	716.48
2002	137.51	1480.45	67.79	1098.24	207.5	201	609.91
2003	60.8	111.84	3378.66	5254.08	300	105	4249.1
2004	56.45	467.98	142.71	985.92	122.5	61.5	525.86
2005	0	17.66	388.88	1996.8	400	121.5	522.54
2006	62.24	800.56	349.64	2308.8	125	75	1394.9
2007	34.74	573.93	868.75	2408.64	252.5	10.5	1649.53

（一）相关系数矩阵

根据原始数据，利用 SPSS 软件对它进行了标准化分析，首先计算出系数矩阵。

由表 8-4 可以看出，离子 $HCO_3^- - CO_3^{2-}$、$SO_4^{2-} - Cl^-$、$K^++Na^+ - Cl^-$、$K^++Na^+ - SO_4^{2-}$、$Mg^{2+} - Ca^{2+}$ 间具有很强的正相关性，在一定程度上反映了几种土壤盐渍化离子的同源性、差异性以及在农田表层土壤中的组合情况。研究表明，$Ca^{2+} - CO_3^{2-}$、$SO_4^{2-} - HCO_3^-$ 有一定的负相关关系，可以在一定程度上反映出不同年份滴灌方式对土壤盐渍化的影响。

表 8-4　　　　　　　　　相 关 系 数 矩 阵

离子	CO_3^{2-}	HCO_3^-	Cl^-	SO_4^{2-}	Ca^{2+}	Mg^{2+}	K^++Na^+
CO_3^{2-}	1.000						
HCO_3^-	0.816	1.000					
Cl^-	0.025	−0.434	1.000				
SO_4^{2-}	−0.317	−0.576	0.713	1.000			
Ca^{2+}	−0.578	−0.422	−0.111	0.460	1.000		
Mg^{2+}	−0.033	−0.038	−0.053	0.249	0.551	1.000	
K^++Na^+	0.096	−0.328	0.959	0.771	−0.147	−0.133	1.000

（二）主成分识别

从表 8-5 可以看出，第一、第二、第三主成分特征值占总方差的百分比已经大于 85%，即前 3 个主成分已经对 8 个监测指标所涵盖的大部分盐渍化信息进行了概括，其中第一主成分携带的信息最多，达到 39%，第一、第二、第三主成分的累计贡献率达到 92.919%。为了以尽可能少的指标反映尽量多的信息，选取这 3 个因子作为主成分，代表主要的土壤盐渍化指标。

表 8－5 总 方 差 分 解 表

成分	初始特征值及贡献率			旋转后特征值及贡献率		
	特征值	贡献率/%	累计贡献率/%	特征值	贡献率/%	累计贡献率/%
1	3.149	44.983	44.983	2.732	39.035	39.035
2	2.163	30.903	75.886	2.167	30.961	69.996
3	1.192	17.033	92.919	1.605	22.923	92.919

(三) 主要盐渍化化离子的识别分析

主要盐渍化离子识别是通过土壤盐渍化对主成分的贡献率即主成分载荷进行分析，载荷大的即可认为是重要因子[19]。列出各变量对应于 3 个主成分的荷载值，荷载值反映的是主成分与变量的相关系数，可以据此写出主成分载荷表达式，主成分荷载矩阵见表8－6。

表 8－6 主 成 分 荷 载 矩 阵

离子	主成分		
	1	2	3
CO_3^{2-}	−0.528	0.653	0.509
HCO_3^-	−0.808	0.299	0.414
Cl^-	0.763	0.602	0.076
SO_4^{2-}	0.928	0.081	0.228
Ca^{2+}	0.456	−0.771	0.262
Mg^{2+}	0.183	−0.481	0.792
$K^+ + Na^+$	0.730	0.672	0.093

由于各因子中原始变量的系数差别不明显，需利用方差最大旋转对因子荷载矩阵进行旋转，将因子中各变量的系数向最大和最小转化，使每个因子上具有最高载荷的变量数最少，以使得对因子的识别变得容易[20]。表 8－7 旋转后的主成分载荷矩阵显示，由于不同主成分对应的各变量的系数项最大和最小转化，使每个主成分上具有最高载荷的变量数最少，旋转后的载荷系数矩阵中各变量对两个主成分的荷载系数差别比较明显。可以看出，第一主成分以 Cl^-、SO_4^{2-}、$K^+ + Na^+$ 贡献最大，第二主成分中 CO_3^{2-}、HCO_3^- 的贡献较大，第三主成分以 Ca^{2+}、Mg^{2+} 的贡献最大。表中主成分载荷的正负可以反映出盐渍化的复合性，在主成分载荷中表现为互斥因子，如在土壤中 CO_3^{2-} 含量较高，则 Ca^{2+} 含量较低，因此这 8 大离子可以分为 3 类，即：第一类为中性离子，第二类为碱性离子，第三类为盐离子。由于第二、第三主成分累计贡献率之和 53.88% 大于第一主成分贡献率 39.035%，再加上第一主成分中也有部分强碱性盐离子。通过主成分分析，农田土壤盐渍化的组成结构和贡献率被确认出来。可以看出，盐碱离子对当地农田土壤表层的影响高于中性离子，是当地农田土壤盐渍化的主要影响因子。

表 8−7　　　　　　　　　　　　　　　　　旋转后主成分载荷矩

离子	主成分		
	1	2	3
CO_3^{2-}	0.070	0.976	−0.084
HCO_3^-	−0.377	0.877	−0.031
Cl^-	0.969	−0.048	−0.091
SO_4^{2-}	0.815	−0.356	0.359
Ca^{2+}	−0.057	−0.558	0.747
Mg^{2+}	−0.001	0.073	0.941
$K^+ + Na^+$	0.989	0.022	−0.124

（四）土壤盐演化分级结果

由于主成分得分可以反映测量的情况，并根据主成分得分情况进行排序，得分较低观测值含有较少的信息，得分最多的观测值包含最多的信息，可以对不同年限棉田膜下滴灌盐渍化程度进行排序。首先利用 SPSS 软件得出相应的得分系数（表 8−8），主成分得分表达式为

Pac − 1 ＝ $0.127CO_3^{2-} − 0.056HCO_3^- + 0.367Cl^- + 0.287SO_4^{2-} − 0.06Ca^{2+} + 0.033Mg^{2+} + 0.381(K^+ + Na^+)$

Pac − 2 ＝ $0.518CO_3^{2-} + 0.428HCO_3^- + 0.058Cl^- − 0.038SO_4^{2-} − 0.163Ca^{2+} + 0.221Mg^2 + 0.091(K^+ + Na^+)$

Pac − 3 ＝ $0.132CO_3^{2-} + 0.138HCO_3^- − 0.046Cl^- + 0.202SO_4^{2-} + 0.408Ca^{2+} + 0.665Mg^{2+} − 0.055(K^+ + Na^+)$

从盐渍化程度排名可以看出（表 8−9），2002 年种植滴灌的地块 0～30cm 深度土壤综合得分最高，其次为 2003 年、1999 年、1998 年、2000 年地块等。从以上分析得出 0～30cm 土层深度内，2002 年地块盐渍化危害程度最高，盐碱积累最多，其次为 2003 年、1999 年、1998 年地块，危害程度最小的地块是 2005 年，其次为 2001 年和 2004 年。

表 8−8　　　　　　　　　　　　　　　　　主 成 分 得 分 系 数

离子	主成分		
	1	2	3
CO_3^{2-}	0.127	0.518	0.132
HCO_3^-	−0.055	0.428	0.138
Cl^-	0.367	0.058	−0.046
SO_4^{2-}	0.287	−0.038	0.202
Ca^{2+}	−0.06	−0.163	0.408
Mg^{2+}	0.033	0.221	0.666
$K^+ + Na^+$	0.381	0.091	−0.055

表 8 - 9　　　　　　　　　　　　各年份地块盐渍化综合评价

年份	主成分 1 得分	主成分 2 得分	主成分 3 得分	综合得分	盐渍化程度排名
1998	0.243 93	−0.626	0.739 04	0.356 97	4
1999	−0.463 77	−0.994 33	2.043 61	0.585 51	3
2000	0.330 85	0.277 9	−0.374 78	0.233 97	5
2001	−0.759 01	−0.187 09	−0.870 16	−1.816 26	9
2002	−0.562 79	2.388 17	1.024 32	2.849 7	1
2003	2.605 31	0.066 35	0.030 61	2.702 27	2
2004	−0.739 44	0.041 1	−0.971 32	−1.669 66	8
2005	−0.611 46	−1.197 89	−0.020 97	−1.830 32	10
2006	−0.1050 4	0.525 73	−0.570 81	−0.150 12	6
2007	0.061 43	−0.293 94	−1.029 54	−1.262 05	7

第八节　本　章　小　结

（1）生育期内，膜下滴灌方式下相同年限棉田在 4 个不同的生育阶段各土层水分在水平方向上运移趋势都是在播前土壤含水量较大，到苗期含水量逐渐减少，头水后含水量逐渐增大，到盛花期含水量达到最大，而后含水量又逐渐减少，到收获期含水量达到最小。在后 3 个生育阶段在垂直方向上 0～70cm 深度内，含水量随着深度的增加而增加。相同年份棉田在不同时期含盐率的变化特征，播前含盐率很大，到苗期含盐率逐渐降低，到盛花期含盐率逐渐升高，到收获期含盐率又逐渐降低。不同年份棉田在相同时期各土层含盐率的变化特征是除了在播前各年限棉田变化没有规律外，在其他 3 个时期都是随着膜下滴灌年限的增加，含盐率在各土层都有明显的增加；这在盛铃期表现得尤为明显；在播前，在垂直方向上其他 3 个阶段在 0～30cm 深度土层含盐率较低，到 30～60cm 深度含盐率变大，然后到 60～100cm 深度内含盐率又降低；30～60cm 深度是棉田盐分最大聚集区。不同滴灌年限不同土层含盐率均有增加，随滴灌年限的延长在一定深度范围内总含盐率逐年增加。不同耕种时间的土壤平均含盐率由表层向底层转型，并受人为因素影响和自然因素影响较大，土壤各层平均含盐率之间的关系随滴灌年限的延长呈现一定的相关性。

（2）非生育期内，由于受到冻融作用的影响，表层土水势降低，水分向表层集聚，同时在一些初始含水率较高的区域，由于土水势较低，也会在此区域形成水分的集聚现象。形成了含水率"大-小-大"的在分布格局。采用同样的方法对各个种植年限滴灌棉田冻融期的水分迁移进行分析，发现不同种植年限滴灌棉田之间含水率变化特征并无明显变化规律，而与初始含水率则关系密切。通过对不同种植年限的膜下滴灌棉田进行含水率的时间变异性分析可知，整个冻融期含水率的时间变异性属于中等偏弱，且 0～80cm 土层比 80～150cm 土层含水率变化幅度大，变异性增强。通过分析土层含水率时间变异性的强弱，划分 0～80cm 为冻融关键区，80～150cm 为冻融胁从区。不同种植年限的滴灌棉田地块土壤含水率的时间变异性，无明显区别。各年份棉田土壤盐分含量基本呈现出随种植年限的增长而减小的趋势，各土壤盐分含量表现为中等变异性和强变异性。通过实验分析得出，在土壤冻融期间，实验区土壤会在铅垂剖面上形成比较稳定的盐分聚集区，即在整个冻融过程中，随着膜下滴灌技术应用年限的延长，土壤盐分聚集区有从表层向深层迁移的特征。整体变化趋势是，随着种植年限的增长，各年份棉田中含盐率先减小后增大最后保持基本稳定。土层平均含盐率均有所增加，且表层含盐率增加较大。通过对冻融期不同种植年限膜下滴灌棉田土壤盐分迁移的时间变异性进行分析可知，各个不同种植年限的土壤含盐率的变异性属于中等变异性；个别的土层属于强变异性。0～60cm含盐率的变异性波动较大，60～150cm变异性相对稳定。个别土层出现变异系数极大值，是与水分在此土层集聚有关。不同种植年限的滴灌棉田盐分的时间变异性无明显规律。通过对冻融期不同种植年限膜下滴灌棉田土壤剖面盐分迁移特征进行分析可知，表层盐分在冻结期均有所增加，在消融期，由于积雪的消融以及冻结层的融化，造成了盐分向下淋洗，盐分有所减少。冻融期不同种植年限的地块含盐率的变化幅度不同，表明在冻融期随着膜下滴灌棉田种植年限的增加，土壤盐分迁移的变化程度有所减弱。

（3）目前对滴灌棉田的研究发现，土壤深层盐分也随滴灌年限延长在增加，以至于在60～80cm产生了大量的盐分，这对今后土壤次生盐渍化的产生造成很大的隐患。因此，总结新疆几十年的滴灌成果，提出一些初步建议供参考：①进行作物的轮作、倒茬，因为不同作物生理的差异，对水盐运移、盐分积累影响程度不同，就此形成不同栽培、耕作管理模式进行多方面抑盐；②制定合理的灌溉制度；③每隔5～6a进行一次大水漫灌，表层盐分可随水排除，深层盐分压入深处或地下水位以下随水排除，可在一定深度内可降低对植物影响。

（4）以石河子121团农田土壤表层盐渍化分析为例，利用主成分分析方法可以有效地揭示土壤表层盐渍化的程度和土壤盐溃化8大离子的内在差异性及相关性，并很好地识别出土壤盐渍化的主要成分，说明主成分分析方法的可靠性。从实验结果可以得出：膜下滴灌不同年份棉田土壤0～30cm土层盐碱性离子累计贡献率大于中性离子，从而说明盐碱性离子对土壤的影响大于中性离子，是当地棉田盐渍化的主要影响因素，同时根据第一、第二、第三主成分的贡献率可知，第一主成分是当地盐演化影响的最大因素，盐分类型以氯化物-硫酸盐为主。以各年限盐渍化分析表可以看出，2002年地块盐溃化程度最大，最小为2005年地块，而且基本呈现出膜下滴灌种植年限越长盐渍化程度越高的相关趋势，为进一步对土壤盐渍化程度的研究提供了可靠的保证。

参考文献

［1］ 李玉义，张凤华，潘旭东，等. 新疆玛纳斯河流域不同地貌类型土壤盐分累积变化［J］. 农业工程学报，2007（02）：60-64.

［2］ 李玉义，柳红东，张凤华，等. 新疆玛纳斯河流域灌溉技术对土壤盐渍化的影响［J］. 中国农业大学学报，2007（01）：22-26.

［3］ 陈小兵，杨劲松，杨朝晖，等. 基于水盐平衡的绿洲灌区次生盐碱化防治研究［J］. 水土保持学报，2007（03）：32-37+51.

［4］ 王一民，虎胆·吐马尔白，等.盐碱地膜下滴灌水盐运移规律试验研究［J］.中国农村水利水电，2010（10）：13－17.

［5］ 张豫，王立洪，胡顺军，等.微咸水膜下滴灌条件下绿洲棉田土壤盐分的时空变化规律试验研究［J］.节水灌溉，2010（01）：23－25.

［6］ 郑耀凯，柴付军.大田棉花膜下滴灌灌溉制度对土壤水盐变化的影响研究［J］.节水灌溉，2009（07）：4－7.

［7］ 王俊，张书兵，肖俊.干旱内陆河灌区葡萄滴灌条件下水盐规律试验研究［J］.中国农村水利水电，2009（01）：39－42.

［8］ 叶含春，刘太宁，王立洪.棉花滴灌田间盐分变化规律的初步研究［J］.节水灌溉，2003（04）：4－6＋46.

［9］ 刘新永，田长彦.棉花膜下滴灌盐分动态及平衡研究［J］.水土保持学报，2005（06）：84－87.

［10］ 王晓静，徐新文，雷加强，等.咸水滴灌下林带的盐结皮时空分布规律［J］.干旱区研究，2006（03）：399－404.

［11］ 张伟，吕新，李鲁华，等.新疆棉田膜下滴灌盐分运移规律［J］.农业工程学报，2008（08）：15－19.

［12］ 刘建国，张伟，李彦斌，等.新疆绿洲棉花长期连作对土壤理化性状与土壤酶活性的影响［J］.中国农业科学，2009（02）：725－733.

［13］ 陈小兵，杨劲松，刘春卿.新疆阿拉尔灌区土壤次生盐碱化防治及其相关问题研究［J］.干旱区资源与环境，2007（06）：168－172.

［14］ 雷志栋，杨诗秀，谢森传.土壤水动力学［M］.北京：清华大学出版社，1988.

［15］ 邵明安，王全九，黄明斌.土壤物理学［M］.北京：高等教育出版社，2006.

［16］ 阎慈琳.关于用主成分分析做综合评价的若干问题［J］.数理统计与管理，1998（02）：23－26.

［17］ 高吉喜，段飞舟，香宝.主成分分析在农田土壤环境评价中的应用［J］.地理研究，2006（05）：836－842.

［18］ 孙文爽，陈兰祥.多元统计分析［M］.北京：高等教育出版社，1994.

［19］ 刘德林，刘贤赵.主成分分析在河流水质综合评价中的应用［J］.水土保持研究，2006（03）：124－125＋128.

［20］ 姚焕玫，黄仁涛，刘洋，等.主成分分析法在太湖水质富营养化评价中的应用［J］.桂林工学院学报，2005（02）：248－251.

第九章 滴灌棉田不同盐度土壤 盐分变化规律研究

根据土壤水分运动和溶质迁移原理可知，土壤中盐分含量会影响土壤中溶液的浓度，对土壤的渗透性产生一定的影响，从而导致土壤中盐分随着水分的运动关系发生变化。近年来土壤水盐在滴灌条件下的分布特点和运移机理成为众多学者研究的重点[1-13]，同时有学者研究了不同盐分土壤中盐分分布规律以及对水分淋洗的敏感度。王全九[14]研究认为滴灌条件下在土壤水分的携带下，土壤空间存在着明显的积盐区域和脱盐区域，并得出了滴灌条件下的土壤盐分分布规律及含盐率分布等值线。吕殿青[15]针对新疆盐碱地的特性进行了室内膜下滴灌条件下的土壤盐分运移试验，研究了灌水时期土壤脱盐过程，总结分析了滴头流量、灌水量等对土壤脱盐过程的影响。结果表明：滴灌条件下土壤盐分分布区域可以划为积盐区、未达标脱盐区和达标脱盐区3个区域，土壤盐分分布特点为垂直方向的压盐深度小于水平方向的洗盐距离；土壤初始含水率、含盐率及滴头流量的增加对达标脱盐区的形成不利；随着灌水量的增大土壤盐分的淋洗效果越好。冬灌是在棉花收获之后土壤冻结之前进行的以压盐为目的的大水漫灌。春灌是在棉花种植之前进行的以淋洗盐分为目的的大水漫灌。在较长的非生育期，对于盐碱较重、地下水位相对较高的棉田，适时地进行冬、春灌，对于保证根系层的水盐环境、防治土壤盐碱化、保证作物出苗率及耕地可持续利用具有十分重要的意义。

本章通过南疆库尔勒地区的不同盐度的土壤的监测试验，具体试验方案见第二章第三节第五部分。分析高、中、低3种不同盐度土壤的水分以及盐分在棉花生育期的变化情况，分析膜下滴灌棉田的生育期土壤盐分年纪积累特征。分析了非生育期冬灌和春灌对土壤盐分的影响，并通过双环试验分析研究不同春灌处理下的土壤盐分变化。

第一节 试验区水质及土壤物理性质

试验区位于孔雀河三角洲冲积扇下部，地形低洼，地下水位较高，海拔在885m。经过对典型试验区灌溉水质进行取样分析（表9-1），分析结果表明，试验区灌溉用水水质呈弱碱性，易溶性阴离子较多，主要以 SO_4^{2-}、HCO^{3-} 含量较多，易溶性阳离子以 K^+、Na^+ 为主。土壤基本物理性质见表9-2。

表9-1　　　　　　　　　　　灌溉水质化学成分分析

项目	pH值	矿化度/(g/L)	易溶性阳离子/(g/L)				易溶性阴离子/(g/L)			
			Ca^{2+}	K^+	Na^+	Mg^{2+}	Cl^-	SO_4^{2-}	HCO_3^-	CO_3^{2-}
水样	8.05	0.59	0.049	0.089		0.032	0.085	0.153	0.186	—

表 9-2			土壤的基本物理性质		
棉田	类型	容重/(g/cm³)	粉粒/%	黏粒/%	含盐率/%
低盐度	粉砂壤土	1.32	89.38%	10.62%	0.34～0.56
中盐度	粉砂土	1.36	93.76%	6.24%	0.64～0.89
高盐度	粉砂壤土	1.44	86.45%	13.55%	0.86～1.21

第二节　不同盐度棉田地下水位变化情况

由图 9-1 可知，地下水位下降明显，且电导率上升较大，这是由于棉花在花铃期用水较大，而气温较高，蒸发较为强烈。到了 2012 年 11 月，各棉田进行冬灌，采用地下水灌溉，地下水位下降明显，而电导率值增加不明显。2012 年 11 月至 2013 年 3 月，不进行灌溉，地下水有所回升。2013 年 3—4 月，不同盐度棉田地下水位均略有抬升，原因是春灌采用大水漫灌，用的是渠灌水，灌水量较多，因此短时间地下水位上升明显。2013 年 4—9 月是棉花的生育期，采用井水灌溉，地下水均下降明显。2013 年 11 月和 12 月用机井进行冬灌，一次灌水量较大，地下水位达到全年最低值。2014 年在棉花播种期 4 月中旬至 6 月初，没有进行灌溉，但田间土壤蒸发及植株蒸腾强烈，损耗水量仅靠地下水补给。到了 2014 年 6 月中旬，棉花开始灌水，由于是靠井水灌溉，地下水水位下降明显，到 7 月中旬，由于需水量加大，地下水持续下降较为明显，且电导率值较高。

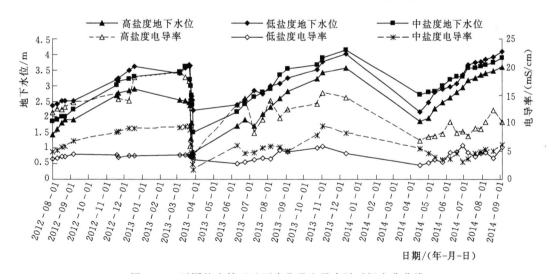

图 9-1　不同盐度棉田地下水位及电导率随时间变化曲线

从不同盐度棉田地下水位和电导率分析，低、中盐度棉田地下水位远远低于高盐度棉田，因此高盐度棉田在耕作层更容易发生积盐返盐现象，影响作物正常生长发育，是高盐度棉田土壤总含盐率较大且棉花产量较低的主要原因之一。整体来看，地下水位与电导率略呈正相关，中盐度棉田地下水位与电导率正相关较为明显。低盐度棉田电导率变化不明显，高盐度棉田电导率波动较大，这是因为低盐度地下水位较高，高盐度棉田地下水位较低，地下水位较高的棉田电导率受灌溉制度影响较大。

第三节　生育期不同盐度土壤水盐变化规律

一、不同盐度滴灌棉田土壤含水率、含盐率随生育期的变化

从 2012 年 6 月至 2014 年 9 月在包头胡农场对高、中、低盐度棉田进行水盐监测，其初始含盐率依次为 0.43%、0.72%、1.10%。本节以 2014 年为例，分析在相同灌溉制度条件下不同盐度滴灌棉田土壤水盐运移特征，评价现有灌溉制度的合理性，为棉花正常生长和可持续种植提供科学依据。

（一）低盐度滴灌棉田土壤含水率、含率随生育期的变化

由低盐度棉田土壤含水率随时间的变化关系 [图 9-2 (a)、(c)、(e)] 可知，在整个生育期，土壤含水率随时间呈下降趋势，尤其在 7 月中旬以后含水率减少明显，滴头和行间土壤水分主要集中 20～60cm 处，且含水率基本高于 20%，0cm 和 60cm 以下土层含水率低于 20%，上层含水率波动明显，且与下层土壤含水率有明显的差异，膜间各土层受灌水影响较小，土壤含水率较为稳定。通过分析可知，随着生育期进程的推移，气温不断上升，蒸发强烈，同时灌水量也加大，在 0～60cm 处含水率较高且波动大，整体下层土壤受灌水影响较小。在 7 月中旬，含水率整体下降明显，上层部分土壤含水率接近 15%，威胁棉花正常生长，说明土壤蒸发量和作物蒸腾量增大，灌溉水量在后期略有不足。

由低盐度棉田土壤含盐率随时间的变化关系 [图 9-2 (b)、(d)、(f)] 可知在整个生育期，除了滴头 0cm 处，土壤盐分主要集中 0～40cm 的范围，60cm 以下土层盐分较低且变化不明显，滴头处盐分变化幅度明显超过行间和膜间。这是由于灌溉水量较少，同时气温升高，蒸发强烈，盐分随水动，土壤盐分含量在 20～40cm 范围波动较大，且均达到0.5% 以上，对棉花生长极为不利。说明该灌溉水量较少，在棉花的关键需水期无法满足作物基本需水量，导致土壤含水量低，表层含盐率波动较大。

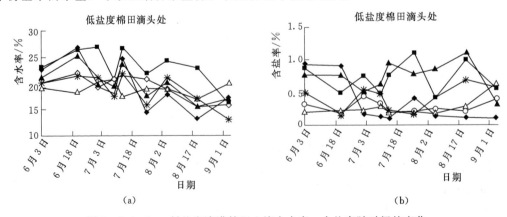

图 9-2 (一)　低盐度滴灌棉田土壤含水率、含盐率随时间的变化

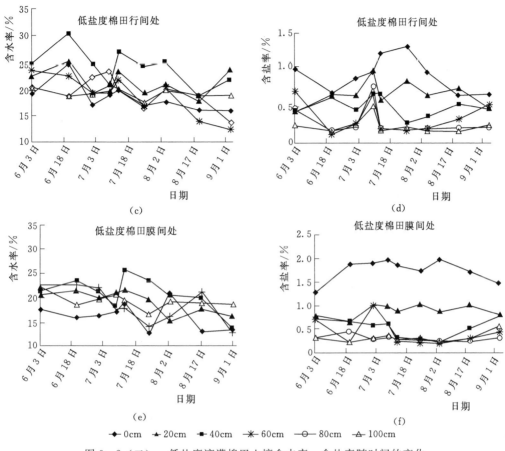

图9-2（二）　低盐度滴灌棉田土壤含水率、含盐率随时间的变化

（二）中盐度滴灌棉田土壤含水率、含盐率随生育期的变化

由中盐度棉田土壤含水率随时间的变化关系可知［图9-3（a）、（c）、（e）］，土壤含水率整体较为平衡，滴头含水率变化幅度大于行间和膜间，由于表层土壤受温度影响较大，0~40cm土壤水分波动明显，60cm以下土层含水率变化较小，含水率基本维持在22%~24%。在6月20日以后开始灌水，滴头0~40cm土壤含水率呈波动变化，尤其在7月和8月，上层土壤含水率起伏变化明显。通过分析，随着生育期的推移，气温逐渐升高，同时开始灌水，滴头处受灌水影响较大，含水率波动明显。由于蒸发量加大，而灌水量较少，湿润深度较浅，0~40cm处土壤呈明显波动。

由中盐度棉田土壤含盐率随时间的变化关系可知［图9-3（b）、（d）、（f）］，在整个生育期，土壤盐分主要集中0~40cm土层，60cm以下土层盐分较低且变化不明显，上层和下层土壤盐分有明显差异。由于灌溉水量较少，水分湿润深度较浅，土壤含盐率减少，但不能满足洗盐深度的要求，盐分随水分上移至20~40cm范围内聚集且波动较大。7月、8月温度的增加，作物需水量增大，灌水的不足，土壤盐分随水分蒸发明显上移，行间和膜间受作物蒸发的影响较大，尤其是表层盐分聚集明显。

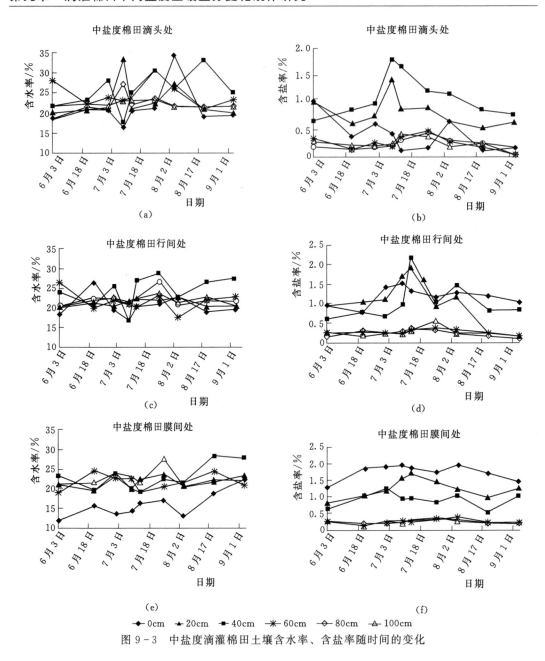

图 9-3　中盐度滴灌棉田土壤含水率、含盐率随时间的变化

(三) 高盐度滴灌棉田土壤含水率、含盐率随生育期的变化

由图 9-4 (a)、(c)、(e) 可知，在整个生育期，土壤含水率均高于 15%，上层土壤含水率较低，下层土壤含水率略高。这是两方面原因：①由于 7 月和 8 月，随着气温的升高，蒸发量的增大，土壤持水能力下降，0~60cm 土壤含水率保持较低，底层土壤含率较大；②在高盐分棉田 40cm 处有黏土夹层，它阻隔了下层土壤水分的蒸发。

由图 9-4 (b)、(d)、(f) 可知，在整个生育期，土壤 0~40cm 处含盐率维持在 1% 左右且呈波动趋势，由于盐分过高，严重危害着作物的生长，所以作物的存活率在

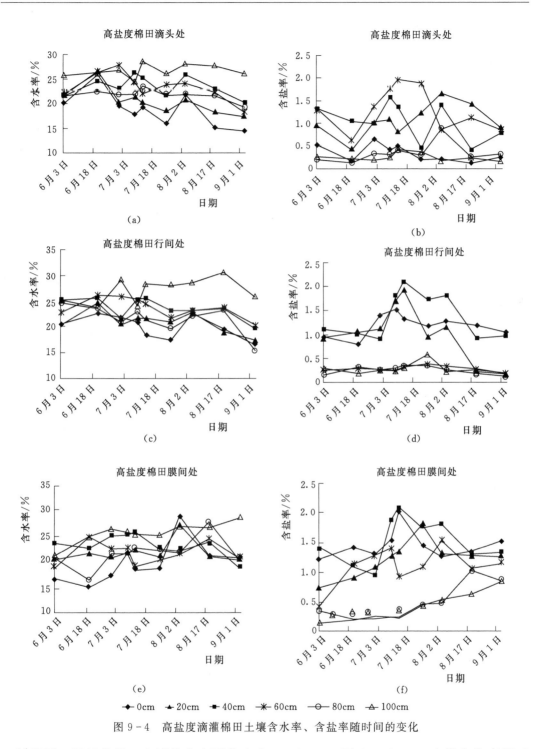

图 9-4 高盐度滴灌棉田土壤含水率、含盐率随时间的变化

50%以下。通过分析，土壤盐分主要集中在 0~60cm，而 60~100cm 土壤含盐率相对保持较低，上下层盐分差异明显。整个过程含盐率变化极不稳定且在耕作层含盐率波动较大，这是由于灌水时间间隔太长，而蒸发强烈，上次灌水淋洗的盐分又随水分蒸

发上移，并在下次灌水前上移到 0～60cm 深度范围内，如此反复，对棉花生长及产量极为不利。

二、不同盐度棉田平均土壤含水率、含盐率对比分析

通过对不同盐度棉田的土壤水盐运移分析，发现不同盐度棉田在含水率和含盐率有明显的差异，由此，本节将低、中、高盐度棉田在 2013—2014 年两年生育期的平均含水率和含盐率进行研究，分析不同盐度土壤含水率、含盐率随时间的变化特征，进一步分析总结水盐的变化特征。

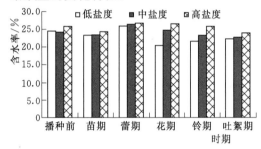

图 9-5　不同盐度棉田生育期含水率变化

不同盐度棉田在棉花生育期含水率变化如图 9-5 所示，棉花整个生育期含水率比较稳定，水分差异不明显，花铃期各盐分棉田水分差异较大，呈阶梯状，高盐度含水率为 26.6%，中、低盐度棉田含水率分别为 24.6%、20.3%，由于花铃期气温升高，土壤中水分蒸发强烈，在相同条件下，含盐率较高土壤受外界蒸发影响较小，越不利于土壤水分的蒸发，因此生育期内高盐度棉田含水率变化为 2.7%，中、低盐度棉田含水率变化分别为 3.6%、5.6%，高盐度棉田含水率变化小于中、低盐度棉田含水率变化。在整个生育期，水分上下波动，变化差异不显著，但高盐度棉田含水率普遍高于中、低盐度棉田。

不同盐度棉田育期含盐率变化如图 9-6 所示，不同盐度棉田生育期含盐率变化趋势相似，蕾期盐分最小，铃期盐分达到最大，吐絮期盐分有所降低且低于播种前，但各棉田盐分变化差异较大，高盐度棉田盐分变化大于中、低盐度棉田。播种前盐分较低，苗期盐分略有所上升，这是由于播种前进行春灌，灌溉水对土壤盐分进行淋洗，一定程度上减少了土壤中的盐分含量，苗期灌水量较少，各棉田盐分略增大。蕾期灌水量逐渐加大，各棉田盐分在整个生育期达到最小。低、中、高盐度棉田含盐率分别为 0.34%、0.67%、

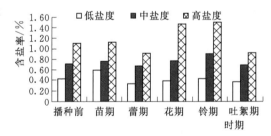

图 9-6　不同盐度棉田生育期含盐率变化

0.92%。随着气温升高，铃期的灌水量和灌水次数均达到最大，但是蒸发量也达到一年当中的最高，加上灌水时加入大量的肥料，使得各盐分棉田含盐率达到最大。低、中、高盐度棉田含盐率分别为 0.44%、0.91%、1.49%；高盐度棉田盐分变化最大，含盐率增加了 0.57%，中、低盐度棉田含盐率分别增加了 0.24%、0.1%。在相同条件下，盐分较高的土壤返盐较快，需水关键期对盐分较高的棉田影响较为明显。吐絮期只滴水，不施肥，使得各棉田盐分有所回落，也就是说滴水时含盐率降低，否则就升高，充分体现了"盐随水动"的特点，因此与播种时盐分相比有所下降，这说明棉花在整个生育期土壤处于脱盐状态。

三、滴灌棉田土壤盐分积累特征

(一) 滴灌棉田土壤盐分累积过程

滴灌棉田收获期时停止滴灌，这时气温高，会使棉田表层大量蒸发，盐分将累积在土壤表层。对同块地连续3年的土壤含盐率进行对比（表9-3～表9-5）可以看出，相同地块不同年份含盐率总趋势是各土层含盐率基本比上一年略高，上层土壤含盐率较为稳定，低盐度和高盐度棉田在下层土壤含盐率积累明显。从表可以看出在50～60cm土层间是土壤盐分积累明显，60cm以下的土层含盐率均有逐年增加的趋势。这是因为在生育期整个灌水周期内，膜下滴灌的灌溉水量较小，只能将土壤中含盐率淋洗到耕作层以下，在收获期时，气温逐渐下降，土壤中大量盐分停留在下层土壤中。整体来看，连续3年各土层含盐率均有所增加，上层土壤含盐率在生育期盐分变化较小，下层土壤含盐率随年限增加呈积累趋势。

表 9-3 低盐度棉田连续 3 年盐分变化

深度/cm	含盐率			盐分差值		
	2012 年 9 月	2013 年 9 月	2014 年 9 月	2013—2012 年	2014—2013 年	2014—2012 年
0	0.54	0.43	0.48	−0.11	0.05	−0.06
10	0.39	0.55	0.45	0.16	−0.1	0.06
20	0.35	0.43	0.46	0.08	0.03	0.11
30	0.55	0.52	0.48	−0.03	−0.04	−0.07
40	0.64	0.86	0.78	0.22	−0.08	0.14
50	0.41	0.55	0.56	0.14	0.01	0.15
60	0.22	0.35	0.45	0.13	0.1	0.23
80	0.25	0.29	0.46	0.04	0.17	0.21
100	0.21	0.34	0.38	0.13	0.04	0.17

表 9-4 中盐度棉田连续 3 年盐分变化

深度/cm	含盐率			盐分差值		
	2012 年 9 月	2013 年 9 月	2014 年 9 月	2013—2012 年	2014—2013 年	2014—2012 年
0	0.87	0.92	0.84	0.05	−0.08	−0.03
10	0.73	0.76	0.78	0.03	0.02	0.05
20	0.76	0.84	0.88	0.08	0.04	0.12
30	0.78	0.72	0.75	−0.06	0.03	−0.03
40	0.72	0.75	0.88		0.13	0.16
50	0.56	0.65	0.72	0.09	0.07	0.16
60	0.25	0.32	0.38	0.07	0.06	0.13
80	0.21	0.25	0.26	0.04	0.01	0.05
100	0.23	0.26	0.27	0.03	0.01	0.04

表 9 - 5　　　　　　　　　　　　高盐度棉田连续 3 年盐分变化

深度/cm	含盐率			盐分差值		
	2012 年 9 月	2013 年 9 月	2014 年 9 月	2013—2012 年	2014—2013 年	2014—2012 年
0	0.87	0.98	0.91	0.11	−0.07	0.04
10	0.83	0.78	0.92	−0.05	0.14	0.09
20	0.76	0.94	0.84	0.18	−0.1	0.08
30	0.86	0.92	0.97	0.06	0.05	0.11
40	0.82	0.79	0.86	−0.03	0.07	0.04
50	0.56	0.65	0.72	0.09	0.07	0.16
60	0.45	0.52	0.88	0.07	0.36	0.43
80	0.22	0.29	0.36	0.07	0.07	0.14
100	0.27	0.32	0.38	0.05	0.06	0.11

（二）滴头、膜间土壤盐分在生育期前后的变化过程

图 9 - 7 表示生育期前后的盐分变化情况，从图中可以看出，经过生育期多次灌水和水分的消耗过程，在蒸腾作用及水分淋洗的条件下，土壤处于脱盐与积盐相互交替的状态，生育期结束后盐分是否累积是关注的焦点。

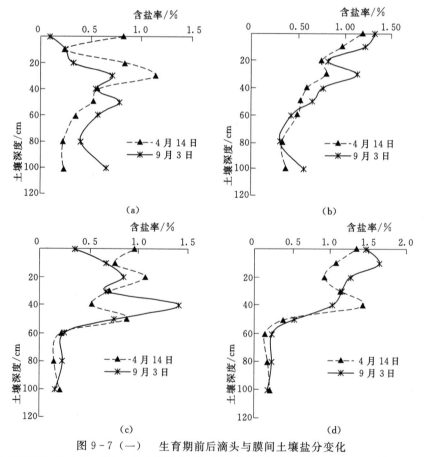

图 9 - 7（一）　生育期前后滴头与膜间土壤盐分变化

（a）低盐度棉田滴头处；（b）低盐度棉田膜间处；（c）中盐度棉田滴头处；（d）中盐度棉田膜间处；

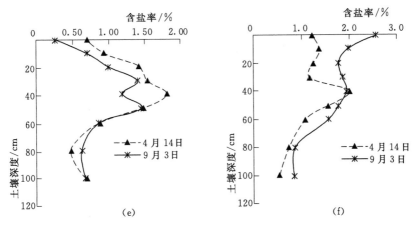

图 9-7（二）　生育期前后滴头与膜间土壤盐分变化

（e）高盐度棉田滴头处；（f）高盐度棉田膜间处

第四节　非生育期不同盐度土壤水盐变化规律

一、冬灌条件下中盐度棉田水盐运移规律

本试验的布置第二章第三节。本试验采取 5 个（80m³/亩、120m³/亩、160m³/亩、200m³/亩、240m³/亩）冬灌水量和一个空白对照（不进行冬灌的试验小区），对 5 块试验小区定点取土，取土深度范围为 0～100cm，每块实验区 6 个重复，共取得土样 11×6×6×2=792（个）。以地下水和河水混合进行灌溉，灌水时间为 2012 年 11 月 12 日，播种时间为 2013 年 4 月 5 日，冬灌前在 0～60cm 深度范围内进行土壤容重的测定，各土层测定结果见表 9-6。

表 9-6　　　　　　　　　　　　冬灌前土壤容重测定表

深度/cm	0～5			4～20			20～40			40～60		
编号	1	2	3	1	2	3	1	2	3	1	2	3
体积/cm³	100	100	100	100	100	100	100	100	100	100	100	100
质量含水率/%	10.25	11.2	8.69	11.6	11.81	10.49	12.83	13.49	13.51	12.87	8.71	10.68
含水率均值/%	10.05			11.3			13.28			10.76		
容重/(g/cm³)	1.5	1.42	1.44	1.67	1.58	1.66	1.66	1.76	1.62	1.54	1.6	1.62
容重均值/(g/cm³)	1.45			1.64			1.68			1.58		
电导率/(μS/cm)	930	1080	80.8	1528	880	858	494	660	1180	276	153.6	184.7
电导率均值/(μS/cm)	696.93			1088.67			778			204.77		

由表 9-6 可知，非生育期土壤容重较生育期大，非生育期 0～60cm 深度范围内，土壤容重为 1.59g/cm³，质量含水率均值为 11.35%。在 2012 年 11 月 12 日进行的冬灌，

2012年11月11日田间实测数据为灌水前基本数据，2013年4月5日进行播种，播种前因要进行揭地膜、犁地、割棉梗等播种前准备工作，因此，在2014年3月15日提前进行数据观测并以此为灌水后播种前的实测数据。因为冬灌为棉田储存了较多水分，在此只对土壤盐分含量进行分析比较，用以衡量非生育期冬灌灌溉制度的合理性。

由图9-8可知，冬灌前土壤在0～10cm深度范围内聚盐，原因是从9月初最后一次滴灌到11月中旬，没有灌水，土壤间水分在土壤棵间蒸发和植株蒸腾作用下不断上移，盐随水移，因此盐分在表层及靠近表层处大量聚集。由试验图形分析所得，当冬灌水量较

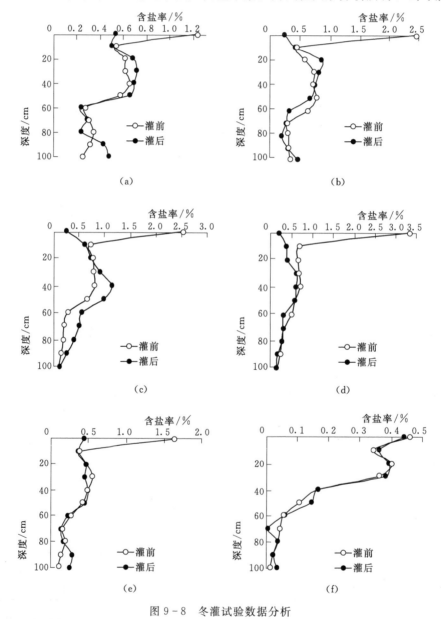

图9-8 冬灌试验数据分析

(a) 80m³/亩；(b) 120m³/亩；(c) 160m³/亩；(d) 200m³/亩；(e) 240m³/亩；(f) 空白对照

小时（80～120m³/亩），表层洗盐效果明显，但盐分在20～40cm深度范围内聚集，甚至灌水后含盐率比灌水前高，到来年春天播种时，情况如9—11月份，盐分会在表层聚集，对棉花出苗不利，其脱盐效果不理想，因此该灌溉水量不合理。如图9-8所示，当灌水量较大时（200～240m³/亩），在0～100cm深度范围内，脱盐均匀且在20～60cm深度范围内没有明显的抛物线脱盐锋出现，由于此后到播种前长期不进行灌水压盐，其表层返盐现象相对较弱，有益于保证棉花出苗率，脱盐效果较好。2013年不同冬灌水量对中盐度棉田对应脱盐率汇总见表9-7。

表9-7　　　　　　　非生育期不同冬灌水量对中盐度棉田对应脱盐率汇总表

灌水量 /(m³/亩)	0～10cm 脱盐率/%	20～40cm 脱盐率/%	40～60cm 脱盐率/%	70～100cm 脱盐率/%	0～100cm脱盐率 均值/%
80	31.09	−10.52	−0.44	−22.25	−5.39
120	48.91	−20.79	30.00	2.25	9.5
160	89.3	0.56	−45.25	−101.24	−39.29
200	94.35	31.85	7.63	17.00	24.67
240	73.41	8.46	−3.60	−16.66	−13.35
空白对照	4.48	−3.12	−7.52	2.80	−3.25

由表9-7可以看出，当灌水量较小时，0～10cm脱盐效果就已经较为明显，但是在20～40cm，原因是灌水较少，水分在重力作用下入渗深度较浅，盐随水移，盐分下移深度也较浅；当灌水量为160m³/亩时，在70～100cm深度范围内发生积盐现象，压盐深度较80～120m³/亩时深；当灌水量为200m³/亩时，在0～100cm深度范围内，土壤均处于脱盐状态且脱盐效果较好；当灌水量为240m³/亩时，70～100cm深度范围内发生积盐现象，原因是灌水较多，水分在重力作用下入渗到一定深度时，受地下水位上升、水分下渗速率减慢、排水条件不良等因素影响，带有淋洗盐分的多余灌溉水不能够及时排出，从而降低了灌溉水的利用效率。

总之，对中盐度棉田而言，并非冬灌水量越多，其脱盐效果越好；当灌水量较小时（80～120m³/亩），灌水后盐分易聚集在20～40cm深度范围内，冬灌后到春播前，该处盐分在土壤蒸发作用下将发生盐分在表层聚集，对棉花出苗不利；当灌水量较大时（240m³/亩），含盐较高的水分受排水条件和地下水位的限制，不易排出，冬灌后，盐分在70～100cm深度范围内聚集，对棉田可持续种植不利；因此，通过综合分析认为，对中盐度棉田而言，最适合的冬灌水量为200m³/亩。

二、春灌条件下不同盐度棉田水盐运移特征

（一）双环入渗试验

土壤入渗速率与土壤吸湿率存在明显相关关系，到达一定时间后进入稳定入渗。通过进行田间双环入渗试验（试验布置见第二章第三节），观测不同盐度棉田土壤入渗情况的差异性，在棉田冬灌前采用双环入渗试验，试验对0～970min环中水深进行观测，用深度差与内环面积之比测得各个时刻入渗速率如图9-9所示。

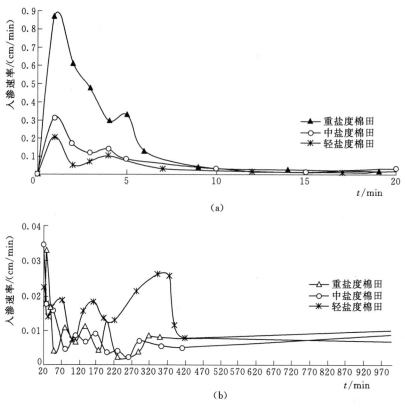

(a)

(b)

图 9-9　入渗速率随时间变化关系曲线

(a) 0～20min；(b) 20～970min

如图 9-9（a）所示，冬灌条件下，在 0～10min 内，不同盐度棉田入渗速率差异性显著，盐分含量越高的棉田其入渗速率越快，灌水 1min 左右时，不同盐度棉田入渗速率均达到最大，其中重盐度棉田入渗速率几乎为中盐度棉田的 3 倍轻盐度棉田的 4.5 倍。图 9-9 图可知，在灌水 10～400min 时间范围内，不同盐度棉田入渗速率均有波动且波动较小，400min 后不同盐度棉田入渗速率差异性较小且逐渐趋于稳定。

轻、中、重盐度棉田不同处理灌水持续时间和在该时刻双环入渗试验测得的累计入渗水量如图 9-10 所示。不同盐度棉田春灌处理见表 9-8。

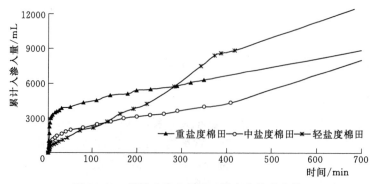

图 9-10　累计入渗水量随时间变化关系曲线

表 9 - 8 不同盐度棉田春灌水量处理

地点	轻盐度棉田			中盐度棉田			重盐度棉田		
处理	1	2	3	4	5	6	7	8	9
面积/亩	10	10	10	10	10	10	10	10	10
灌溉定额/(m³/亩)	150	200	250	150	200	250	150	200	250

(二) 不同处理对应春灌前后土壤含盐率

由图 9 - 11 可知，对轻盐度棉田而言，在一定范围内，春灌水量越多，其春灌后土壤含盐率在深度方向上越均匀平缓，没有明显的含盐率抛物线峰值出现，且在 0～60cm 深度范围内脱盐效果较好，能够满足当年生育期内棉田洗盐压盐要求，原因是轻盐度棉田土壤颗粒间没有块结，颗粒分散较为均匀，孔隙透水性及透气性良好，春灌后水分浸泡土壤，溶解可溶性盐，多余水分能够在重力作用下下渗，带走了大量的盐分，因此其脱盐效果随灌水量增加趋于稳定。当春灌水量在 150～200m³/亩范围内时，表层及 30cm 深度处土壤可能造成积盐，

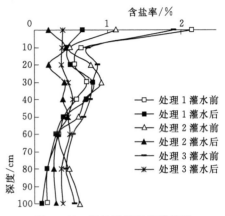

图 9 - 11 轻盐度棉田春灌前后土壤含盐率变化曲线

对棉花出苗及滴灌前根系生长发育不利，脱盐效果得不到保障，但低盐度棉田土壤含盐率本身较低，在播种时只要满足土壤含水率及土壤温度等要求，棉田出苗率一般较好。

由图 9 - 12 可知，对中盐度棉田而言，当春灌水量为处理 4 即 150m³/亩时，其脱盐效果在垂直方向上较为稳定且表层含盐率较低，有益于棉花出苗，但在 50～60cm 深度范围内有一定程度积盐；处理 6 灌水量较大，在 30～60cm 土层土壤块结较为严重且出现一定程度积盐，这是由于土壤透水性较弱，水分下渗受阻，表层土壤水分蒸发大于下渗，土壤盐分上移，表层盐分在一定范围内积累，在一定程度上影响了棉花的出苗率；处理 5 对应春灌水量满足在 0～100cm 深度范围内洗盐压盐要求，与处理 6 相比，其脱盐率在 20～60cm 深度范围内明显提高，且表层含盐率较低，能够在播种后保证棉花出苗率，与处理 4 相比，在深度上脱盐稳定且整体含盐率较低，长期有益于达到洗盐压盐、稳产高产及棉田可持续利用的目的。

由图 9 - 13 可知，对重盐度棉田而言，在一定范围内，春灌水量越多其脱盐效果越好。春灌后土壤在深度方向上脱盐越稳定且土壤含盐率越低。原因是重盐度棉田对春灌水的利用率相对轻盐度、中盐度棉田高，即同样的灌水量，重盐度棉田脱盐率较轻盐度、中盐度棉田高；当灌水较多时，土壤浸泡溶解时间较长，易于盐分溶解，下渗水量较大，盐分淋洗效果较好。

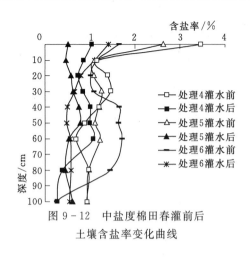

图9-12　中盐度棉田春灌前后
土壤含盐率变化曲线

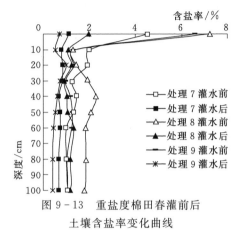

图9-13　重盐度棉田春灌前后
土壤含盐率变化曲线

（三）不同处理对应春灌前后及播种时土壤脱盐率与出苗率

由表9-9可知，并非灌水量越多，播种时土壤含水率越高，含盐率越低。灌水后土壤含水率较灌水前明显升高，含盐率明显降低，当灌水量和排水条件相同时，轻盐度棉田灌水后含水率相对较高；灌水后到播种前土壤含水率减少而含盐率增加，其中，中、轻盐度棉田灌水量较多时，土壤在0~100cm深范围内含水较少且播种前表层反盐较慢，原因是较多灌水浸泡土壤时间较长；重盐度棉田水分下移较快，淋洗较多盐分理论上有益于提高棉花处苗率，但由于棉田本身含盐率较高，影响棉花出苗，因此应该严格控制春灌水量。由播种时土壤含盐率与出苗率关系可知，当土壤含盐率为0.54%~0.67%时，出苗率为80%~85%，当含盐率为0.9%~1.9%时，出苗率波动较大，在20%~85%之间。

表9-9　　　　　　　　　　不同处理对应土壤水盐状况与出苗率

地点			轻盐度棉田			中盐度棉田			重盐度棉田		
	处理		1	2	3	4	5	6	7	8	9
含水率/%		灌水前	18.1	15.7	16.4	20.8	25.4	24.7	17.7	24.8	19.5
		灌水后	27.7	28.11	28.8	28	26.4	27.1	27.7	26.7	31.1
		播种时	21.9	24.9	25.1	26.2	25.3	22.2	25.1	23.6	22.6
		上升率/%	58.6	79.0	75.6	34.6	12.8	30.9	56.5	28.4	59.5
		下降率/%	36.9	44.1	43.1	25.7	11.4	23.6	36.1	22.1	37.3
含盐率/%		灌水前	0.54.	0.6	0.73	1.13	1.2	1.1	2.1	2.3	2.5
		灌水后	0.3	0.33	0.4	0.6	0.7	0.9	1.2	1.2	1.6
		播种时	0.6	0.54	0.67	1.1	0.9	1	1.7	1.7	1.9
		下降率/%	44	45	45	47	42	18	43	48	36
		上升率/%	67	64	68	83	29	11	42	42	19
出苗率/%			80	85	84	70	20	85	60	30	20

注　含水率的上升率由灌水前后数据所得，下降率由灌水后和播种时数据所得；含盐率下降率由灌水前后数据所得，上升率由灌水后和播种时数据所得。

三、冬、春灌灌溉质量对比分析

为便于对比相同灌水量条件下冬、春灌脱盐质量及出苗情况，将表9-8的处理2、处理5、处理8汇总在表9-10中。对含盐率相对较高的棉田而言，在正常的灌溉条件下，出苗率直接影响棉田产量，在此将冬灌、春灌前的土壤含盐率和播种前的土壤含盐率进行对比，比较两者的脱盐效果；本试验生育期采用总灌水量均为300m³/亩，其中轻、中盐度棉田灌溉频率为30m³/亩、7d/次、10次，重盐度棉田采用25m³/亩、5d/次、12次，用出苗率及棉田产量再次衡量冬、春灌灌溉质量，汇总情况见表9-10。

表9-10　　　　　　　　不同处理对应冬灌和春灌对比分析表

灌溉类型		冬灌						春灌		
棉田盐度名称		中盐度						轻盐度	中盐度	重盐度
灌水量/(m³/亩)		80	120	160	200	240	对照	200	200	200
灌水前含盐率/%	0～10cm	0.83	1.19	1.34	1.66	0.88	0.35	1.39	1.09	1.87
	10～20cm	0.60	0.67	0.75	0.77	0.52	0.33	0.59	0.93	1.10
	20～40cm	0.54	0.82	0.85	0.86	0.67	0.28	0.59	1.05	1.19
	40～100cm	0.35	0.42	0.32	0.89	0.32	0.08	0.3	1.37	1.06
	0～100cm	0.47	0.59	0.56	0.76	0.48	0.18	0.59	1.13	1.24
灌水后含盐率/%	0～10cm	0.65	0.61	0.71	0.83	0.45	0.74	0.54	1.04	1.26
	10～20cm	0.58	0.45	0.63	0.57	0.37	0.68	0.47	0.73	0.95
	20～40cm	0.84	0.58	0.67	0.57	0.43	0.58	0.73	0.78	0.64
	40～100cm	0.58	0.54	0.46	0.59	0.23	0.11	0.29	1.02	0.53
	0～100cm	0.63	0.6	0.56	0.45	0.31	0.34	0.43	0.86	0.72
脱盐率/%	0～10cm	22.4	48.7	46.6	50.0	48.9	−110	60.8	3.79	32.4
	10～20cm	3.85	33.5	16.6	25.6	27.5	−107	20.6	20.7	13.8
	20～40cm	−55.0	29.4	21.1	33.8	35.9	−108	−21.5	25.3	46.0
	40～100cm	−67.1	−28.8	−44.0	33.6	27.6	−32.6	3.81	25.4	49.5
	0～100cm	−34.3	−2.16	0.48	27.9	19.2	−65.1	14.5	19.2	41.3
出苗率/%		38	44	55	79.8	80.1	27.3	85	77.1	60.07
产量/(kg/亩)		173	203	215	307	319	97	397	390	60

由表9-10可知，本试验对中盐度采用5个冬灌水量，从冬灌前到播种前，200m³/亩在0～10cm及0～100cm深度范围内脱盐率最高，表明对中盐度棉田而言，较为适合的冬灌水量为200m³/亩。不进行冬灌时，中盐度棉田的出苗率只能达到27.3%，产量为正常情况的1/4，因此非生育期采用冬、春灌方式保水控盐，保证棉田出苗率的方法非常有必要。当全生育期灌溉制度相同时，冬灌的灌溉质量较春灌好，出苗率及产量相对较高，原因是冬灌时，冻土层深度较浅，气温较低，灌溉水蒸发较小，刚开始水分下渗受阻，冬

灌后土壤可以长时间浸泡在水中，有益于土壤中盐度的溶解，田间水随光照升温，冻土层逐渐消融，此时地下水位达到一年中的最低值，有益于土壤排出多余含盐水分，然而春灌时，气温相对较高，又由于春季多风，灌水后水面蒸发量较大，冻土层深度较深，水分下渗受阻，虽然土壤浸泡时间较长但不利于土壤排盐，盐分大多在一定深度聚集，在一定程度上没有达到压盐效果，春灌后到滴灌前不进行灌水，在一定程度上又造成了耕作层返盐，降低了灌溉水的利用效率；再者，由于春灌时间紧迫，土壤含水率相对较高，水的比热容较大，种子对气温相对较为敏感，如地温达不到棉种萌发所需要求，种子就会发生腐烂，降低棉花出苗率从而影响棉花产量，因此当采取春灌时，必须把握好春灌及播种的时间，在一定程度上加大了技术难度。

第五节　灌溉模式与调控措施

一、头水压盐

在棉花苗期，为了保证棉花健壮生长和根系扎深，需要苗期适宜的水分和温度，从 4 月中旬至 6 月中旬一般不进行灌水，但是对于盐碱土地，土壤盐分较高，且南疆地区温度较高，两个月不进行灌水，土壤盐分容易在上层聚集，不利于棉花苗期生长。因此，对于盐度较低的棉田头水压盐的定额为 $40\sim50m^3$/亩，对于高盐度棉田，苗期需提前灌水时间，增加一次灌水，灌水定额为 $30m^3$/亩左右，从而保证棉花苗期出苗率和正常生长。

二、冬灌洗盐

根据 2013 年冬灌试验成果，冬灌的灌溉质量比春灌好，出苗率及产量相对较高，原因是冬灌时，冻土层深度较浅，气温较低，灌溉水蒸发较小，刚开始水分下渗受阻，冬灌后土壤可以长时间浸泡在水中，有益于土壤中盐度的溶解，田间水随光照升温，冻土层逐渐消融，此时地下水位达到一年中的最低值，有益于土壤排出多余含盐水分。然而春灌时，气温相对较高，时间紧迫，排水不畅，土壤含水率相对较高，水的比热容较大，种子对气温相对较为敏感，因此，春灌出苗率低于冬灌出苗率。冬灌一般应利用冬闲水采用地面灌大定额洗盐，配合排水沟将农田土壤内原生残留或灌溉季节积累的盐分逐步排除，因此冬灌时机与灌水量应根据土壤盐渍化程度来确定。冬灌水应在土壤封冻前结束，对轻度盐碱化及以下的农田，可 $2\sim3$ 年冬灌一次，灌水量 $150\sim200m^3$/亩；对中、重度及以上的盐渍化农田，需 $1\sim2$ 年冬灌一次，灌水量 $180\sim240m^3$/亩。

三、滴水出苗

目前，棉花冬春灌是棉花生产中用水最为集中、用水量最大的阶段，特别是春灌用水量占棉花生产全部用水量的 50% 左右，棉花春灌平均亩用水量 $250m^3$，有些棉田达 $400m^3$ 以上，加之当地地下水位较高，大量灌水后导致排水不畅。2014 年 3~4 月在示范区引进覆膜春灌技术。在播种前进行滴水，根据土壤质地来确定，一般黏性土滴水量在每亩 $25\sim30m^3$，砂壤性土和砂土滴水在每亩 $35\sim40m^3$，中间间隔 $2\sim3d$，滴水量均匀，保证膜边见湿不见水。滴水出苗示范效果良好，尤其盐分较低区域。因此对于盐分较低的棉田和前一年冬灌过的棉田实施膜下滴水春灌技术是非常有效的，保证整地春播前彻底洗盐压碱，为出苗打下良好基础。

四、地面平整

农田土地表面的高低起伏是影响土壤盐分积聚的重要因素。高低不平的土地表面会造成土壤盐分的不均匀性和空间变异。地面地势较低的区域，光照接触面较小，地下水位相对较高，易形成积盐。采用膜下滴灌会在土壤表面及土壤内部形成湿度与温度的界面，这一梯度场则影响着土壤水盐的运移方式。因此，对灌溉农田每年实施土壤耕翻时，要尽量保证土地的平整性，对地面起伏较大的区域，可在耕作机械上采用 GPS 精准定位实施平整，以保证地面的相对平整。

五、灌水周期

生育期灌水间隔以 7d 为宜，灌溉定额可选择 $240\sim300\mathrm{m}^3/$ 亩，灌溉期 80d 左右。以 $250\mathrm{m}^3/$ 亩为例，全生育期共灌溉 $10\sim12$ 次，灌水间隔为一般控制在 7d。若水资源充足，可采用高灌溉定额进行灌溉，并采用较短的灌水周期，以进一步提高棉花产量，但此时水分生产效率较低。土壤砂性较重，则可将灌水间隔缩短至 $3\sim5\mathrm{d}$；若土壤黏性严重，可将灌水间隔延长至 $8\sim10\mathrm{d}$。对于轻盐度棉田采用（$30\mathrm{m}^3/$ 亩，7d/次，10 次），中盐度棉田采用（$30\mathrm{m}^3/$ 亩，7d/次，10 次），重盐度棉田采用（$25\mathrm{m}^3/$ 亩，5d/次，12 次）对应灌溉制度时洗盐效果最好且棉花产量最高。

六、深耕土地

试验示范区有些土地耕作层较浅，在耕作层有黏粒夹层，上层土壤容易板结，灌水水分不易渗透。对这些土壤，应进行深耕，可以加深耕作层，增加土壤通透性，松动下层土壤，改变土壤浅层板结。同时黏粒一般在耕作层下部（40cm），深耕后黏粒下移，有利于水分和养分下移。

第六节　本　章　小　结

本章主要通过对连续 3 年（2012 年、2013 年、2014 年）生育期不同盐度棉田的水盐和地下水监测资料，分析了土壤水盐运移的基本特征和积累状况，提出针对当地的水盐调控措施。以不同盐渍化土壤棉田为研究对象，分析盐胁迫对棉花生长指标的影响。主要结论如下：

（1）通过生育期监测，低、中、高盐度 3 块棉田各层土壤水盐分布差异较大，盐分的积累特征是：低、中、高盐度棉田盐分主要集中在上层土壤，上层土壤盐分变化幅度较大。滴头处盐分较小，膜间位置的上下土层盐分差异明显。这是由于灌水总额较少，灌水周期较长，洗盐效果较差。根据当地实际情况，制定合理灌溉制度。

（2）在棉花整个生育期，各盐分棉田含水率无明显差异，但在花铃期高、中、低盐度棉田水分呈阶梯状。在相同条件下，高盐度棉田含水率变化小于中、低盐度棉田含水率变化，且高盐度棉田含水率普遍高于中、低盐度棉田。各盐分棉田土壤盐分变化的大体趋势为蕾期最小，铃期达到最大，吐絮期有所降低且略低于播种前。随着气温升高，土壤含盐率越高，返盐越明显，高盐度棉田盐分变化幅度大于中、低盐度棉田。

（3）相同地块不同年份含盐率总趋势是各土层含盐率均比上一年略高，上层土壤含盐率较为稳定，在 60～100cm 土层含盐率积累明显。高、中、低盐度棉田滴头处盐分含量低于膜间，滴头处表层 0～40cm 处都有不同程度的脱盐，底层 60～100cm 深处收获期的盐分高与同一深度播种期的盐分含量，但是累积幅度不大。在膜间土壤盐分含量累积程度比膜内严重，各层均处于积盐状态，且上层土壤积盐程度大于下层。

（4）当灌溉制度相同时，非生育期不采用冬、春灌的棉田的出苗率为 27.3%，产量仅为采用时的正常情况的 1/4，因此采用冬、春灌形式控盐、洗盐、压盐非常有必要；当全生育期灌溉制度相同时，中盐度棉田最优冬灌水量为 200m³/亩。冬灌脱盐效果优于春灌，因此当条件允许时，最好采用冬灌。

（5）当排水条件相同时，轻盐度棉田应采用较小的春灌水量（150m³/亩）；中盐度棉田采用中等春灌水量（200m³/亩）即可满足 0～60cm 深度范围脱盐稳定、保障出苗率和满足 60～120cm 深度范围内棉田可持续利用要求；对重盐度棉田而言，在一定范围内，春灌水量较多（250m³/亩）时，其脱盐效果较好。

参考文献

［1］ Hanks R. J, Bowers S. B. Numerical solutions of the diffusion equation for the movement of water in soil ［J］. Soil Science Society of American Journal，1962：526 - 530.

［2］ Nielsen D. R，Biggar J. W. Miscible displacement is soils：III：Theoretical consideration. soil sci. soc. am. proc.，1962，26：216 - 221.

［3］ R. F. Carse, R. S. Parrish. Developing joint Probability distributions of soil water retention characteristics ［J］. Water Resourse Research. 1998，24（5）：755 - 769.

［4］ Hansson Klas, Lundin Lars - Christer. Equifinality andsensitivity in freezing andthawing simulations of laboratory and in situ data ［J］. Cold Regions Science and Technology，2006，44：20 - 37.

［5］ Lapidus，L. and N. R. Amundson. Mathematics of adsorption in beds. VI. The effects of longitudinal diffusion in ion exchange and chromatographic columns. J. Phys. Chem，1952，56：984 - 988.

［6］ 王应永，张树勤，谢森样. 山东陵县盐改实验区土壤水盐运动特点与改良的研究 ［J］. 土壤通报，1985（3）：120 - 121.

［7］ 练国平，曾德超. 河套灌区盐碱化的特点分析和治理措施的探讨 ［J］. 农业工程学报，1987，3（1）：1 - 10 .

［8］ 李亮，史海滨，贾锦凤. 内蒙古河套灌区荒地水盐运移规律模拟 ［J］. 农业工程学报，2010，26（1）：31 - 35.

［9］ 于惠民. 山东打渔张灌区土壤水盐动态的研究 ［J］. 土壤通报，1964（2）：17 - 20.

［10］ 杨金忠，蔡树英，黄冠华，等. 多孔介质中水分及溶质运移的随机理论 ［M］. 北京：科学出版社，2000.

［11］ 王红闪，黄明斌，董翠云.用 Philip 模型参数推求湿润锋平均基质吸力 S_f 准确性 ［J］.水土保持通报.2004（02）：42-46.

［12］ 雷志栋，杨诗秀，谢森传.土壤水动力学 ［M］.北京：清华大学出版社，1988.

［13］ 刘继龙，马孝义，汪可欣，等.土壤特性的空间变异性及其应用研究 ［M］.北京：中国水利水电出版社，2012.

［14］ 王全九，邵明安，郑纪勇.土壤中水分运动与溶质迁移 ［M］.北京：中国水利水电出版社，2007.

［15］ 吕殿青，王全九，王文焰，等.膜下滴灌土壤盐分特性及影响因素的初步研究 ［J］.灌溉排水，2001，20（1）：28-31.

第十章　滴灌棉田温度对土壤水盐运移影响研究

土壤水盐运移受诸如作物灌溉制度、作物种植模式、土壤植被状况、土壤理化性质以及气候等众多因素[1-9]影响，其中温度作为重要的气候因子之一，其变化对土壤水分运动有着重要的影响[10]。近些年，国内外一些学者就温度变化对土壤水分运动过程及其影响机理开展了大量研究：气温的降低引起了土壤温度的降低，从而引起水分和盐分的迁移；温度影响了土壤的水分运移参数，进而也影响了土壤水分运移[11]，温度对土壤导水率 K_s、土壤扩散率 $D(\theta)$、水黏滞系数 η 等都有着影响[12]；土壤水分运动过程中由于温度条件的改变所引起的土壤水分运动黏度的改变作用于土壤水分的动能，而土壤水分表面张力和土壤结构性质的改变主要作用于土壤水分的势能，并且两方面存在相互作用，从而改变土壤水分运动状态[13]。膜下滴灌有效起到保温保墒作用，克服土壤高地温低含水率或低地温高含水率的矛盾，可为作物生长创造较好的土壤水热条件[14]。新疆干旱少雨蒸发强烈的条件，决定了土壤中上升水流占绝对优势，淋溶和脱盐过程十分微弱，造成土壤积盐形成大面积盐碱化[15]。本章基于新疆石河子 121 团膜下滴灌种植年限为 11 年的棉田生育期实测资料，通过分析探讨生育过程中土壤温度变化对土壤水盐运移规律的影响，从而优化调整作物灌溉制度，为新疆膜下滴灌棉田盐碱化防治提供科学依据。

第一节　不同生育阶段气温和土壤温度变化

本节试验从 2012 年 4—10 月在石河子 121 团对常年膜下滴灌棉田（2001 年开始进行膜下滴灌）进行土壤温度监测。在垂直方向将地温计布置在 0cm、10cm、30cm、50cm、70cm、90cm、150cm7 个土层，从 2011 年 4 月 1 日开始监测，到 2012 年 10 月 25 日监测完毕（每 2h 记录 1 次数据）。

气温对土壤温度有着重要的影响，在整个生育期（图 10-1），播种出苗期的气温和土壤温度相对低于其他阶段，且随时间呈上升趋势，各层土壤温度受气温波动影响较小。到苗期末，受作物遮阴影响，气温对深层土壤温度影响减弱，30～150cm 土壤温度达到最大，土壤温度自上而下呈递减分布。蕾期和花铃期，10～30cm 处土壤温度受气温影响继续上升，且受气温的波动较大，到花铃期 10～30cm 处土壤温度达到最大。吐絮期，气温开始降低，各层土壤温度随之降低，但土壤温度自上而下仍呈递减分布。到了生育末期，随着气温的继续降低，上层土壤温度降低速度大于下层，造成上层土壤温度开始低于下层，土壤温度自上而下呈递增分布。由此可知，土壤温度随着气温的升高而升高，降低而降低，且影响作用随着土壤深度的增加而减弱，滞后时间随着深度的增加而延长。

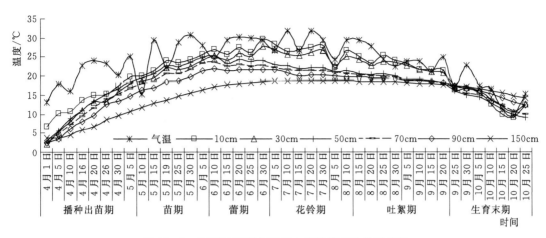

图 10-1　不同生育期气温与土壤温度变化关系曲线

第二节　土壤温度与含水率及含盐率的关系

一、土壤温度与土壤含水率的关系

本节试验从 2012 年 4—10 月在石河子 121 团对常年膜下滴灌棉田（2001 年开始进行膜下滴灌）进行土壤水盐取样监测。从 2011 年 4 月 1 日开始监测，到 2012 年 10 月 25 日监测完毕。取土观测 5cm、20cm、40cm、60cm、90cm、120cm、150cm7 个土层的含水率和含盐率。每次取土 3 个重复，取土时间分别为 4 月 15 日、5 月 19 日、6 月 24 日、7 月 25 日、8 月 21 日、9 月 25 日和 10 月 25 日，共 7 次。取土时利用 GPS 定位，以后每次取样均在同一定点处。每次取样后利用烘干法测出土壤的质量含水率。

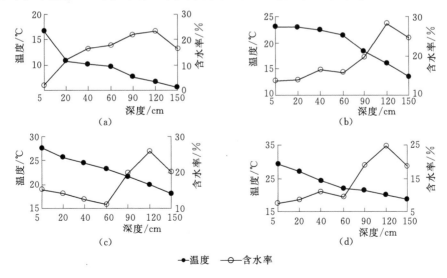

图 10-2（一）　土壤温度与土壤含水率的变化关系

（a）4 月 15 日；（b）5 月 19 日；（c）6 月 24 日；（d）7 月 25 日

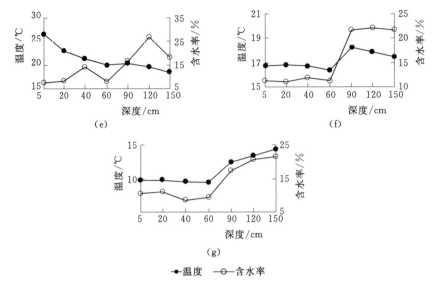

图 10-2（二） 土壤温度与土壤含水率的变化关系

(e) 8月21日；(f) 9月25日；(g) 10月25日

由土壤温度与土壤含水率的变化关系可知（图 10-2），在整个生育期，土壤水分主要集中在 90~150cm 处，并且 5~60cm 处土壤含水率在 18% 以下波动，90~150cm 处土壤含水率在 16% 以上波动。在8月之前，土壤温度自上而下呈递增分布，且随时间各层土壤温度呈增大趋势。受土壤温度的影响，5~20cm 和 120~150cm 处土壤含水率先升高再降低，在6月达到最大，而 40~90cm 处土壤含水率随时间不断降低，其中 40cm 和 120cm 处土壤含水率在7月达到最低，其他各层在8月达到最低。8月之后，各层土壤温度开始降低，且表层土壤温度降低速度快于深层，到9月上层土壤温度开始低于下层。受土壤温度的影响，40cm 和 120cm 处土壤含水率随时间不断降低，其他各层土壤含水率先升高后降低。通过分析可知：随着土壤温度的升高土壤水分扩散率不断增大，土壤持水能力不断降低，土壤水分一部分向上蒸腾，另一部分向下渗漏，导致 5~60cm 处土壤含水率较低，90~150cm 处土壤含水率较高，并且随着土壤温度的升高，各层土壤含水率不断降低。反之，随着土壤温度的降低，土壤水分扩散率不断减小，土壤持水能力不断增强，土壤水分蒸腾降低，渗漏减小，各层土壤含水率相对保持较高。

二、土壤温度与土壤含盐率的关系

本节取样的地点、取样时间以及取样方法等与本节第二部分处理相同，之后将烘干土样粉碎，取 18g 土和 90g 蒸馏水按土水比为 1∶5 混合搅拌浸泡，搅拌均匀后沉淀，利用 DDS-307 电导率仪测定溶液的电导率，然后换算成土壤的总含盐率。

由土壤温度与土壤含盐率的变化关系可知（图 10-3），在整个生育期，土壤盐分主要集中在 120cm 处，且 5~60cm 处土壤含盐率变化波动较小，而 90~150cm 处土壤含盐率变化波动较大，并呈先增加后减小的趋势。在8月之前，随着土壤温度的上升，土壤水分扩散率不断增大，土壤持水能力不断降低，土壤水分一部分向上蒸腾，另一部分向下渗漏，造成

5cm 和 90～150cm 处土壤盐分不断增加，到 7 月，土壤水分上移趋势较大，土壤盐分不断上移，造成各层土壤含盐率达到最高，土壤积盐从 120cm 处上移到 90cm 处，威胁棉花根系。8 月之后，随着土壤温度的降低，土壤水分扩散率不断减小，土壤持水能力不断增强，土壤水分受蒸腾影响减弱，9 月 22 日，通过穿插灌水，各层土壤水分不断向下运移，导致各层土壤含盐率不断降低，到 10 月各层土壤含盐率达到整个生育期最低。

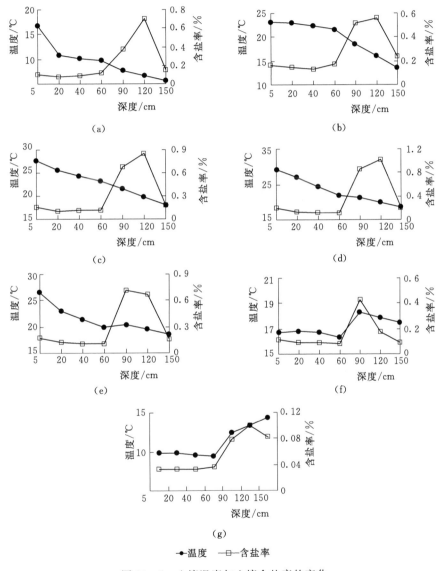

图 10-3　土壤温度与土壤含盐率的变化

(a) 4 月 15 日；(b) 5 月 19 日；(c) 6 月 24 日；(d) 7 月 25 日；
(e) 8 月 21 日；(f) 9 月 25 日；(g) 10 月 25 日

三、土壤平均温度与土壤平均含水率和土壤平均含盐率的关系

土壤温度对土壤水盐运移有着重要的影响（图 10-4），通过分析土壤温度对土壤水

盐运移的影响，可以对作物灌溉制度进行优化调整。随着生育期，土壤平均温度呈先增加后减小趋势，土壤平均含水率呈先减小后增加趋势，而土壤平均含盐率呈波动变化。在 6 月之前，土壤平均温度相对较低且处于上升趋势，土壤平均含水率相对较高且变化不明显，而土壤平均含盐率先增加后减小，故在 5 月、6 月期间可以相对减小灌水定额。7 月和 8 月，土壤温度达到生育期最高，土壤水分明显降低，而土壤盐分明显增加，由此可以通过缩短灌水周期增加灌水定额使作物保持良好的水盐环境，抑制土壤盐分的上移。9 月 22 日，棉田进行了一次穿插灌水，土壤水分有所增加，而土壤盐分明显降低，致使 10 月 25 日，土壤含盐率达到生育期最低，由此可知，生育期末的穿插灌水对土壤洗盐、抑盐有着重要的作用。

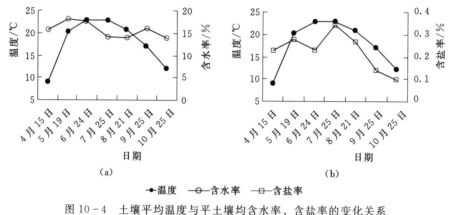

图 10-4　土壤平均温度与平土壤均含水率、含盐率的变化关系
(a) 含水率；(b) 含盐率

第三节　本　章　小　结

（1）通过不同生育阶段气温与土壤温度的变化分析可知，土壤温度随着气温的升高而升高，降低而降低，影响作用随着土壤深度的增加而减弱，滞后时间随着深度的增加而延长；受作物遮阴影响，60～150cm 处土壤温度比气温早 1 个月达顶峰而开始降低；10 月之前，土壤温度自上而下呈递减分布，而 10 月之后，土壤温度自上而下呈递增分布。

（2）土壤温度的变化对土壤水盐运移情况有着重要的影响。随着土壤温度的升高，土壤水分扩散率不断增大，土壤持水能力不断降低，造成 5～60cm 处土壤含水率降低，而 90～150cm 处土壤含水率增高，导致 5cm 和 90～150cm 处土壤盐分相对增高。反之，随着土壤温度的降低，各层土壤含水率相对保持较高，各层土壤含盐率相对保持较低。

（3）通过分析土壤温度对土壤水盐运移的影响，对作物灌溉制度进行优化调整。在灌溉定额不变的条件下，相对减小 5 月、6 月的灌水定额，相对减小 7 月、8 月的灌水周期或增加灌水定额，相对减小 9 月的灌水定额，使作物保持良好的水盐环境，抑制土壤盐分的上移。在生育期末，通过穿插灌水，加大灌水定额，对土壤洗盐、抑盐有着明显的作用。

参考文献

［1］ Hunsaker D. J., Clemmens A. J., Fangmeier D. D. Cotton response to high frequency surface irrigation ［J］. Agricultural Water Management，1998，(37)：55 - 74.

［2］ Doorenbos. Effect of different irrigationmethods on shedding and yield of cotton ［J］. Agriculture Water Manage, 2002 (54)：1 - 15.

［3］ 吕殿青，王全九，王文焰. 滴灌条件下土壤水盐运移特性的研究现状 ［J］. 水科学进展，2001，12（1）：107 - 112.

［4］ 虎胆·吐马尔白，弋鹏飞，王一民. 干旱区膜下滴灌棉田土壤盐分运移及累积特征研究 ［J］. 干旱地区农业研究，2011，29（5）：144 - 150.

［5］ 牟洪臣，虎胆·吐马尔白，苏里坦. 干旱地区棉田膜下滴灌盐分运移规律 ［J］. 农业工程学报，2011，27（7）：18 - 22.

［6］ 贺欢，田长彦，王林霞. 不同覆盖方式对新疆棉田土壤温度和水分的影响 ［J］. 干旱区研究，2009，26（6）：826 - 831.

［7］ 高龙，田富强，倪广恒. 膜下滴灌棉田土壤水盐分布特征及灌溉制度试验研究 ［J］. 水利学报，2010，41（12）：1158 - 1165.

［8］ 刘延锋，江贵荣，徐连三. 干旱区膜下滴灌棉田表层土壤盐分日内动态特征 ［J］. 地质科技情报，2012，31（2）：84 - 89.

［9］ 吕殿青，邵明安. 变容重土壤水分运动参数与方程研究 ［J］. 自然科学进展，2008，18（7）：795 - 800.

［10］ 冯宝平，张展羽，张建丰. 温度对土壤水分运动影响的研究进展 ［J］. 水科学进展，2002，13（5）：643 - 648.

［11］ 李瑞平，史海滨，赤江冈夫. 冻融期气温与土壤水盐运移特征研究 ［J］. 农业工程学报，2007，23（4）：70 - 73.

［12］ Bridget R. Scanlon. Water and heat fluxes in desert soi ls Numerical simulations ［J］. Water Resources Researeh，1994，30（3）：721 - 733.

［13］ 高红贝，邵明安. 温度对土壤水分运动基本参数的影响 ［J］. 水科学进展，2011，22（4）：484 - 494.

［14］ 张治，田富强. 新疆膜下滴灌棉田生育期地温变化规律 ［J］. 农业工程学报，2011，27（1）：44 - 51.

［15］ 谢承陶. 盐渍土改良原理与作物抗性 ［M］. 北京：中国农业科技出版社，1993.

第十一章 滴灌棉田秸秆覆盖
水盐调控试验研究

秸秆覆盖是一种用人工方法在土壤表面设置一道物理阻隔层的技术。把作物秸秆应用在农业上，能明显抑制土面蒸发和减弱土壤盐分的表聚作用，有效缓解盐分对作物直接接触危害，可实现秸秆变废为宝、节水保墒的作用，具有较高的经济效益和生态效益[1]。秸秆覆盖具有改变农田下垫面性质和能量平衡，减少土壤蒸发、蓄水保墒、调节地温、提高肥力、提高作物产量等综合作用，国内外专家学者在秸秆覆盖方面做了大量研究工作，尤其在内地形成了丰富的研究成果。但秸秆覆盖在干旱区的研究相对薄弱，尤其在滴灌技术广泛应用的区域，秸秆覆盖滴灌水盐调控方面的研究几乎空白。由于新疆大部分地区土壤残膜污染问题越来越严重，只有从源头上遏制残膜污染，才能促进新疆棉花种植业可持续发展。而新疆秸秆资源丰富，且秸秆覆盖对土壤温湿度变化和棉花生长发育具有促进作用[2-5]，在节约资源的前提下更有利于水土资源的可持续发展。本章在前人基础上，结合新疆特点，提出将秸秆覆盖与滴灌相结合，发挥各自优势，保墒抑盐，解决残膜污染等一系列问题。利用秸秆覆盖调控灌区土壤水盐分布，建立适合土壤水盐运动数学模型，为秸秆覆盖在新疆的探索应用提供依据，同时也为干旱区盐渍土改良提供新的思路。秸秆覆盖技术与滴灌技术相结合，会抑制盐分上移，解决残膜污染等诸多问题，发挥滴灌优势，节水控盐，具有重要的现实意义。

第一节 滴灌棉田秸秆覆盖水盐运移规律研究现状分析

20 世纪 80 年代，国内土壤水热耦合数值模型研究逐渐开始。林家鼎[6]研究了无植被土壤水分流动、温度分布及土壤表面的蒸发效应；康绍忠等[7]研究了 SPAC 水分传输机理，提出了根区土壤水分动态模拟［式（11 - 1）］等 SPAC 水分传输动态模拟模型的子系统。

$$\frac{\partial \theta}{\partial t} = \frac{\partial}{\partial z}\left[D(\theta)\,\frac{\partial \theta}{\partial z}\right] - \frac{\partial K(\theta)}{\partial z} - S(z,\ t) \qquad (11-1)$$

蔡树英[8]对土壤水汽热运动耦合性数值模型进行了验证，认为耦合模型相对等温模型反映温度变化条件下的土壤水热运动规律更准确[9]。隋红建等[10]研究了覆盖条件下的田间水热运移数值模拟，定量分析了不同覆盖层下非均质土壤水热分布特点；沈荣开等[11]建立了夏玉米生长初期麦秸覆盖条件下土壤水热迁移的耦合数值模型。虎胆·吐马尔白[12]对蒸发条件下不同秸秆覆盖量土壤水分运动变化规律进行了模拟，确定了秸秆覆盖潜水蒸发强度。陈凤等[13]计算了秸秆覆盖条件下夏玉米的作物系数。杨邦杰等[14]提出了不同覆盖下田间二维水热迁移的数值模型，促进了土壤水热耦合运移研究[15]。

Richards 为研究土壤非饱和流运动，以连续性水流方程替代瞬流方程，将连续性定理应用于达西定律，建立了土壤水分运动的基本方程，即等温方程，表示为

$$\frac{\partial \theta}{\partial t} = -\nabla q \tag{11-2}$$

Philip 与 De Vries[16] 提出建立在质能平衡基础上的水-气-热耦合运移理论，水流和热流的耦合方程可表示为

$$\frac{\partial \theta}{\partial t} = \nabla[D(\theta)\,\nabla\theta] + \nabla(D_T\,\nabla T) - \frac{\partial K(\theta)}{\partial z} - S_r \tag{11-3}$$

$$C_v\,\frac{\partial T}{\partial t} = \nabla(K_h\,\nabla T) \tag{11-4}$$

式中：∇T 为温度梯度；$\nabla\theta$ 为含水率梯度；$D(\theta)$ 为由水势梯度引起的土壤水分扩散率；D_T 为由温度梯度引起的土壤水分扩散率；$K(\theta)$ 为土壤导水率；S 为根系吸水率；C_v 为土壤的容积热容量；K_h 为导热率；z 为深度坐标；t 为时间坐标。

1980 年以后，田间覆盖及耕作措施下的土壤水热耦合运移模型得以发展，二维土壤水热耦合模型在一维土壤水热耦合模型基础上进行建立，田间水热运移规律得以揭示。

Nassar 等[17] 提出了秸秆覆盖下水热运移模型的水分传输方程：

$$\frac{\partial \theta}{\partial t} = \nabla(D_T\,\nabla T) + \nabla(D_\theta\,\nabla\theta_L) - \nabla(D_C\,\nabla C) + \nabla K \tag{11-5}$$

康绍忠等[18] 利用 Philip 与 De Vries 经验表达式，简化时间问题，假定根系吸水和棵间蒸发及含水量和温度在平面上分布均匀，提出了描述作物覆盖条件下田间水热运移的数学模型，即

$$\frac{\partial \theta}{\partial t} = \frac{\partial}{\partial z}\left[D(\theta)\,\frac{\partial \theta}{\partial z}\right] - \frac{\partial K(\theta)}{\partial z} + \frac{\partial}{\partial z}\left(D_T\,\frac{\partial T}{\partial z}\right) - S_r(z,\ t) \tag{11-6}$$

$$C_v\,\frac{\partial T}{\partial t} = \frac{\partial}{\partial z}\left(K_h\,\frac{\partial T}{\partial z}\right) \tag{11-7}$$

温度梯度产生的水分流动在田间温度变化较小时比较微弱，此时可不考虑。若忽略温度变化对水分运动参数的影响，即认为温度变化不影响水分运动。此时，式（11-6）可独立求解，这样处理一般也能满足精度要求。

脱云飞[19] 在裸地土壤水热运移方程的基础上，建立了秸秆覆盖土壤水热运移模型：

$$C(\theta)\,\frac{\partial \varphi}{\partial t} = \left[K(\theta)\,\frac{\partial \varphi}{\partial z}\right] - \frac{\partial K(\theta)}{\partial z} + \frac{\partial}{\partial z}\left[D(\theta)\,\frac{\partial T}{\partial z}\right] - S_r(z,\ t) \quad 0 < z \leqslant zr \tag{11-8}$$

$$C(\theta)\,\frac{\partial \varphi}{\partial t} = \frac{\partial}{\partial z}\left[K(\theta)\,\frac{\partial \varphi}{\partial z}\right] - \frac{\partial K(\theta)}{\partial z} + \frac{\partial}{\partial z}\left[D(\theta)\,\frac{\partial T}{\partial z}\right] \quad z > zr \tag{11-9}$$

$$C_v\,\frac{\partial T}{\partial t} = \frac{\partial}{\partial z}\left(\lambda\,\frac{\partial T}{\partial z}\right) + \rho L\,\frac{\partial}{\partial z}\left[K(\theta)\,\frac{\partial \varphi}{\partial z}\right] \tag{11-10}$$

式中：$C(\theta)$ 为土壤比水容量；λ 为导热率；C_v 为土壤容积热容量；L 为水的汽化潜热；ρ 为土壤中液态水的密度；φ 为土壤水势。

秸秆覆盖层的水热特性随时间变化而变化，多数研究者均把覆盖层考虑成静态并不随时间变化，如 Gupat[20]、Chung 等[21]、任理等[22]，只有少量研究者考虑其动态变化。

Bristow 等[23]提出一个描述土壤-残茬-大气系统的水分和热量传递动态模型，这个模型是在质量和能量平衡原理基础上构建的，其水汽输送控制方程为

$$\left(\rho_a \frac{E}{P}\right) \frac{\partial e}{\partial t} = \frac{\partial}{\partial z}\left(K_v \frac{\partial e}{\partial z}\right) + U \qquad (11-11)$$

式中：ρ_a 为空气密度；e 为水汽压，$E = 0.622$；P 为大气压；U 为覆盖和邻近空气之间的源汇项分布，$kg/(m^3 \cdot s)$；K_v 为水汽的涡传导度，$kg/(m \cdot s \cdot kPa)$。

土壤水力参数在土壤水热运移模拟中的确定直接影响到模拟结果的准确性。土壤水分运动参数计算方法分为直接法和间接法，常用间接法，将覆盖层对土壤水分运移的影响简化阻挡层，这一阻挡层对水汽具有一定阻抗，在表土蒸发强度计算中，考虑进去水汽通过覆盖层的阻抗，即 van Genuchten 模型灵活性很好，差不多可拟合任何 e 与 h 关系，且与实测数据有较高的吻合度，在土壤接近饱和时效果更好。van Genuchten 模型表达式式为

$$\frac{\theta - \theta_r}{\theta_s - \theta_r} = \left[\frac{1}{1 + (ah)^n}\right]^m \qquad (11-12)$$

Gardner 模型表达式为

$$h = \alpha\theta - b \qquad (11-13)$$

式中：θ_r 为残余含水率，cm^3/cm^3；θ 为体积含水率，cm^3/cm^3；h 为土壤吸力或负压，cm；θ_s 为饱和含水率，cm^3/cm^3；a、m、b 为拟合参数，其中，van Genuchten 模型中 $m = 1 - 1/n$。

导水率 $K(\theta)$、水分扩散率 $D(\theta)$ 和比水容量 $C(\theta)$ 等是 3 个重要的土壤水分运动参数，考虑到 $K(\theta) = D(\theta)C(\theta)$，所以 3 个土壤水分运动参数中只有 2 个参数是独立的。其中非饱和导水率最不易求得，求得导水率后，可通过水分特征曲线模型可以推求其他 2 个参数。

作物优质高产的关键环境条件之一是土壤水热分布状况，王建东在土壤水热运动基本方程基础上建立了滴灌水热运移数学模型，并利用 Hydrus - 2D 软件对构建的数学模型进行了数值求解[24]。李志新等利用 Hydrus - 2D 软件模拟二维非饱和土壤水流溶质运移过程，构建了畦灌施肥地表与非饱和土壤水流溶质运移集成模型[25]。

第二节 滴灌棉田秸秆覆盖条件下土壤水盐运动规律研究

一、秸秆覆盖对盐碱土土壤垂直方向水盐运移的影响

秸秆覆盖试验布置见第二章第三节第六部分。本实验对滴灌棉田秸秆覆盖条件下土壤水盐运移在 2009 年 4—9 月期间在新疆石河子市西郊石河子大学农试场二连现代节水灌溉兵团重点试验室试验基地进行研究。秸秆覆盖量为 $6000kg/hm^2$。试验设 6 个测坑处理：利用中子仪进行观测距表土 0cm、20cm、40cm、60cm、80cm、100cm、120cm、140cm、160cm 处的土壤含水率。相应位置处取样约 1691 个，测定土壤含盐率或土壤电导率 EC 值。根据北疆棉花滴灌淡水灌溉定额进行常规灌溉，每次记录灌溉水量。

研究中发现，由于采用的秸秆约埋设 100 天以后，秸秆已氧化分解腐烂，隔层作用相

对下降，所以为了具体分析秸秆覆盖对土壤水盐运移的影响，选择 6 月 6 日以前的数据进行对比。盐碱土测坑处理中 20cm 和 40cm 深度土层水盐含量随时间变化分别如图 11 - 1～图 11 - 4 所示。

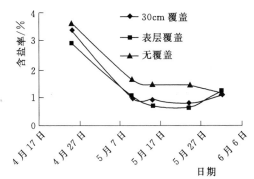

图 11 - 1 20cm 处随时间变化含盐率

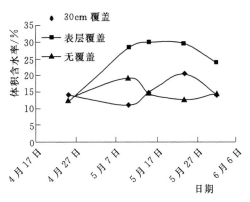

图 11 - 2 20cm 处随时间变化的体积含水率

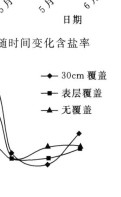

图 11 - 3 40cm 处随时间变化含盐率

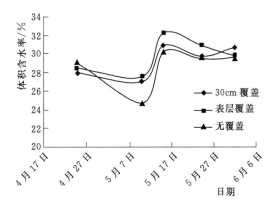

图 11 - 4 40cm 处随时间变化的体积含水率

由图 11 - 1～图 11 - 4 可以看出，在 3 种覆盖方式测坑灌水量相同情况下，30cm 秸秆覆盖含盐率在 40cm 以下最高，说明秸秆在距地表下 30cm 处抑制了盐分上移，3 个处理中在 20cm 和 40cm 两处含水率则是表层覆盖始终最高，而 30cm 覆盖的测坑在 20cm 处和无覆盖测坑含水率接近，在 40cm 处 30cm 覆盖测坑含水率高于无覆盖测坑，正是 30cm 处的秸秆起到了一定的短期内抑制水分上移的作用的结果。所以，表层秸秆覆盖具有明显的抑制水分散失的作用，保水效果较好，耕层盐分含量低于无覆盖处理与 30cm 秸秆覆盖相当。地表下 30cm 深层秸秆覆盖对于耕层土壤水分相对无覆盖处理具有一定的保水性，耕层土壤盐分明显低于无覆盖处理，在 40cm 深处盐分又明显高于无覆盖和表层覆盖处理，说明深层秸秆覆盖具有明显的抑制水分和盐分上移的作用，能够起到隔层抑盐改良盐碱土的作用。

二、秸秆覆盖对盐碱土土壤水盐水平运移的影响

为说明秸秆覆盖对盐碱土处理土壤水盐水平运移的影响，以 2009 年 6 月 26 日和 7 月 13 日数据为例进行说明。由图 11 - 5～图 11 - 12 可以看出，30cm 覆盖处理，距管 45cm

在30cm以上，盐分含量最高，在滴灌带以下盐分含盐率最低，在距滴灌带22.5cm处的相应土壤深度土壤盐分含量居中。而土壤含水率则是在滴灌带下方最高，距管45cm处最低。因秸秆覆盖层在30cm深处，水分和盐分均以30cm为界限，上下变化趋势不同。表层覆盖处理因秸秆覆盖层在表层，垂直方向盐分含量的变化趋势基本一致。无秸秆覆盖处理的土壤水分和盐分总体上在0～20cm深度与30cm覆盖处理相近，在40cm以下土壤变化规律不明显。

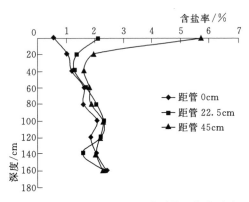

图11-5　6月26日30cm处覆盖土壤含盐率

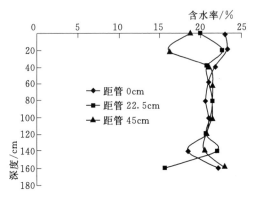

图11-6　6月26日30cm处覆盖土壤含水率

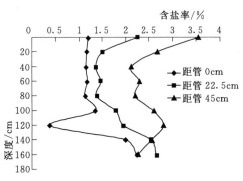

图11-7　6月26日表层覆盖土壤含盐率

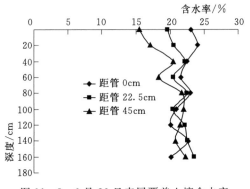

图11-8　6月26日表层覆盖土壤含水率

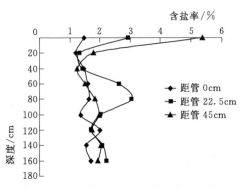

图11-9　6月26日无覆盖土壤含盐率

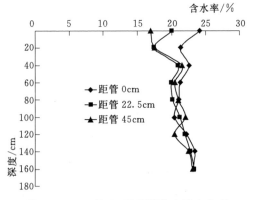

图11-10　6月26日无覆盖土壤含水率

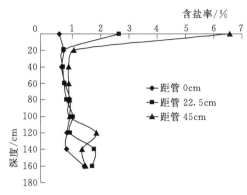

图 11-11　7月13日30cm深处土壤含盐率

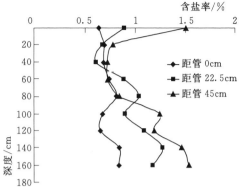

图 11-12　7月13日表层土壤含盐率

三、棉花不同覆盖处理全生育期土壤盐分变化

盐碱土 2009 年棉花全生育期各处理秸秆覆盖土壤水分变化分别如图 11-13～图 11-15 所示。

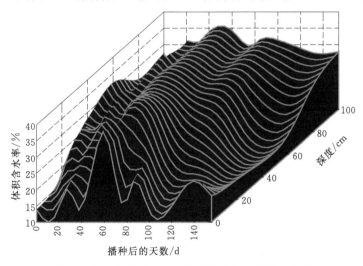

图 11-13　盐碱土 30cm 覆盖灌前全生育期含水率

从图 11-13～图 11-15 可以看出 3 种覆盖方式在蓄水效果上，表层覆盖占有明显的优势，30cm 覆盖次之，确切地说在距播种 100d 以前保水效果可以和 5 测坑平齐，100d 以后，埋在土里的秸秆已经氧化分解，所以降低了保水效果，而无覆盖 4 测坑 80d 以前 100cm 深度范围内含水率的突然增大是由于 6 月 26 日大定额灌水造成的。所以在蓄水效果上表层覆盖高于 30cm 覆盖，30cm 覆盖又高于无覆盖。

由图 11-16 可以看出，盐碱土棉花全生育期不同覆盖处理在滴灌带下方表层土壤盐分的变化特点是，表层盐分随灌水变化呈周期性波动变化规律。无覆盖处理因土壤蒸发最强，在前期、中期和后期土壤表层盐分含量在蒸发过程中均最高，表层覆盖处理，因秸秆覆盖在表层，对土壤浅层蒸发影最大，因此在 5 月和 7 月以后盐分含量均比较低，30cm 覆盖处理，因秸秆埋设在地面以下 30cm 处，在一定程度上影响了土壤盐分的上下运移，在滴灌灌水后，盐分能够随水在重力作用下，向下运移。

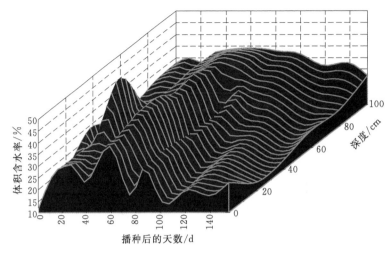

图 11-14　盐碱土表层覆盖灌前全生育期含水率变化

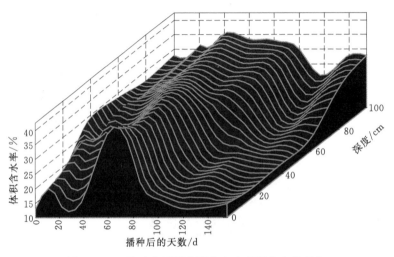

图 11-15　盐碱土无覆盖灌前全生育期含水率变化

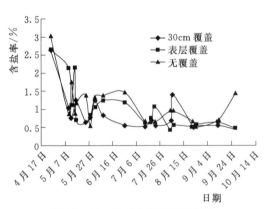

图 11-16　棉花全生育期滴灌带
下方表层土壤盐分变化

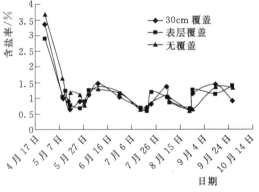

图 11-17　棉花全生育期滴灌带
下方 20cm 土壤盐分变化

如图 11-17 所示，20cm 土壤盐分 3 种处理变化趋势总体相近，随着灌水减小蒸发升高。前期无覆盖处理含盐率最高，表层覆盖和 30cm 覆盖对于降低 20cm 土层盐分含量均起积极作用；在中后期，3 种处理间没有明显的变化规律，这主要是因为 20cm 深度土壤盐分的变化主要受灌水入渗、蒸发、根系吸水因素等的影响。

如图 11-18 所示，40cm 深度盐碱土滴灌棉花盐分含量的变化同样随水的变化呈波动变化趋势，盐分含量大小从前期到中期到后期基本上在 1% 左右变化，3 种处理相差不大，在前期和中期，无覆盖处理的含盐率相对较大，30cm 覆盖和表层覆盖处理盐分含量相对较低，主要是受秸秆的影响。

如图 11-19 所示，60cm 深度盐碱土滴灌棉花盐分含量的变化同样随水的变化总体趋势是前期较高，中期较低，后期又较高。3 种处理相差不大，在前期和中期，无覆盖处理的含盐率相对较大，表层覆盖处理盐分含量相对较低。而 60cm 土层含水率的变化前期和中期较高，后期较低。

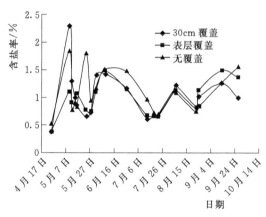

图 11-18 棉全生育期滴灌带
下方 40cm 土壤盐分变化

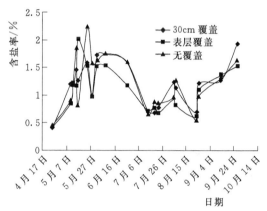

图 11-19 棉花全生育期滴灌带
下方 60cm 土壤盐分变化

由图 11-20 可知，盐碱土 30cm 深度秸秆覆盖在生育期内的盐分含量变化在生育期前期灌水后盐分下移明显，表层盐分（0~20cm）显著降低，深层盐分含量升高，在播种后 40d 前后，深层盐分在土壤蒸发作用下逐渐上移，由于 30cm 深度秸秆覆盖隔层的存在，阻断了土壤毛管的连续性，相应减少了土壤水分和盐分上移，致使在 30cm 深度出现明显的盐分含量最低层，而 40~50cm 深度土层盐分含量较高，在播种后 80d 前后，随着期间几次的灌水，特别是两次较大灌水滴灌定额压盐水量，剖面整体盐分下降较多，在播种后 80d 左右，盐分总量虽然仍然不高，但在土壤蒸发和根系吸水影响下，盐分逐渐上移，但由于秸秆隔层作用，最终盐分在 30~40cm 处聚集，而上层及表层 0~20cm 土壤盐分含量明显很低，充分说明深层秸秆覆盖抑盐上移效果明显。

由图 11-21 可知，表层秸秆覆盖后生育阶段前期灌水后盐分虽然也降低明显但在相对 30cm 深度秸秆覆盖而言，播种 30d 前后，0~30cm 深度范围内的土壤盐分含量明显较高，主要是由于表层秸秆覆盖后土壤水分仅在地表处减少了蒸发散失，并具有较好的保水作用，致使盐分相应逐渐聚集在表层以下土层，在生育阶段后期盐分在 20~50cm 深度范

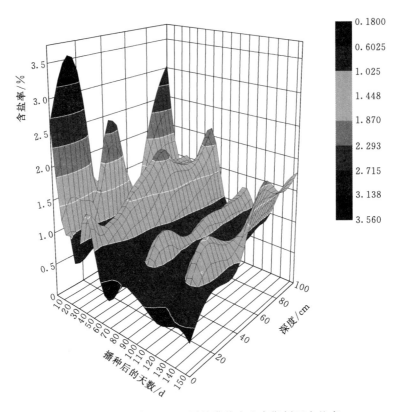

图 11-20　盐碱土 30cm 覆盖灌前全生育期剖面含盐率

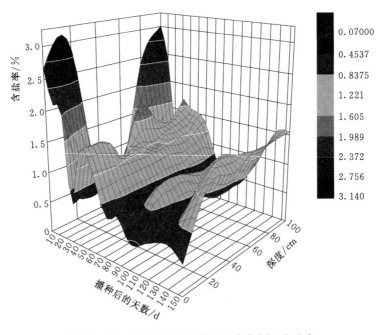

图 11-21　盐碱土表层覆盖全生育期剖面含盐率

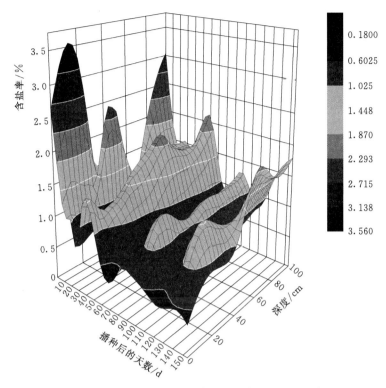

图 11-22　盐碱土无覆盖灌前全生育期剖面含盐率

围内较高，这既符合滴灌入渗土壤盐分分布的典型特点，又说明了秸秆在表层覆盖一定程度上抑制了盐分上移，相对 30cm 覆盖而言盐分抑制深度相对浅些，但相对无覆盖的处理而言抑盐效果要明显的多。

　　由图 11-20～图 11-22 可以看出，在初始阶段盐分两头高中间低，因为 2009 年是该测坑建立的第二年，由于 2008 年测坑盐碱土下陷，所以在播种覆盖前先把下陷 40cm 用原状盐碱土填平，初始时刻盐分在 100cm 深度范围内盐分相差很大。3 个图可以反映 3 种覆盖方式下，总体变化趋势相同，盐分最高可达 3.5%，最低可达 0.18%，最后都形成了能够供应棉花生长的脱盐区，在棉花生育期 9 月 27 日结束时，它们 3 个的盐分在地表向下时由小变大在 0.4%～1.8% 的范围内。在 8 月 29 日至 9 月 27 日之间，3 个测坑只有蒸发无灌水，所以盐分在整个深度范围内整体在上移，其中 30cm 覆盖的测坑 6 表层盐分最低达到 0.45%，与之形成强烈对比的测坑 4 表层含盐率为 1.44%，说明隔层发挥了对盐分抑制上移作用，表层覆盖测坑 5 的盐分次之，在深度 40～60cm 范围内盐分比测坑 6 高 0.4%，测坑 4 无覆盖则比测坑 6 高 0.6%。说明从地表向下 30cm 覆盖秸秆有利于棉花根区形成脱盐区，抑盐效果略高于表层覆盖。20cm 土壤盐分在生育期前期无覆盖处理含盐率最高，30cm 覆盖处理盐分含量相对最低，表层覆盖和 30cm 覆盖对于降低 20cm 土层盐分含量均有积极作用，相对而言 30cm 覆盖效果更好；在中后期，3 种处理间没有明显的变化规律，这主要是因为 20cm 深度土壤盐分的变化主要受灌水入渗、蒸发、根系吸水因素等的影响。60cm 深度盐碱土滴灌棉花盐分含量的变化同样随水的变化总体趋势是前期较高，中期较低，后期又较高。3 种处理相差不大，在前期和中期，无覆盖处理的含盐率相对较大，表层覆盖处理盐分含量相对较低。而 60cm 土层含水率的变化前期和中期较高，后期较低。由图 11-20～图 11-22 可以看出，盐碱土棉花全生育期不同覆盖处理在滴灌带下方表层土壤盐分的变化特点是，3 种处理全生育期总的变化趋势是前期较高，中后期较低，灌水后各处理表层盐分能迅速降低，但之后又迅速升高，随灌水变化呈周期性波动变化规律。无覆盖处理因土壤蒸发最强，在前期、中期和后期土壤表层盐分含量在蒸发过程中均最高，表层覆盖处理，因秸秆覆盖在表层，对土壤浅层蒸发影响最大，因此在 5 月和 7 月以后盐分含量均比较低，30cm 覆盖处理，因秸秆埋设在地面以下 30cm 处，在一定程度上影响了土壤盐分的上下运移，在滴灌灌水后，盐分能够随水在重力作用下，向下运移。

四、不同深度秸秆覆盖处理棉花产量分析

根据 2009 年田间试验采集结果得各处理棉花产量，结果见表 11-1 与如图 11-23 所示。

表 11-1　　　　　　　　　　　　各处理棉花产量

处理	平均单铃重/g	亩产/kg	相对无覆盖变化量/%
中壤土表层覆盖	5.13	358.1866	19.54
中壤土 30cm 覆盖	6.12	342.7193	14.38
中壤土无覆盖	5.88	299.637	0.00
盐碱土无覆盖	5.32	238.7936	0.00
盐碱土表层覆盖	5.4	284.5422	19.16
盐碱土 30cm 覆盖	5.39	288.7016	20.90

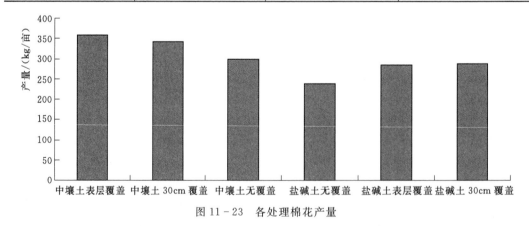

图 11-23　各处理棉花产量

由表 11-1 和图 11-23 可以看出，无论是中壤土还是盐碱土，采用秸秆覆盖处理的棉花产量均比同种土壤无覆盖处理的产量高，说明，采用秸秆覆盖后，特别是在 30cm 深度采用秸秆覆盖，对于调控土壤水盐变化，特别是对于抑制土壤盐分上移具有积极作用，为滴灌棉花根系创造了一个低盐环境，利用生长发育，并最终有利于棉花生长和产量的提高。

第三节 不同深度秸秆覆盖对作物根系分布的影响研究

根系不仅是吸收水分、养分的器官，还是合成氨基酸和激素、分泌有机酸等多种生理活性物质的场所[26]。作物根系的生长、分布与土壤水分状况密切相关，并对作物生长及产量产生很大影响[27]。生长在不同条件下的植物，根系的形态特征和分布格局都会产生与环境相适应的改变[28]。

一、秸秆覆盖对滴灌棉花根系根长密度的影响

为分析不同深度秸秆覆盖对作物根系分布的影响研究，于2012年4—10月在新疆石河子市西郊石河子大学农试场二连现代节水灌溉兵团重点试验室试验基地进行研究。采用了测坑实验，共6个测坑。在水平方向距滴灌带0cm、25cm、45cm处分别向下0cm、20cm、40cm、60cm、80cm、100cm处取土样。用DDS-307电导率仪测其电导率 EC 值并转换为土壤含盐率（100%）。利用当地上年度保存好的干燥小麦秸秆为覆盖材料，在棉花播种前覆盖，秸秆覆盖量为16000kg/hm²，表层覆盖厚度约3cm。每个测坑铺设2条滴灌带，每条滴灌带控制2行棉花，行距为30cm＋60cm＋30cm，株距为10cm，滴头间距为30cm，设计滴头流量1.6L/h。

根长密度表示单位土体内根系总长度，反映根系毛细根数量，也间接反映了根系吸收水分、养分的范围和强度大小。2012年8月25日各处理根长密度分布见表11-2、表11-3和如图11-24所示。

表11-2　　　　　不同秸秆覆盖处理下土壤垂直方向棉花根长密度分布

距滴灌带距离/cm	中壤土			盐碱土		
	表层覆盖	30cm深处覆盖	无覆盖	表层覆盖	30cm深处覆盖	无覆盖
0～14	497.18aA	1011.5aA	1104.88aA	1411.23abA	1666.97aA	971.35aA
14～28	1250.55bA	1475.67aA	1479.84aA	1440.34abA	2305.76aA	1799.95aA
28～42	1394.62bA	1731.75aA	1382.05aA	1730.36aA	2229.37aA	1981.1bA
42～56	1048.16bA	1153.72aA	1283.67aA	1325.57aA	1619.49abA	1881.6aA
56～70	1256.64bA	862.22aA	1064.85aA	826.69bA	596.94bA	1108.06aA

注　横排大写字母不相同为差异显著，纵排小写字母不相同为差异显著，下同。

表11-3　　　　　不同秸秆覆盖处理下土壤水平方向棉花根长密度分布

距滴灌带距离/cm	中壤土			盐碱土		
	表层覆盖	30cm深处覆盖	无覆盖	表层覆盖	30cm深处覆盖	无覆盖
−25～−15	896.14aA	967.50abA	1010.97aA	1277.27abA	826.44acA	1145.99aA
−15～−5	1101.50aA	1458.02aA	1276.10aA	2094.22aA	1084.63 abcB	1970.12aA
−5～5	737.03aA	632.41bA	942.81aA	1165.21b，A	1590.95bA	1500.34aA
5～15	1013.58aA	1081.97abA	1149.44aA	835.68bA	1492.11 abcA	1772.47aA
15～25	749.99aA	1284.44 abB	803.96aA	1389.61abA	923.74 abcA	981.86aA

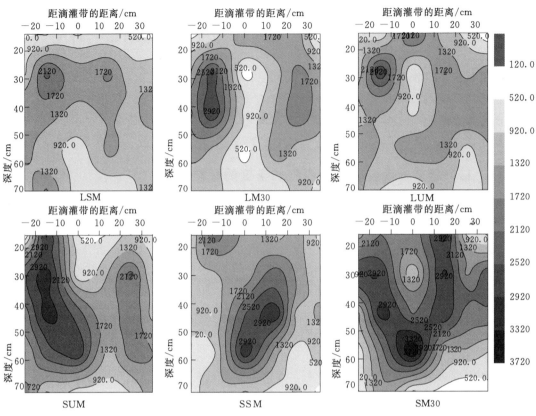

图 11-24 不同秸秆覆盖处理下滴灌棉花絮期（8 月 25 日）根长密度分布

表 11-3 表明，中壤土表层覆盖对于棉花根长密度在水平方向上各个位置都不具有优势，在水平距滴灌带 -15cm 处比无覆盖少 1047m/m³，在滴灌带下方比无覆盖少 1234 m/m³，距滴灌带 -25cm 处 689.01m/m³，在距滴灌带 -15cm 和 35cm 处 30cm 处覆盖比无覆盖总根长密度多 1091m/m³ 和 2882m/m³，其余各处 30cm 处覆盖根长密度也不占优势。表层覆盖对盐碱土棉花深度 0～70cm 土层的根长密度的影响还是不占优势，反而无覆盖和 30cm 处覆盖经常很活跃，且它们的变化趋势、数值均大致相同。在距滴灌带 0cm、15cm 处表层覆盖总根长密度比无覆盖多 2554.45m/m³ 和 3938.56m/m³，其余各处均低于无覆盖。30cm 处覆盖只在距滴灌带 0cm、15cm、35cm 处总根长密度比无覆盖多 2010m/m³、5620m/m³、406m/m³。中壤土根长密度上来看，在水平 15～25cm 段表层覆盖与 30cm 处覆盖和无覆盖有显著差异，从深度上来看在表层覆盖 0～14cm 土层内与其他土层差异显著（$P<0.05$），30cm 处覆盖 28～42cm 段与 56～70cm 段差异显著（$P<0.05$）；在水平方向上 30cm 处覆盖 -15～-5cm 段与 -5～5cm 段差异显著（$P<0.05$）。盐碱土条件下，秸秆 30cm 处覆盖与表层覆盖在水平方向上 -15～-5cm 土层内差异显著（$P<0.05$），从深度上看，表层覆盖的 28～42cm、56～70cm 两段土层根长密度差异显著；30cm 处覆盖在 56～70cm 段与其他土层差异显著，无覆盖在 0～14cm 段与 28～42cm 差异显著；从水平上来看每种覆盖均有多处显著差异。从盐碱土分析结果在覆盖方式之间、垂直和水平方向上多处都有显著差异。

图 11-24 显示，盐碱土棉花根长密度大小及分布范围均高于中壤土，特别是在 50cm 以下土层时 30cm 深层覆盖尤为典型。中壤土表层覆盖深度 0～20cm 范围根长密度最少，未出现明显的根系聚集。30cm 覆盖在滴灌带正下方根长密度最少，且根系在纵向 20～50cm、水平－20～5cm、5～30cm 两处聚集；在无覆盖中滴灌带正下方 25～45cm 区域根长密度较少，在纵向 20～35cm、水平－20～5cm 处根系聚集。由表 11-2 数据可知，0～14cm 表层土体里面无覆盖处理根系密度最大，平均根长密度 1104.88m/m³，同时该部分土体根长密度所占该处理总根长密度的比重也最大（17.50％），最小的为表层覆盖，平均根长密度 497.18m/m³，仅为无覆盖处理的 45％，同时根长密度的比重也最小（9.13％），30cm 覆盖与无覆盖接近；0～28cm 土层与 0～14cm 分布特点相同，28～70cm 则是 30cm 覆盖处理平均根长密度最大（1249.23m/m³），表层覆盖处理最小（1233.15m/m³），3 者差别不大，但从自身根长密度比重上却是表层覆盖最大（67.91％），其次是 30cm 覆盖 60.11％，无覆盖处理为 59.07％，说明秸秆覆盖对深层根系分布影响更大，秸秆覆盖提高深层土壤水分含量，促进根系向深处发育。

图 11-24 下排 3 个盐碱土处理中，0～70cm 深度内的盐碱土根系明显多于中壤土根系，3 个处理均在滴灌带两侧根系聚集，其中表层覆盖在 0～30cm 土层内平均根长密度 1425m/m³，30cm 覆盖 1986m/m³。30～70cm 土层内表层覆盖平均根长密度 1294m/m³ 最小，无覆盖 1556m/m³ 最大。由表 11-2 数据显示，0～14cm 土层无论是平均根长密度还是根长比重均表现为无覆盖处理最小，30cm 覆盖处理根长密度最大，表层覆盖处理根长比重最大，平均根长密度分别为无覆盖 971.36m/m³，表层覆盖 1411.23m/m³，30cm 覆盖 1666.98m/m³，表层覆盖和 30cm 覆盖分别高出无覆盖 45.3％ 和 71.6％，比重分别为无覆盖 12.54％，表层覆盖 20.96％，30cm 覆盖 19.80％。0～28cm 土层，表层覆盖与 30cm 覆盖根长密度与根长比重也均高于无覆盖处理，其中根长密度数据分别高于无覆盖 2.9％ 和 43.3％。28～42cm 土层 30cm 覆盖处理根长密度及根长比重均最高（2229.37m/m³，26.48％），分别高于无覆盖和表层覆盖 12.5％ 和 28.8％，说明，秸秆覆盖显著影响根系分布，根系更易在土壤水分含量高、盐碱含量低的中上层发育，但 30cm 覆盖影响了 30cm 以下土层盐分的分布，特别是在前期，因此在秸秆层下方根系分布相对较高，但总的来看，28～70cm 土层内平均根系密度还是 30cm 秸秆覆盖处理最低。前人研究[29]表明，盐胁迫条件下，棉花根系分布进行适应性变化，产生补偿效应，通过显著的增加脱盐区（0～30cm 土层）根系数量，来来获得更多的水分、养分保证棉花生长的需要研究结果是相似的。

二、秸秆覆盖对滴灌棉花根重密度的影响

根重密度表示单位土体里面根系干物质总质量，反映根系质量的大小，也间接反映根系吸收水分、养分的范围和强度大小，各处理生育期末（8 月 25 日）根重密度分布及不同范围内根重密度方差分析分别如图 11-25 所示和见表 11-4、表 11-5。

图 11-25 显示，无论中壤土还是盐碱土根重密度分布均表现在棉花主根系下方分布最多，在滴灌带两侧近似对称分布，中壤土垂直方向分布相对更深，可达 50～60cm，盐碱土相对较浅，主要集中在 0～30cm。中壤土根系分布在滴灌带下方相对高于盐碱土，盐

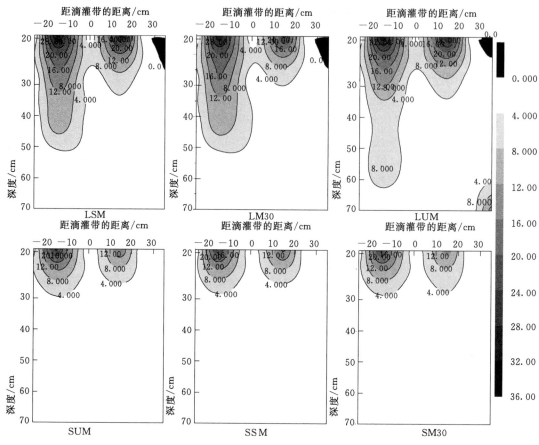

图 11-25　不同秸秆覆盖处理下滴灌棉花絮期（8 月 25 日）根重密度分布

碱土根重密度分布与滴灌湿润锋分布特点类似，显然受土壤水分和盐分影响，呈现在耕作层内聚集。说明，盐碱土条件下滴灌水分分布对棉花根系影响显著，土壤盐分显著抑制棉花根系发育。中壤土条件下 30cm 覆盖处理根系明显向深层发育和分布明显，受到深层水分含量较高影响，体现根系向水性。盐碱土根系重量分布呈"无底托酒杯"状分布，中壤土根系呈"木锥"状分布。与参考文献［30］各生育阶段膜下滴灌棉花根重垂直分布呈现出明显的"T"形分布不同。

表 11-4　　不同秸秆覆盖处理下土壤垂直方向滴灌棉花根重密度方差分析表

土层深度/cm	中壤土			盐碱土		
	表层覆盖	30cm 深处覆盖	无覆盖	表层覆盖	30cm 深处覆盖	无覆盖
0～14	9.7aA	4.36aA	11.94aA	6.61aA	3.02aA	4.97aA
14～28	0.61aA	6.8aA	4.24aA	6.62aA	2.01aA	2.91aA
28～42	0.10aA	1.13aA	2.04aA	3.58aA	1.14aA	1.16aA
42～56	0.71aA	0.85aA	2.24aA	0.54aA	0.44aA	0.78aA
56～70	0.71aA	0.63aA	2.71aB	0.29aA	0.16aA	0.51aB

表 11-5 不同秸秆覆盖处理下土壤水平方向滴灌棉花根重密度方差分析表

距滴灌带距离/cm	中壤土			盐碱土		
	表层覆盖	30cm 深处覆盖	无覆盖	表层覆盖	30cm 深处覆盖	无覆盖
-25~-15	0.39aA	0.83aA	0.58acA	1.01abA	0.52 aB	0.63aC
-15~-5	0.34aA	10.41bA	10.95bA	5.63bA	12.36bB	1.10aC
-5~5	1.07aA	1.31aA	0.66acA	0.79abA	0.38abB	0.50aC
5~15	10.56aA	3.43aA	7.76abcA	1.75abA	3.51abB	3.29aC
15~25	0.50aA	0.41aA	0.48acA	0.75abA	0.57aB	0.64aC

图 11-25 及表 11-4、表 11-5 表明，中壤土情况下，0~14cm 土层表层覆盖处理无论根重密度根重比重为最大为 73.42%，30cm 覆盖处理根重比重最小为 26.05%，无覆盖比重为 51.50%，但是根重密度却是无覆盖最大为 $11.94g \times 10^{-4}/cm^3$，远大于 30cm 覆盖处理数据 $4.36 g \times 10^{-4}/cm^3$，30cm 覆盖根重密度在 0~14cm 土层仅为无覆盖的 36.5%，而根长密度接近，说明中壤土 30cm 覆盖浅层根系较细，在一定程度上影响了根系发育。在 0~28cm 土层，表层覆盖比重最大 78.08%，30cm 和无覆盖接近分别为 66.67% 和 69.82%，根重密度同样无覆盖最大，30cm 覆盖最小，说明 30m 覆盖处理上层根系受到影响，表层覆盖促进上层或者说耕作层根系发育，30cm 覆盖则限制了上层根系发育。在 28~42cm 土层情况相反，30cm 覆盖处理根重密度最大为 $4.10g \times 10^{-4}/cm^3$，根重比重也最大 24.48%，无覆盖为 8.8%，根重密度为 $2.04g \times 10^{-4}/cm^3$，此时表层覆盖为 11.14% 和 $1.48g \times 10^{-4}/cm^3$，28~56cm 土层也反映 30cm 覆盖处理根重密度和根重比重均最大，说明 30cm 覆盖处理明显促进下层根系发育。盐碱土情况下，0~28cm 土层也表现为 30cm 覆盖处理根重比重最小 74.20%，表层覆盖处理与 30cm 覆盖处理接近为 74.95%，均小于无覆盖处理 76.19%，盐碱土条件下 3 种处理均高于中壤土处理的根重比重，说明受盐碱影响盐碱土棉花根系 75% 的根系重量分布在 0~28cm 的耕作层，中壤土根系分布更深，在根重密度数据比较上表层覆盖处理在表层 0~28cm 表现最高为 $6.62g \times 10^{-4}/cm^3$，30cm 覆盖处理最低为 $2.52g \times 10^{-4}/cm^3$，无覆盖处理为 $3.94g \times 10^{-4}/cm^3$，说明 30cm 覆盖处理影响上层根系发育，表层覆盖处理有利于上层根系发育，在 28~70cm 土层情况相反，30cm 覆盖处理根系根重比重最大，但是根重密度仍然最小为 $0.58g \times 10^{-4}/cm^3$，总平均根重密度也表现为 30cm 覆盖处理最小。

三、秸秆覆盖对根系平均单位质量长度的影响

将各处理总根长密度除以总根重密度表示为根系平均单位质量长度（表 11-6）。

表 11-6 不同秸秆覆盖处理下棉花根系的单位质量长度

处理	表层覆盖	30cm 深处覆盖	无覆盖	无覆盖	表层覆盖	30cm 深处覆盖
单位质量长度/(m/g)	4.11	3.72	2.72	6.38	6.43	12.41

表 11-6 表明，盐碱土棉花根系 0~70cm 深度范围内平均单位质量长度均高于中壤土，相应的单位长度质量均低于中壤土，盐碱土棉花根系偏细长，单位体积土体里面细根

较多。中壤土 3 种秸秆覆盖处理中，表层覆盖单位质量根系长度最大（4.11m/g），无覆盖最小（2.72m/g），是无覆盖 1.51 倍，秸秆覆盖提高根系特别是细根分布密度，促进根系发育。盐碱土 30cm 覆盖根系单位质量长度最大（12.41m/g），无覆盖处理最小（6.38m/g），是无覆盖处理的 1.95 倍，秸秆覆盖同样更能促进根系发育延伸，在盐碱逆境下秸秆覆盖更能促进根系向更细更长方面发育。

第四节 本 章 小 结

（1）秸秆覆盖通过对土壤水分的影响间接影响了土壤盐分的运移和分布。在 30cm 处覆盖秸秆主要对 30cm 以上土壤的水分和盐分产生影响，0~20cm 土壤盐分含量明显很低，同时对 30~40cm 深处的盐分也影响较大，盐分主要在 30~40cm 深处聚集，对于 40cm 以下的影响与表层覆盖比较接近。表层秸秆覆盖具有明显的抑制水分散失的作用，保水效果较好，30cm 深层秸秆覆盖对耕层具有一定的保水性，有利于棉花根区形成脱盐区，在秸秆腐烂之前（有效期约 100 天）具有明显的抑制水分和盐分上移的作用，抑盐效果高于表层覆盖，能够起到隔层抑盐改良盐碱土的作用。3 种覆盖方式在蓄水效果上，表层覆盖占有明显的优势，但在距播种 100 天以内保水效果均比较好，表层覆盖高于 30cm 覆盖，30cm 覆盖又高于无覆盖。

（2）采用秸秆覆盖对土壤水分和盐分水平方向的运移具有一定影响，表层覆盖时，土壤剖面水盐变化趋势基本一致，在 30cm 覆盖处理时，因秸秆的存在，出现了以秸秆覆盖深度为分界线，40cm 上下变化总体趋势不变，但变化程度明显不同，在秸秆覆盖层以上变化明显，而覆盖层下面变化趋势较缓。

（3）盐碱土棉花全生育期不同覆盖处理在滴灌带下方变化特点：无覆盖在前期、中期和后期土壤表层盐分含量在蒸发过程中均最高。因表层秸秆覆盖在表层，对土壤浅层蒸发影响最大，因此在 5 月和 7 月以后盐分含量均比较低。30cm 覆盖处理，蒸发过程中表层盐分含量相对较低。40cm 以下深度盐分含量变化不明显。60cm 以下深度盐碱土滴灌棉花盐分含量的变化同样随水的变化总体趋势是前期较高，中期较低，后期又较高。

（4）无论是中壤土还是盐碱土，采用秸秆覆盖处理的棉花产量均比同种土壤无覆盖处理的产量高，采用秸秆覆盖后，特别是在 30cm 深度采用秸秆覆盖，对于调控土壤水盐变化，抑制土壤盐分上移有积极作用，为滴灌棉花根系创造了一个低盐环境，最终有利于棉花生长和产量提高。

（5）秸秆覆盖显著影响根系根长密度分布，对深层根系分布影响更大，中壤土根系分布更深，秸秆覆盖减少 0~28cm 耕作层根重密度分布比重，增加根长密度比重，分别促使棉花细根在耕作层和主根向深层发育和分布。表层覆盖促进耕作层根系发育，30cm 覆盖限制上层根系发育，促进 30cm 以下土层根系发育。盐碱土棉花根系偏细长，单位体积土体细根较多，在盐碱逆境下秸秆覆盖更能促进根系向更细更长方面发育延伸，提高根长分布密度。

（6）总体上表层覆盖根长密度和根重密度均比无覆盖和 30cm 覆盖要少得多；30cm 处覆盖根长密度和根重密度在中壤土中均少于无覆盖，但在盐碱土中根长密度最多根重密度最小；盐碱土根长密度和分布范围均高于中壤土，特别是在 50cm 以下，30cm 覆盖尤为典型。表层覆盖根长密度在 0～14cm、30cm 覆盖在 28～42cm 土层内与其他土层差异显著，在 28～42cm 土层 30cm 覆盖处理根重密度为无覆盖的 2 倍。在中壤土 0～14cm 土层表层覆盖根长密度为无覆盖的 45%，同时该部分上体根长比重也最小，在 0～28cm 土层表层覆盖根长密度最小为 873.87m/m³，但占自身比重最大 78.08%，28～70cm 则是 30cm 覆盖根长密度最大为 1249.23m/m³，表层覆盖处理最小为 1233.15m/m³，但表层覆盖根长比重最大 67.91%，无覆盖处理最小。30cm 覆盖浅层根系较细。盐碱土 30cm 覆盖在 0～14cm 土层根长密度最大，平均根长密度表层覆盖和 30cm 覆盖分别高出无覆盖 45.3% 和 71.6%，盐碱土 75% 的根系重量分布在 0～28cm 的耕作层。

参考文献

［1］ 崔运峰，董洁，邹皆明. 秸秆覆盖节水保墒效应的研究进展［J］. 农技服务，2011（4）：15.

［2］ 马宗斌，李伶俐，房卫平，等. 麦秸覆盖对土壤温湿度变化和夏棉生长发育的影响［J］. 河南农业大学学报，2004，38（4）：379-383.

［3］ 郑九华，冯永军，于开芹，等. 秸秆覆盖条件下微咸水灌溉棉花试验研究［J］. 农业工程学报，2002，18（4）：26-31.

［4］ 黄国勤，贺娟芬，王翠玉，等. 红壤旱地棉田覆盖种植对棉花生长和农田环境的影响［J］. 中国农学通报，2010，26（7）：336-342.

［5］ 张贵永，张利华，王静，等. 旱作农田秸秆覆盖综合效应的研究［J］. 江西农业学报，2010，22（8）：64-66.

［6］ 林家鼎，孙菽芬. 土壤内水分流动、温度分布及其表面蒸发效应的研究［J］. 水利学报，1983（7）：1-8.

［7］ 康绍忠，刘晓明，高新科，等. 土壤-植物-大气连续体水分传输的计算机模拟［J］. 水利学报，1992（3）：1-12.

［8］ 蔡树英，张瑜芳. 温度影响下土壤水分蒸发的数值分析［J］. 水利学报，1991（11）：1-8.

［9］ 王兆伟，王春堂，郝卫平，等. 秸秆覆盖下的土壤水热运移［J］. 中国农学通报，2010（7）：239-242.

［10］ 隋红建，曾德超，陈发祖. 不同覆盖条件对土壤水热分布影响的计算机模拟：Ⅱ. 有限元分析及应用［J］. 地理学报，1992，47（2）：74-79.

［11］ 沈荣开，任理，张瑜芳. 夏玉米麦秆全覆盖下土壤水热动态的田间试验与数值模拟［J］. 水利学报，1997（2）：14-21.

［12］ 虎胆·吐马尔白. 秸秆覆盖条件下土壤水分运动的试验研究［J］. 灌溉排水，1998，17（2）：1-6.

［13］ 陈凤，蔡焕杰，王健. 秸秆覆盖条件下玉米需水量及作物系数的试验研究［J］. 灌溉排水学报，2004，23（1）：41-43.

［14］ 杨邦杰. 土壤蒸发过程的数值模型及其应用［M］. 北京：学术书刊出版社，1989.

［15］ 李毅. 覆膜条件下土壤水、盐、热耦合迁移试验研究［D］. 陕西：西安理工大学，2002：45-64.

［16］ De Vries D A. Simultaneous transfer of heat and moisture in porous media［J］. Trans. Am. Gepphy. Union. 1958，39：9-16.

［17］ Nassar I N，Robert Horton. Simultaneous transfer of heat water and solute in porous media［J］. Soil Sci Soc Am J，1992，56：1350-1365.

［18］康绍忠，刘晓明，张国瑜. 作物覆盖条件下的水热运移的模拟研究 ［J］. 水利学报，1993 （3）：11－17.

［19］脱云飞，费良军，杨路华，等. 秸秆覆盖对夏玉米农田土壤水分与热量影响的模拟研究 ［J］. 农业工程学报，2007，23 （6）：2－732.

［20］Gupta S C. Predicting temperatures of bare and residue covered soils with and without a corn crop ［J］. Soil Sci Soc Am J，1981，45：405－412.

［21］Chung Sang-Ok，Robert Horton. Soil heat and water with a partialsurface mulch ［J］. Water Resou Res，1987，23：2175－2186.

［22］任理，张瑜芳，沈荣开. 条带覆盖下土壤水热动态的田间试验与模型建立 ［J］. 水利学报，1998 （1）：71－83.

［23］Bristow K L，Campbell G S，Papendic R L，et al. Simulation of heat and moisture through a surface residue-soil system ［J］. Agric For Meteorol，1986，36：193－214.

［24］王建东，龚时宏，许迪. 地表滴灌条件下水热耦合迁移数值模拟与验证 ［J］. 农业工程学报2010，26 （11）：66－71.

［25］李志新，许迪，李益农. 畦灌施肥地表水流与非饱和土壤水流——溶质运移集成模拟：I 模型 ［J］. 水力学报，2009，40 （6）：673－678.

［26］Yoshida S，Bhattacharjee D p，Cabuslay G S. Relationship between plant type and root growth in rice ［J］. Soil science and plant Nutrition，1982，28 （4）：473－481.

［27］冯广龙，刘昌明，王立. 土壤水分对作物根系生长及分布的调控作用 ［J］. 生态农业研究，1996 （03）：7－11.

［28］孙祥，于卓. 白刺根系的研究 ［J］. 中国沙漠，1992 （04）：53－57.

［29］胡晓棠，陈虎，王静，等. 不同土壤湿度对膜下滴灌棉花根系生长和分布的影响 ［J］. 中国农业科学，2009，42 （5）：1682－1689.

［30］王连庄，徐树贞. 麦田秸秆覆盖的作用及其节水效应的初步研究 ［J］. 干旱地正农业研究，1989 （2）：7－15.

第十二章 滴灌棉田土壤水盐运移规律 数值模拟计算实例

Hydrus-2D/3D数学模型是由美国农业部国家盐土实验室开发的有限元计算机软件。美国加州大学RIVERSIDE分校Šimůnek等人在Hydrus-1D/2D的基础上，于2006年研发出来的一种可以模拟土壤水分运动、溶质运移、热量传输以及根系吸水的三维运动的有限元计算机模型，该模型包括计算机计算程序和图形工作界面两部分。水流状态为三维饱和-非饱和达西水流，忽略空气对土壤水流的影响，水流控制方程采用修改过的Richards方程，即嵌入汇源项以考虑作物根系吸水。此外，该模型可以灵活处理各类水流边界，包括定水头和变水头边界、给定流量边界、渗水边界、大气边界以及排水沟等。水流区域本身可以是不规则水流边界，甚至还可以由各向异性的非均值土壤组成，通过对水流区域进行不规则三角形网格剖分，控制方程采用伽辽金线状有限元法进行求解。无论饱和或非饱和条件，对时间的离散均采用隐式差分。采用迭代法将离散化后的非线性控制方程组线性化。因为滴灌棉田土壤水盐运移规律是二维流动，把滴灌视作线源，入渗看成垂直于滴灌毛管平面内的二维问题，这样Hydrus-2D/3D模型可以准确反映滴灌条件下棉花根区土壤水分、盐分运动规律，并能够很好地进行模拟和预测，可为制定灌溉制度提供有效的技术参考，同时也可为今后农业节水事业的发展和农田的可持续利用提供科学依据。

本章节列举了本书在研究新疆地区滴灌棉田土壤水盐运移规律时，借助Hydrus模型模拟计算的部分实例，旨在为后人模拟研究给予一定的参考和借鉴。

第一节　土壤水盐运动基本方程

一、土壤水分运动基本方程

常年以来，人们对饱和土壤中水分运动问题的研究历史比较长，其理论基础为达西定律，并逐渐完善形成地下水动力学。一般情况下，达西定律同样适用于在非饱和土壤水分运动中。在本章节的模拟中使用的是二维或三维土壤水分运动方程，这里列举了使用频率较高的二维土壤水运动方程，这也是Hydrus模拟中目前模拟最多、应用较广的基本方程之一。

假定：土壤为均质、各向同性的多孔介质；忽略初期水分流动的影响；在考虑作物根系吸水条件下的土壤水分运动方程可用二维方程来描述[1-2]：

$$\frac{\partial \theta}{\partial t} = \frac{\partial}{\partial x}\left[D(\theta)\frac{\partial \theta}{\partial x}\right] + \frac{\partial}{\partial z}\left[D(\theta)\frac{\partial \theta}{\partial z}\right] - \frac{\partial K(\theta)}{\partial z} - S(x, z, t) \qquad (12-1)$$

式中：θ 为土壤含水量，cm^3/cm^3；$K(\theta)$ 为非饱和土壤导水率，cm/min；$D(\theta)$ 为土壤水分扩散率，cm^2/min；t 为时间，d；$S(x, z, t)$ 为植物根系吸水强度，$cm^3/cm^3/d$；z 为垂直坐标，向上为正；x 为水平坐标。

二、土壤溶质运移方程

土壤溶质运移方程[3]如下：

$$\frac{\partial \theta c}{\partial t} = \frac{\partial}{\partial x}\left(\theta D_{xx} \frac{\partial c}{\partial x}\right) + \frac{\partial}{\partial x}\left(\theta D_{xz} \frac{\partial c}{\partial z}\right) + \frac{\partial}{\partial z}\left(\theta D_{zx} \frac{\partial c}{\partial x}\right) + \frac{\partial}{\partial z}\left(\theta D_{zz} \frac{\partial c}{\partial z}\right)$$
$$- \frac{\partial}{\partial x}(cq_x) - \frac{\partial}{\partial z}(cq_z) - Sc_z \tag{12-2}$$

式中：θ 为土壤含水量，cm^3/cm^3；c 为盐溶液的浓度，%；D_{xx}、D_{xz}、D_{zx}、D_{zz} 为各个方向上的水动力弥散度系数，cm^2/d；q_x、q_z 分别为沿 x 和 z 方向上的土壤渗透系数，cm/d；c_z 为汇项盐分含量，g/g；S 为汇项水量。

$$\begin{cases} \theta D_{xx} = D_L \dfrac{q_x^2}{|q|} + D_T \dfrac{q_z^2}{|q|} + \theta D_w \tau \\[2mm] \theta D_{zz} = D_L \dfrac{q_z^2}{|q|} + D_T \dfrac{q_x^2}{|q|} + \theta D_w \tau \\[2mm] \theta D_{xz} = \theta D_{zx} = (D_L - D_T) \dfrac{q_x q_z}{|q|} \end{cases} \tag{12-3}$$

式中：D_L 为溶质纵向弥散系数，L；D_T 为溶质横向弥散系数，L；$|q|$ 为土壤水通量的绝对值；D_w 为自由水分子扩散系数，$L^2 T^{-1}$；τ 为弯曲因子，无量纲。

$$\tau = \frac{\theta^{\frac{7}{3}}}{\theta_s^2} \tag{12-4}$$

三、根系分布模型

J. A. Vrugt 等[4]对根系吸水模型引入了一个根长密度分布函数而形成了非均匀分布的二维根系吸水模型，即

$$S_p = b(x, z)S_t T_p \tag{12-5}$$

式中：T_p 为潜在蒸腾量；$b(x, z)$ 为描述根系分布的函数，被定义为

$$b(x, z) = \left(1 - \frac{x}{X_m}\right)\left(1 - \frac{z}{Z_m}\right) e^{-[(p_x/X_m)|x-x^*| + (p_z/Z_m)|z-z^*|]} \tag{12-6}$$

式中：x、z 分别为根区任意点到树干的水平距离及垂直距离；X_m、Z_m 分别为根区最大水平距离和根系最大下扎深度；x^* 为最大根系密度点的水平坐标；z^* 为最大根系密度点的垂直坐标；p_x、p_z 分别为经验常数。

四、根系吸水模型

采用 Feddes[5]等定义的二维根系吸水模型，该模型考虑了根系密度与土壤水势对根系吸水最主要的影响因素，其比较合理且形式简单，便于应用。具体形式见式（12-7）。

$$S(h) = \alpha(h)S_p \tag{12-7}$$

$$\alpha(h) = \begin{cases} \dfrac{h_1 - h}{h_1 - h_2} & h_2 < h \leqslant h_1 \\[2mm] \dfrac{h - h_4}{h_3 - h_4} & h_4 \leqslant h \leqslant h_3 \\[2mm] 1 & h_3 \leqslant h \leqslant h_2 \\[2mm] 0 & \text{其他} \end{cases} \qquad (12-8)$$

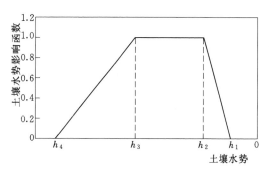

图 12-1　根系吸水影响函数示意图

式中：$\alpha(h)$ 为反映土壤水势对根系吸水速率影响的函数，$0 \leqslant \alpha(h) \leqslant 1$，如图 12-1 所示；$h_1$ 为根系吸水厌氧点时对应的负压值；h_2 为根系吸水最适点开始时对应的土壤负压值；h_3 为根系吸水最适点结束时对应的负压值；h_4 为根系吸水凋萎点时对应的负压值；S_p 为潜在根系吸水速率，cm/d，根系吸水在 h_1 和 h_2 之间呈增大趋势，在 h_2 和 h_3 之间吸水最强，在 h_3 和 h_4 之间呈减小趋势，当 $h \geqslant h_1$ 或者 $h \leqslant h_4$ 时，$S(h) = 0$。

五、水热运动方程

用 Philip 的经验表达式描述由温度梯度产生的水流通量，水流运动的联立求解方法如下：

$$\frac{\partial \theta}{\partial t} = \nabla[D(\theta)\,\nabla\theta] + \nabla(D_T\,\nabla T) - \frac{\partial K(\theta)}{\partial z} - S_r \qquad (12-9)$$

$$C_v\,\frac{\partial T}{\partial t} = \nabla(K_h\,\nabla T) \qquad (12-10)$$

式中：∇T 为温度梯度，℃；$\nabla\theta$ 为含水率梯度，cm^3/cm^3；$D(\theta)$ 为土壤水分扩散率，cm^2/min；D_T 为温差作用下的水分扩散系数，$cm^2/(min·℃)$；$K(\theta)$ 为非饱和土壤导水率，cm/min；S_r 为单位深度根系吸水率，1/min；C_v 为土壤容积热容量，$W·min/(cm^3·℃)$；K_h 为土壤导热率；z 为深度坐标，cm；t 为时间坐标，min。

第二节　不同秋浇定额条件下的土壤水盐运移数值模拟（实例一）

秋浇是人们在长期生产实践中总结出的一种灌溉制度，即在每年 10 月左右进行一次大水量的灌溉。秋浇的目的主要是通过灌溉淋盐储墒，使春播时土壤水分及盐分能满足作物发芽、苗期正常生长的要求。新疆石河子灌区气候干燥、少雨、蒸发强烈，和内蒙古河套灌区气候类似，也同样存在着大量盐碱化土壤，所以采用秋浇被认为是一种可行的盐碱化改良方法。同时通过冻融期土壤水盐运移机理的分析，发现土壤冻结前的含水量和含盐率对春季土壤的水分和盐分含量有着极大的影响。如果秋浇定额过小，达不到淋洗盐分的结果，还有可能造成盐分的上移，如果秋浇定额过大，水分不能有效的入渗到底层，受到冻融的影响，也会加重土地春季返盐程度。因此，选择秋浇定额的大小成为关键问题。针对这种情况，选用 Hydrus - 3D 模型，模拟计算不同秋浇定额对土壤水盐运移的影响，确定秋浇适宜定额。为新疆石河子灌区盐碱化改良和持续发展提供理论基础和科学依据。

一、微分方程的确定

（一）土壤水分运动方程

在该模型中，用修改过的三维 Richards 方程表示为

$$\frac{\partial \theta}{\partial t} = \frac{\partial}{\partial x_i} \left[K \left(K_{ij}^A \frac{\partial h}{\partial x_j} + K_{iz}^A \right) \right] - S \tag{12-11}$$

式中：θ 为体积含水量，cm^3/cm^3；h 为压力水头，cm；t 为时间，min；x_i（$i=1$，2，3）为空间坐标，cm；K_{ij}^A、K_{iz}^A 为无量纲的各向异性张量 K^A 组成部分；K 为非饱和导水率，cm/min；S 为根系汇源项。

土壤水分特性曲线模型和水力学参数用 van Genuchten 的土壤水力性能函数表示，见式（12-12）～式（12-14）。

$$\theta(h) = \begin{cases} \theta_r + \dfrac{(\theta_s - \theta_r)}{(1 + |\alpha h|^n)^m} & h < 0 \\ \theta_s & h \geqslant 0 \end{cases} \tag{12-12}$$

$$K(h) = \begin{cases} K S_e^l \left[1 - (1 - S_e^{l/m})^m \right]^2 & h < 0 \\ K_s & h \geqslant 0 \end{cases} \tag{12-13}$$

$$S_e = \frac{\theta - \theta_r}{\theta_s - \theta_r}, \quad m = 1 - \frac{1}{n} \tag{12-14}$$

式中：θ_s 为饱和含水量，cm^3/cm^3；θ_r 为滞留含水量，cm^3/cm^3；K_s 为饱和含水量，cm/min；α 为进气吸力，cm^{-1}；n、l 为形状系数。

（二）土壤溶质运移方程

溶质在土壤中受到对流和弥散两种运动的影响，在模型中，用对流弥散方程表示溶质的运动，见式（12-15）。

$$\theta \frac{\partial c}{\partial t} = \frac{\partial}{\partial x_i} \left(\theta D_{ij}^w \frac{\partial c}{\partial x_j} \right) - \frac{\partial q_i c}{\partial x_i} \tag{12-15}$$

式中：c 为溶质的浓度，g/L；D_{ij}^w 为扩散度，cm^2/min；q_i 为水流通量；其他参数所表示的含义与前面相同。

二、参数确定

建立不同秋浇定额条件下的 Hydrus - 3D 模型，首先要确定模型的几何尺寸，选择模拟面积为 100cm×100cm，模拟土层深度为 150cm（图 12-2）。其次确定土壤水分运动参数、土壤溶质运动参数、初始条件、边界条件、有限元网格和模拟方案，之后进行迭代计算，计算完毕后输出结果，进行理论分析。

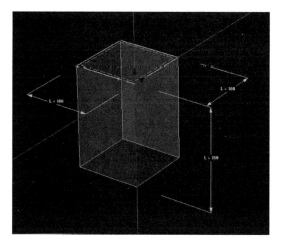

图 12-2　模拟区域空间尺寸

（一）确定土壤水分运动参数

为了进行不同秋浇定额的 Hydrus-3D 数值模拟，必须要获取土壤水分运动参数，而土壤水分运动参数直接影响着模型的好坏，如何测定参数并且保证其准确性对模型具有重要的意义。土壤水分运动参数主要有土壤导水率 $K(\theta)$、土壤扩散率 $D(\theta)$、比水容量 $C(\theta)$。通过试验确定，步骤复杂，工作量大，受各类因素影响，易与实际参数产生较大误差，造成参数失真，影响模型计算的准确性。通过 RETC 软件模拟土壤水分运动参数被认为是一种可行的方法，其模拟值可以达到模型计算的精度要求。因此，通过对土壤进行土壤颗粒分析，应用 RETC 软件模拟计算出土壤水分运动参数，为 Hydrus-3D 模拟土壤水盐运移变化提供参数基础。

1. 土壤颗粒分析

土壤颗粒分析的试验过程在第二章第二节第一部分中有详细的介绍。本试验的土壤颗粒分析结果见表 12-1。

表 12-1　　　　　　　　　　　土 壤 颗 粒 分 析 结 果

黏粒（<0.002mm）	粉粒（0.05~0.002mm）	砂粒（0.05~2mm）	土壤容重	土壤名称
23.7%	0.7%	75.6%	1.54g/cm³	砂质黏壤土

2. RECT 拟合土壤水分运动参数

由 Simunek 和 van Genuchten 等编制的 RECT 软件是配合 Hydrus-3D 使用的软件，主要功能是通过土壤颗粒分析获得的土壤中黏粒、粉粒、砂粒的百分含量以及容重等数据模拟计算出 van Genuchten 模型中的 5 个参数。通过在操作对话框（图 12-3）输入已测得的土壤砂粒、粉粒、黏粒的百分含量以及土壤容重，点击 Predict 按钮，RECT 软件将显示出残留含水率 θ_r、饱和含水率 θ_s、参数 α、参数 n 和水力传导度 K_s 5 个参数估值（表 12-2），为 Hydrus-3D 模拟计算解决了土壤水分运动参数设置问题。

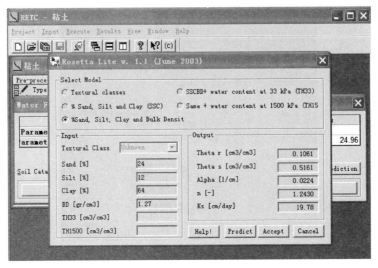

图 12-3　RETC 操作界面

（二）确定土壤溶质运动参数

土壤水分运动参数见表 12-2。

表 12-2　　　　　　　　土壤水分运动参数

残留含水率 θ_r /(cm³/cm³)	饱和含水率 θ_s /(cm³/cm³)	参数 α /cm⁻¹	参数 n	参数 m	参数 l	参数 K_s
0.0768	0.4563	0.0247	1.603	0.3246	0.5000	31.8000

Hydrus-3D 模型所需要的土壤溶质运动参数主要包括 BD、D_L 和 D_T，分别是土壤容重（g/cm³）、横向弥散系数和纵向弥散系数，对模拟计算盐分运移有很重要的作用。土壤容重较易测得，采用挖剖面的方法，使用环刀测定不同深度的土壤容重，求得其容重平均值为 1.51g/cm^3。但是一些参数较难获得，多采用经验公式。横向弥散系数 D_L、纵向弥散系数 D_T 均为经验值，$D_L=0.5\text{cm}$，$D_T=0.1\text{cm}$ 这可能与土质有关，且一般横向弥散的程度均大于纵向弥散程度，故一般 $D_L > D_T$。吸附系数取值为 1；不动水的含量为 0，认为土壤水分运动过程中，均在流动，不存在不动水。同时溶质分子在自由水体中的扩散系数确定为 $2.13\text{cm}^2/\text{d}$；在空气中的扩散系数确定为 0。

三、边界条件

（一）初始条件

模型模拟计算的初始条件设定为初始含水量和初始含盐率，分别表示为

1. 土壤水运动方程的初始条件

$$\theta(x,\ y,\ z,\ t)=\theta_0(x,\ y,\ z)\begin{cases}0\leqslant x\leqslant X\\0\leqslant y\leqslant Y\\0\leqslant z\leqslant Z\end{cases}\qquad(12-16)$$

式中：$\theta_0(x, y, z)$ 为初始土壤体积含水率，cm^3/cm^3；X、Y、Z 分别为模拟计算区域的径向和垂向的最大距离，cm，本例中，$X=100cm$，$Y=100cm$，$Z=150cm$。

2. 土壤溶质运动方程的初始条件

$$c(x, y, z, t) = c_0(x, y, z) \begin{cases} 0 \leqslant x \leqslant X \\ 0 \leqslant y \leqslant Y \\ 0 \leqslant z \leqslant Z \end{cases} \tag{12-17}$$

式中：$c_0(x, y, z)$ 为初始土壤盐分浓度，g/cm^3；X、Y、Z 分别为模拟计算区域的径向和垂向的最大距离，cm，本例中，$X=100cm$，$Y=100cm$，$Z=150cm$。

（二）边界条件

根据达西定律和质量守恒原理，对骨架不变形的刚性土壤介质体，土壤水分和溶质运动一般属于典型的三维问题，故将长方体模拟区域边界条件作如下处理：

长方体的上表面为上边界，选择为大气边界条件，考虑每日蒸发量（cm），但不考虑作物蒸腾作用。长方体的下表面，即下边界处，因地下水埋源较大，可选为自由排水边界条件。长方体的四周为对称边界，可看作不透水边界，水通量和溶质通量均为零。

（三）确定有限元网格划分

采用 Hydrus-3D 软件提供 Galerkin 有限单元法完成对模拟区域的空间离散；时间离散采用模型提供的 Crank-Nicholson 方法，尽量避免计算过程中的不收敛。计算区域内 3D 有限元网格的划分采用三棱柱元素，三棱柱网格上表面三角形边长为 2.1cm，高为 2.5cm，在大气表面边界适当加密网格。通过 Galerkin 有限元网格的划分共计产生了 19304 个节点，103500 个三棱柱元素，模拟区域以及有限单元划分如图 12-4 所示。

四、模型验证

在使用模型进行数值模拟或者预测前，一般需要进行模型验证，保证模型的适配性。因此选择同一块地的田间监测数据进行模型的验证。

选择 3 月 21 日和 4 月 10 日的土壤含盐率和含水率的实测值进行模型验证。将 3 月 21 日的含盐率和含水率带入模型中，通过模拟计算得出 4 月 10 日的土壤含盐率和含水率。通过比较实测 4 月 10 日含水率和含盐率与模拟计算出的 4 月 10 日含盐率和含水率（图 12-5），发现实测值与模拟值有着一定的差异，在表层模拟值均小于实测值，在其他深度的土壤含水率的模拟值与实测值相近，整体偏差较小。

通过土壤含水率的模拟值与实测值对比分析

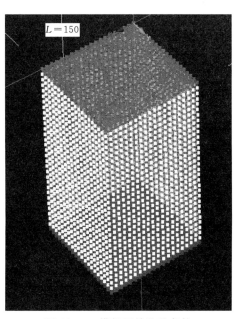

图 12-4 模拟区域边界条件

和土壤含盐率的模拟值与实测值对比分析。整体偏差率较小，因此建立的 Hydrus‐3D 模型符合要求，可以通过此模型来进行秋浇模拟计算。

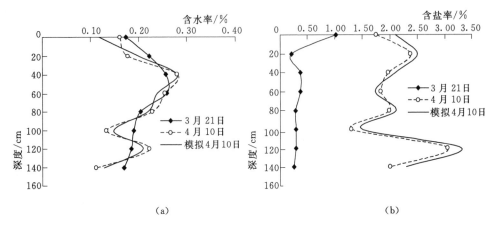

(a)　　　　　　　　　　　　　　(b)

图 12‐5　模型验证图

（a）土壤含水率初始值、实测值和模拟计算值；（b）土壤含盐率初始值、实测值和模拟计算值

五、数值模拟

（一）不同土层土壤水分运动数值模拟结果

秋浇属于大定额灌水，对土壤水分有重要的影响。从图 12‐6 可知，当灌溉定额为

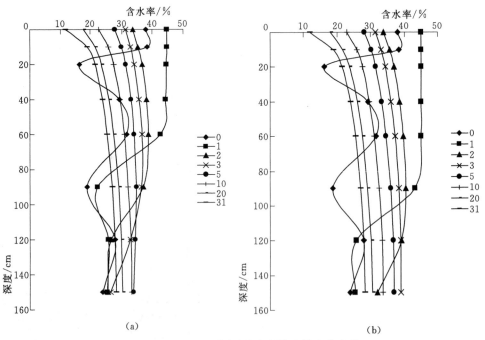

(a)　　　　　　　　　　　　　　(b)

图 12‐6（一）　不同秋浇定额的土壤水分变化

（a）1200m³/hm²；（b）1800m³/hm²

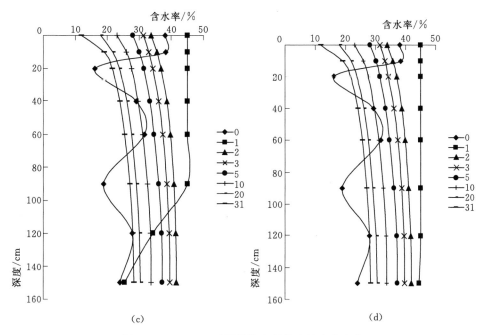

图 12-6（二）　不同秋浇定额的土壤水分变化

(c) 2250m³/hm²；(d) 3000m³/hm²

1200m³/hm² 时，灌溉后的第一天，0～80cm 土层含水率达到 45% 饱和含水率，80cm 以下土层含水率变化程度较小；随着水分的入渗，底层含水率逐渐增大，表层则由于有蒸发的存在含水率逐渐降低。之后各个土层含水率趋于稳定，土壤含水率变化相对较小；在31 天时，土壤水分分布较为均匀，表层较小则是由于土壤表面蒸发的影响。当秋浇定额在 1800m³/hm²、2250m³/hm²、3000m³/hm² 时，开始时刻出现土层含水饱和的深度不一样，分别达到 90cm、120cm、160cm，但最终土壤水分达到稳定时，含水率基本保持一致，为 23% 左右。大部分的多余水量都通过土壤深层渗漏，进入了更深度的土壤，带走了盐分，同时补给了地下水。

模型区域底层界面选择的是自由排水界面，从图 12-7 发现，随着秋浇定额的增加，底层自由排水界面通量逐渐增大。秋浇定额为 3000m³/hm² 时，底层通量最大达到0.187m³/d，也就是秋浇水量为 0.3m³/m² 时，有 0.187m³/m² 的水通过深层渗漏进入 150cm以下的土层，这必将提高地下水位，而当地下水位提高，受到冻融作用的影响，会增加盐分水分上移，增加土壤盐渍化程度。当秋浇定额为 2250m³/hm² 时，底层通量为 0.04m³/d，1800m³/hm² 时，底层通量

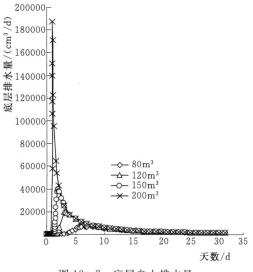

图 12-7　底层自由排水量

为 $0.02\text{m}^3/\text{d}$，$1200\text{m}^3/\text{hm}^2$ 时，底层通量为 $0.006\text{m}^3/\text{d}$。随着底层通量减少，将减弱对地下水的补给，也就减弱了受到冻融作用影响的盐分迁移，将减弱表层土壤积盐程度。因此，秋浇定额，不宜过大。

（二）不同土层土壤盐分运动数值模拟结果

秋浇的一个重要作用是淋洗土壤中的盐分。当秋浇定额为 $1200\text{m}^3/\text{hm}^2$，开始时表层盐分有着大幅度的降低，由 0.57% 降低至 0.136%；在后期表层盐分有所增加，这是由于受到土壤蒸发的影响，表层水分上移，进而带动了盐分的上移，水分被蒸发，盐分则累积在表层。$40\sim60\text{cm}$ 土层含盐率由 $1.04\%\sim1.58\%$ 降低为 $0.563\%\sim1.27\%$，$90\sim120\text{cm}$ 土层含盐率由 $1.90\%\sim2.76\%$ 降低为 $1.27\%\sim1.77\%$。通过秋浇土层整体盐分均有所降低。但不同的秋浇定额对土壤含盐率降低的幅度有所不同。$1200\text{m}^3/\text{hm}^2$ 时，$0\sim60\text{cm}$ 土层含盐率为 $0.276\%\sim0.832\%$，$1800\text{m}^3/\text{hm}^2$ 时，含盐率为 $0.173\%\sim0.603\%$，$2250\text{m}^3/\text{hm}^2$ 时，含盐率为 $0.127\%\sim0.481\%$，$3000\text{m}^3/\text{hm}^2$ 时，含盐率为 $0.08\%\sim0.336\%$（图 12-8）。说明随着秋浇定额的增大，$0\sim60\text{cm}$ 土层含盐率持续降低，也表明秋浇定额愈大对土壤盐分淋洗的越充分，效果越好。

脱盐率是衡量土壤脱盐效果的一种指标。秋浇定额为 $1200\text{m}^3/\text{hm}^2$ 时，150cm 土层含盐率从 42.64kg 降低至 28.77kg，脱盐率为 35.32%。秋浇定额为 $1800\text{m}^3/\text{hm}^2$、$2250\text{m}^3/\text{hm}^2$、$3000\text{m}^3/\text{hm}^2$ 时，脱盐率分别为 47.53%、55.71%、66.47%（表 12-3）。说明随着秋浇定额的增大，土壤中的盐分被淋洗的越多，对土壤改良的效果越好。故应当选取较大的秋浇定额为宜。

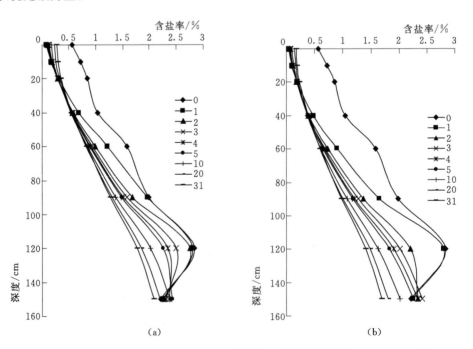

图 12-8（一）　不同秋浇定额土壤含盐率变化

(a) $1200\text{m}^3/\text{hm}^2$；(b) $1800\text{m}^3/\text{hm}^2$

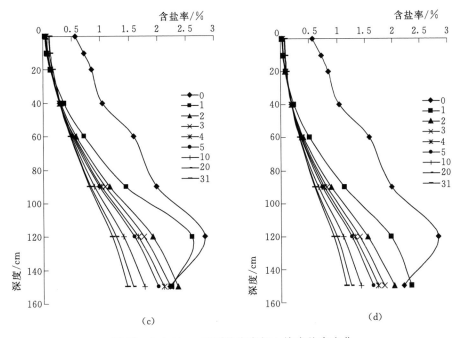

图 12-8（二）　不同秋浇定额土壤含盐率变化

(c) 2250m³/hm²；(d) 3000m³/hm²

表 12-3　　　　　　　　　　　　秋浇后土壤脱盐率

秋浇定额/（m³/hm²）		1200	1800	2250	3000
含盐量/kg	初始值	42.64	42.64	42.64	42.64
	秋浇后	28.77	22.37	18.88	14.30
脱盐率/%		32.52	47.53	55.71	66.47

综上所述，通过秋浇土壤水分变化特征分析，较大的秋浇定额会产生较大的底层水分通量，造成地下水位升高，同时受到冻融作用的影响，在冻融期土壤水分过大也会加剧盐分的集聚，所以秋浇定额应尽可能的小。通过秋浇后的土壤盐分变化特征分析，较大的秋浇定额，将会使土壤盐分淋洗的更为充分，给春季种子的萌发提供较好的条件，所以秋浇定额应尽可能的大。所以选择合适的秋浇定额十分重要，既要满足来年的耕作要求，又要保持一定的土壤水分含量。秋浇定额为 2250m³/hm² 时，脱盐率达到 55.71%，0~60cm土层含盐率仅为 0.127%~0.481%，能较好地满足棉花春季播种的需求，且底层水分通量也较小。因此，选定秋浇定额为 2250m³/hm²。

第三节　滴灌棉田根系吸水数值模拟（实例二）

一、微分方程的确定

（一）土壤水分运动方程

假定土壤为均质、各向同性的刚性多孔介质，不考虑温度对土壤水分运动的影响，则在考虑作物根系吸水条件下的土壤水分运动方程可用二维方程，见式（12-1）。

（二）根系吸水模型的确立

根系分布模型采用非均匀二维根系分布，见式（12-5）。

采用 Feddes 等定义的二维根系吸水模型，见式（12-7）。

通过棉花根系的取样分析，得出棉花吸水根系的分布函数，对所选模型中的根系分布和土壤参数进行了优化，通过模型计算，调参，最终选定 $h_1 = -10$，$h_2 = -25$，$h_3 = -200$，$h_4 = -10000$。

（三）根长密度分布函数的建立

将棉花进行浸泡，使桶内土壤充分湿润，使其能够迅速的将以棉花植株为中心，对棉花根系分布进行取样，可以得到式（12-8）所需的各项参数，进而建立棉花根长密度分布函数，由于棉花在苗期和蕾期根的分生较少，侧根及毛根分布范围较小，主根下扎较浅，故取样会产生较大的误差，根系取样工作主要在棉花的花期、铃期和絮期进行，从图 12-9 中可以看出（花期、铃期及絮期），棉花吸水系水主要集中在 0～20cm 的土层内，而且靠近棉花主根，距离主根越远，吸水根系越少，且以主根为中心基本呈对称分布，棉花根系随着棉花的生长，其分布也发生着变化，在棉花铃期，主要吸水根靠近土壤表层，但随着棉花的生长，在絮期吸水根系没有呈现对称分布，这是由于在棉花后期的管理中，灌水不均匀导致了主要的在吸水根系发生了偏移，还是符合主要的吸水根系分布在土壤的上层。通过对棉花各生育期根系分布的调查，得到各生育期棉花根长密度分布函数中的参数。

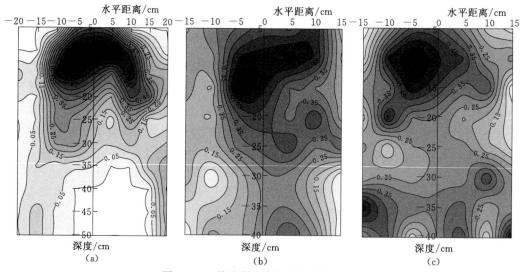

图 12-9　棉花各生育期根长密度分布

(a) 花期；(b) 铃期；(c) 絮期

（四）吸水模型的确定

$$S(h) = \alpha(h)b(x, z)T_p \qquad (12-18)$$

对式中的各对应项进行代入即可得到棉花相应生育期的根系吸水模型，其具体的参数见表 12-4，通过模型的计算，得出计算值与实测值吻合的较好，建立的根系吸水模型能够很好地模拟棉花真实的吸水量，说明采用棉花根长密度分布函数、棉花植株的蒸腾量及土壤基质势所建立的根系吸水模型是正确的，选取的土壤水势对根系吸水影响函数中的各阈值是合理的，因此，建立的膜下滴灌棉花根系吸水模型是可行的。

表 12-4　　　　　　　　　　　　棉花根长密度分布函数的系数

生育期	系　　　数					
	X_m	Z_m	x^*	z^*	p_x	p_z
花期	20	50	5	10	1	1.6
铃期	22	52	3	14	1	1.6
絮期	27	69	5	11	1	1.6

二、边界条件

由于棉花栽培在桶中并有地膜覆盖，故土壤蒸发量为零，滕发量仅有棉株的蒸腾量，只有灌溉水，不考虑表面积水状况。桶中只有一株棉花，以棉花为中心，取一半的土壤剖面进行模拟计算，如图 12-10 所示。

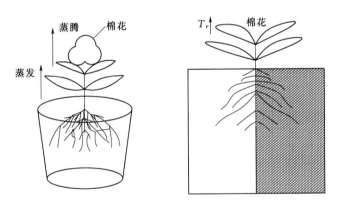

图 12-10　模拟示意图

初始条件：

$$\theta(x, z, 0) = \theta_0 \quad 0 \leqslant x \leqslant X, \ 0 \leqslant z \leqslant Z, \ t = 0 \qquad (12-19)$$

上边界条件：

$$-D(\theta) \frac{\partial \theta}{\partial z} + K(\theta) = T_r \quad z = 0, \ 0 \leqslant x \leqslant X, \ t > 0 \qquad (12-20)$$

下边界条件：

$$-D(\theta) \frac{\partial \theta}{\partial z} + K(\theta) = 0 \quad z = Z, \ 0 \leqslant x \leqslant X, \ t > 0 \qquad (12-21)$$

左边界条件：

$$-D(\theta)\frac{\partial \theta}{\partial x}=0 \quad x=0, \ 0 \leqslant z \leqslant Z, \ t>0 \tag{12-22}$$

右边界条件：

$$-D(\theta)\frac{\partial \theta}{\partial x}=0 \quad x=X, \ 0 \leqslant z \leqslant Z, \ t>0 \tag{12-23}$$

可将式（12-1）改写为

$$\begin{aligned}
\frac{\theta_{i,j}^{n+1}-\theta_{i,j}^{n}}{\Delta t}=&\frac{D_{i,j+\frac{1}{2}}^{n+\frac{1}{2}}(\theta_{i,j+1}^{n+1}-\theta_{i,j}^{n+1})-D_{i,j-\frac{1}{2}}^{n+\frac{1}{2}}(\theta_{i,j}^{n+1}-\theta_{i,j-1}^{n+1})}{(\Delta x)^2}\\
&+\frac{D_{i+\frac{1}{2},j}^{n+\frac{1}{2}}(\theta_{i+1,j}^{n}-\theta_{i,j}^{n})-D_{i-\frac{1}{2},j}^{n+\frac{1}{2}}(\theta_{i,j}^{n}-\theta_{i-1,j}^{n})}{(\Delta z)^2}\\
&-\frac{K_{i+1,j}^{n+\frac{1}{2}}-K_{i-1,j}^{n+\frac{1}{2}}}{(2\Delta z)^2}-S_{i,j}^{n+\frac{1}{2}}
\end{aligned}$$

$$\tag{12-24}$$

式中：上标 n 为时间，下标为空间；i 为行标记；j 为列标记；其他符号意义同前。

将是式中的上标近似用来代替，则上式可以写成

$$\begin{aligned}
\frac{\theta_{i,j}^{n+1}-\theta_{i,j}^{n}}{\Delta t}=&\frac{D_{i,j+\frac{1}{2}}^{n}(\theta_{i,j+1}^{n+1}-\theta_{i,j}^{n+1})-D_{i,j-\frac{1}{2}}^{n}(\theta_{i,j}^{n+1}-\theta_{i,j-1}^{n+1})}{(\Delta x)^2}\\
&+\frac{D_{i+\frac{1}{2},j}^{n}(\theta_{i+1,j}^{n}-\theta_{i,j}^{n})-D_{i-\frac{1}{2},j}^{n}(\theta_{i,j}^{n}-\theta_{i-1,j}^{n})}{(\Delta z)^2}\\
&-\frac{K_{i+1,j}^{n}-K_{i-1,j}^{n}}{(2\Delta z)^2}-S_{i,j}^{n}
\end{aligned}$$

$$\tag{12-25}$$

$$\begin{aligned}
\theta_{i,j}^{n+1}-\theta_{i,j}^{n}=&\frac{\Delta t D_{i,j+\frac{1}{2}}^{n}}{(\Delta x)^2}(\theta_{i,j+1}^{n+1}-\theta_{i,j}^{n+1})-\frac{\Delta t D_{i,j-\frac{1}{2}}^{n}}{(\Delta x)^2}(\theta_{i,j}^{n+1}-\theta_{i,j-1}^{n+1})\\
&+\frac{\Delta t D_{i+\frac{1}{2},j}^{n}}{(\Delta z)^2}(\theta_{i+1,j}^{n}-\theta_{i,j}^{n})-\frac{\Delta t D_{i-\frac{1}{2},j}^{n}}{(\Delta z)^2}(\theta_{i,j}^{n}-\theta_{i-1,j}^{n})\\
&-\frac{\Delta t}{(2\Delta z)^2}(K_{i+1,j}^{n}-K_{i-1,j}^{n})-\Delta t S_{i,j}^{n}
\end{aligned}$$

$$\tag{12-26}$$

化简整理得

$$A1_{i,j}\theta_{i,j-1}^{n+1}+A2_{i,j}\theta_{i,j}^{n+1}+A3_{i,j}\theta_{i,j-1}^{n+1}=A4_{i,j}\theta_{i-1,j}^{n}+A5_{i,j}\theta_{i,j}^{n}+A6_{i,j}\theta_{i+1,j-1}^{n}+A7_{i,j}\theta_{i,j}^{n+1}$$

$$\tag{12-27}$$

上式为三对角线方程组，各系数为

$$
\begin{cases}
A1_{i,j} = \dfrac{\Delta t D^n_{i,j-\frac{1}{2}}}{(\Delta x)^2} \\[3mm]
A2_{i,j} = -(1 + A1_{i,j} + A3_{i,j}) \\[3mm]
A3_{i,j} = \dfrac{\Delta t D^n_{i,j+\frac{1}{2}}}{(\Delta x)^2} \\[3mm]
A4_{i,j} = \dfrac{\Delta t D^n_{i-\frac{1}{2},j}}{(\Delta z)^2} \\[3mm]
A5_{i,j} = -(1 + A4_{i,j} + A6_{i,j}) \\[3mm]
A6_{i,j} = \dfrac{\Delta t D^n_{i+\frac{1}{2},j}}{(\Delta z)^2} \\[3mm]
A7_{i,j} = \Delta t \left(\dfrac{K^n_{i+1,j} - K^n_{i-1,j}}{2\Delta z} + S^n_{i,j} \right)
\end{cases}
\tag{12-28}
$$

三、模拟结果

选择 8 号试验桶（8 月 12—14 日）、5 号试验桶（8 月 12—24 日）、7 号试验桶（9 月 15—23 日）和 10 号（9 月 24—25 日）试验桶，在无降雨时段，在模拟时段内进行灌溉，灌水定额为 $390\text{m}^3/\text{hm}^2$，8 号桶也采用变时间步长，最小时间步长为 0.00024h，最大时间步长为 5h，模拟时间为 48h，如图 12-11 所示；5 号桶最小时间步长为 $1\times 10^{-5}\text{d}$，最大时间步长为 5d，模拟时间为 12d，期间灌水 3 次，如图 12-12 所示；7 号桶采用变时间步长，最小时间步长为 $1\times 10^{-5}\text{d}$，最大时间步长为 5d，模拟时间为 23d，如图 12-13 所示；10 号桶最小时间步长为 $0.24\times 10^{-4}\text{h}$，最大时间步长为 5h，模拟时间为 24h，如图 12-14 所示；在棉花典型生育期（花铃期、絮期）对模型进行验证。

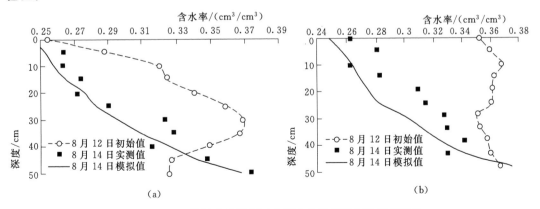

图 12-11　8 号桶花铃期根区土壤水分模拟值与实测值对比

(a) 距棉株 5cm 处；(b) 距棉株 10cm 处

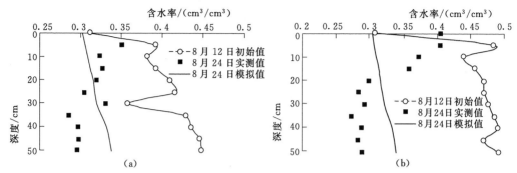

图 12-12　5 号桶花铃期根区土壤水分模拟值与实测值对比

（a）距棉珠 5cm 处；（b）距棉珠 15cm 处

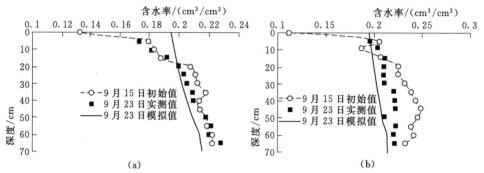

图 12-13　7 号桶絮期根区土壤水分模拟值与实测值对比

（a）距棉株 0cm 处；（b）距棉株 10cm 处

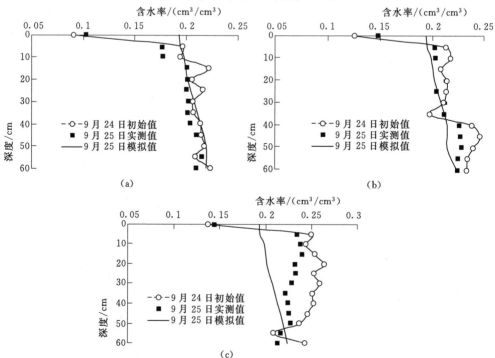

图 12-14　10 号桶絮期根区土壤水分模拟值与实测值对比

（a）距棉株 5cm 处；（b）距棉株 10cm 处；（c）距棉株 15cm 处

由图 12-11～图 12-14 可以看出，模拟值与实测值吻合的较好，说明建立的根系吸水模型是合理的，花铃期是棉花的需水关键期，也是耗水最强的时期，土壤水分耗散最强，进入棉花絮期，棉花各项生理活动减弱，枝叶枯黄，蒸腾强度减弱，从模拟结果来看，模拟值能真实反映根区剖面的土壤水分分布状况，准确的模拟根系吸水强度，最大的相对误差出现在土壤表层，这可能是由于表层土壤疏松，容重较小，致使对土壤含水量的测定产生误差，但随着土壤深度的增加，模拟值与实测值接近程度越好，误差分析见表 12-5，在图 12-12 (b) 及图 12-14 (c) 中，最大的相对误差出现在土壤表层，导致误差较大的原因有两个：①由于在土壤表层尽管没有棉花根系吸水，但由于覆膜的保温作用，表层土壤水分运动活跃，凝结在薄膜上；②在距主根系 15cm 处，棉花根系分布较少，且由于桶壁对根系吸水及土壤水分运动的影响，导致了模拟值与实测值的误差较大，但在距主根较近的范围内，模拟值与实测值吻合较好，表明建立的模型是可行的。

表 12-5　　　　　　　　　　模拟结果误差分析

生育期	位置	最大相对误差	平均相对误差
花铃期（8 号桶）	5cm	8.32%	3.15%
	15cm	11.30%	6.11%
花铃期（5 号桶）	5cm	31.34%	10.61%
	15cm	24.81%	15.78%
絮期（7 号桶）	0cm	8.58%	3.53%
	10cm	7.27%	3.80%
絮期（10 号桶）	5cm	24.72%	4.87%
	10cm	31.23%	6.96%
	15cm	34.28%	13.20%

第四节　滴灌棉田不同盐度土壤盐分数值模拟（实例三）

一、微分方程的确定

（一）土壤水分运移模型

田间采用膜下滴灌，土壤中水分入渗属于三维运动，但是，目前使用的滴灌带通常每隔 30cm 就有一个滴头，滴水时间约 1h 后，滴头间水分的湿润锋就会交汇，本研究将大田膜下滴灌可看作为线源滴灌。因此，可以将小区尺度上的三维土壤水分运动概化为单条滴灌带作用下的剖面二维流。该二维水盐运移模型剖面垂直方向 100cm，宽度 150cm。

在这里考虑了作物根系吸水，土壤水分运动用二维方程，即式（12-1）表示。

（二）土壤溶质运移模型

土壤溶质运移方程见式（12-2）。

（三）根系分布模型

目前，比较常用的根系密度分布函数有：线性分布函数[6]、分段分布函数[7]和指数关系函数[8]。因为棉花的根系是非均匀分布的，所以棉花吸水速率并不恒定均匀的，用 J. A. Vrugt 等建立的非均匀分布二维根系吸水模型，详见式（12-5）。

（四）根系吸水模型的选取

采用 Feddes 模型，本章第三节第二部分已经给出 Feddes 模型的具体形式，详见式（12-17）。

二、边界条件

模型的初始条件：由于棉花 4 月中旬播种后到 6 月中旬没有进行灌溉，所以第一次灌水前的含水率和含盐率为初始值，降雨、蒸发、地下水位均以实测值赋值。典型单元两侧以膜间（未覆膜区）为左右边界。该典型剖面二维模型生育期膜间为大气边界，土面蒸发和降水入渗为实测值；滴头处（2cm 直径半圆）为变流量边界 1，用实际灌水量表示；滴头以外的覆膜区域为变流量边界 2，生育期是为零通量；左右边界为无流量边界；底部为变水头边界，据实测地下水水位赋值。溶质边界上下边界均为第三类边界，左右为无流量边界。选取如图 12-15 所示模拟区域。

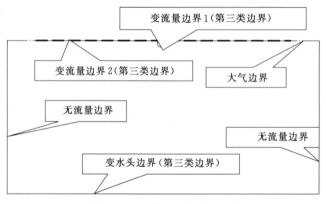

图 12-15　模拟剖面示意图

（一）土壤水分运动初始及边界条件

对土壤剖面进行数值模拟计算，即

$$\theta(x, z, 0) = \theta_0(x, z) \quad 0 \leqslant x \leqslant X, \ 0 \leqslant z \leqslant Z \qquad (12-29)$$

式中：X、Z 分别为模拟计算区域水平和垂直方向的最大距离，cm；(x, z) 为计算点的位置坐标；$\theta_0(x, z)$ 为初始含水量，cm^3/cm^3。

上边界条件：软件模拟的是膜下滴灌棉田，主要分为滴头处、覆膜处和膜间处。膜间处表达式如下：

$$-D(\theta) \frac{\partial \theta}{\partial z} + K(\theta) = E(t) \quad 0 \leqslant x \leqslant X, \ z = 0, \ t > 0 \qquad (12-30)$$

滴头处表达式如下：

$$-D(\theta)\frac{\partial\theta}{\partial z}+K(\theta)=Q(t) \quad 0\leqslant x\leqslant X,\ z=0,\ t>0 \tag{12-31}$$

覆膜处表达式如下：

$$-D(\theta)\frac{\partial\theta}{\partial z}+K(\theta)=S(t) \quad 0\leqslant x\leqslant X,\ z=0,\ t>0 \tag{12-32}$$

式中：$E(t)$ 为蒸发及降雨，cm/d；$D(\theta)$ 为土壤扩散率，cm^2/d；$Q(t)$ 为滴头处流量，cm/d；$S(t)$ 为蒸腾，cm/d。

下边界条件：模型底部设置为变水头边界，据实测地下水水位赋值。

$$h(x,\ z,\ t)=h(t) \quad x=0,\ z=0 \tag{12-33}$$

左边界条件：

$$-D(\theta)\frac{\partial\theta}{\partial x}=0 \quad x=0,\ 0\leqslant z\leqslant Z,\ t>0 \tag{12-34}$$

右边界条件：

$$-D(\theta)\frac{\partial\theta}{\partial x}=0 \quad x=X,\ 0\leqslant z\leqslant Z,\ t>0 \tag{12-35}$$

（二）土壤溶质运移初始及边界条件

初始条件可以表示为

$$C(x,\ z,\ 0)=C_0(x,\ z) \quad 0\leqslant x\leqslant X,\ 0\leqslant z\leqslant Z,\ t=0 \tag{12-36}$$

式中：C_0 为土壤初始含盐量，本文直接以土壤含盐率百分数表示，%。

边界条件：

$$\begin{cases} -\theta\left(D_{xz}\dfrac{\partial c}{\partial x}+D_{xz}\dfrac{\partial c}{\partial z}\right)+qc=0 & x=0\ 或\ x=l,\ 0\leqslant z\leqslant Z,\ t>0 \\[2mm] -\theta\left(D_{xz}\dfrac{\partial c}{\partial x}+D_{zz}\dfrac{\partial c}{\partial z}\right)+qc=qc_1(x,\ z,\ t) & 0\leqslant x\leqslant l,\ z=Z,\ t>0 \\[2mm] -\theta\left(D_{zx}\dfrac{\partial c}{\partial x}+D_{zz}\dfrac{\partial c}{\partial z}\right)+qc=0 & 0\leqslant x\leqslant l,\ z=Z,\ t>0 \end{cases}$$

$$\tag{12-37}$$

式中：c 为已知盐分浓度；q 为边界处流量；X、Z 为土壤横纵剖面长度。

三、参数确定

土壤水分运动参数见表 12-6。

表 12-6　　　　　　　　土 壤 水 分 运 动 参 数

棉田	容重 /(g/cm³)	残余含水率 /(cm³/cm³)	饱和含水率 /(cm³/cm³)	α /cm⁻¹	n	渗透系数 /(cm/d)
低盐分棉田	1.32	0.0661	0.4682	0.00613	1.6378	27.89
中盐分棉田	1.36	0.078	0.4328	0.036	1.56	24.96
高盐分棉田	1.44	0.0683	0.4779	0.0063	1.6521	16.81

溶质运移参数包括纵向弥散度系数 D_L、横向弥散系数 D_T，通过查阅参考文献［9］和调节参数，最终其值分别取 64cm、48cm。在这里不考虑非平衡吸附的影响，溶质在自由水中扩散率、空气扩散率分别为 $2.14\text{cm}^2/\text{d}$、0。

根系吸水项采用 Feddes 模型，模型棉花中根系吸水模型参数见表 12-7。

表 12-7　　　　　　　　　　　　　根 系 吸 水 参 数 值

h_1/cm	h_2/cm	h_3L/cm	h_4/cm	$r_2H/(\text{cm/d})$	$r_2L/(\text{cm/d})$
−1	−2	−500	−14000	0.5	0.1

根据实测数据，棉花根系分布函数中 x_m、z_m、x^*、z^* 取值分别为 14.5cm、38.1cm、8.0cm、5.2cm，经拟合，经验系数 p_x 和 p_z 分别为−3 和 11。

四、模拟验证

（一）不同深度土壤含水率模拟

对比选择 2013 年 8 月 9 日和 8 月 11 日灌水前后实测数据，在无降雨的条件下对土壤含水率及含盐率模拟结果与实测值进行了比较。图 12-16 对比土壤含水率在灌水前后随土壤深度变化的模拟值与实测结果。

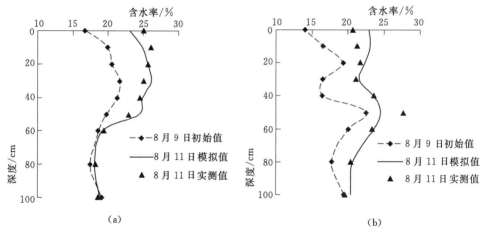

图 12-16　土壤水分模拟值与实测值对比
（a）滴头；（b）行间（距滴头 35cm）

从图 12-16 可知在灌水前后，土壤含水率变化整体变化趋势一致，各层含水率有所增加，尤其是上层含水率增加较多。图 12-16 中实测值与模拟值进行对比，灌水后实测值与模拟值虽然存在一定的差异，但土壤的含水率随深度的变化形状曲线基本保持一致。滴头处整体模拟效果优于行间处，在水平方向上随着距离的增大，产生的误差也越大。图 12-16（a）可以看出 0～20cm 处实测值大于模拟值，而 20～40cm 处实测值小于模拟值，下层土壤拟合较好。这是与土壤水分运动参数、滴头位置、土壤的物理性质有关。图 12-16（b）上层土壤 0～30cm 处实测值小于模拟值，有以下两个原因：①模型中行间上边界设置的是无流量边界，不考虑无蒸发，但是实际在覆膜条件下，铃期表层土壤水分蒸发还是不能忽略的；②行间位置滴头有一定距离，存在一定的空间变异性。

（二）不同深度土壤含水率模拟对比

分析图 12-17 中灌水前后土壤含盐率变化情况，灌水后表层土壤的含盐率要比灌前小，土层 40～60cm 含盐率有所增加，下层盐分变化较小，基本处于稳定状态。这是由于灌水后，表层土壤中盐分被淋洗，盐分随水下移，盐分的最高值由 30cm 处下移到 50cm 处，保证棉花耕作区。每次灌水量较少，下层土壤几乎不受灌水和蒸发影响，因此含盐率基本不变。

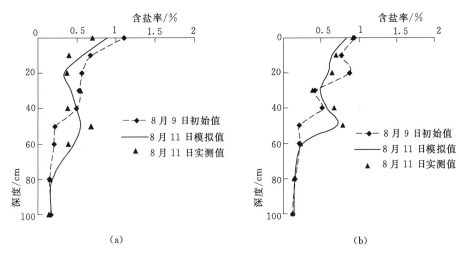

图 12-17　土壤盐分模拟值与实测值对比

（a）滴头；（b）行间（距滴头 35cm）

灌水前后土壤含盐率随深度的变化情况与模拟情况进行对比分析，土壤水分的运移间接影响土壤盐分的变化，故灌水后实测值与模拟值也存在着一定的差异。加之土壤溶质运移参数的确定和盐分空间的变异性也会造成计算值和实测值的差异。

五、模拟结果

根据当地现有的灌溉制度，本文结合当地的灌溉制度和气候特征，以棉花生育期盐分临界值作为评价标准，从而确定合理的灌溉制度。据此，得到棉花的耐盐临界值 0.5%，提出利用关键点处的含盐率作为判断模拟方案优劣的标准。关键点是指棉花行间处 30cm 深度处的土壤含盐率，可作为判断棉花受到盐分胁迫与否的代表性点。表 12-8 是模拟的配水方案，低盐分棉田采取灌水处理 1，中盐分采取灌水处理 1 和 2，高盐分采取灌水处理 2。

表 12-8　　　　　　　　　膜下滴灌棉田常规灌溉制度

灌水阶段	蕾期				花铃期						吐絮期		合计
	6.10	6.20	6.30	7.10	7.18	7.26	8.03	8.11	8.19	8.27	9.4	9.12	
灌水比重/%	28				60						12		100
灌水次数/次	4				6						2		12
灌水量（1）	252	252	252	252	360	360	360	360	360	360	216	216	3600
灌水量（2）	315	315	315	315	450	450	450	450	450	450	270	270	4500

对比选择 2013 年 8 月 9 日和 8 月 11 日灌水前后实测数据，在无降雨的条件下对土壤含水率及含盐率模拟结果与实测值进行了比较。图 12 - 18 对比土壤含水率在灌水前后随土壤深度变化的模拟值与实测结果。

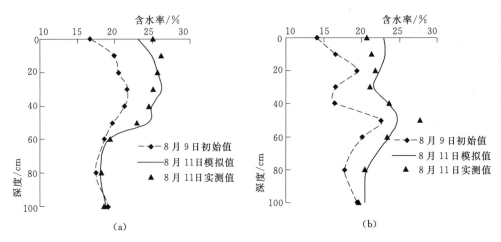

图 12 - 18　土壤水分模拟值与实测值对比

(a) 滴头；(b) 行间（距滴头 35cm）

从图 12 - 18 可知在灌水前后，土壤含水率变化整体变化趋势一致，各层含水率有所增加，尤其是上层含水率增加较多。图 12 - 18 中实测值与模拟值进行对比，灌水后实测值与模拟值虽然存在一定的差异，但土壤的含水率随深度的变化形状曲线基本保持一致。滴头处整体模拟效果优于行间处，在水平方向上随着距离的增大，产生的误差也越大。图 12 - 18（a）可以看出 0～20cm 处实测值大于模拟值，而 20～40cm 处实测值小于模拟值，下层土壤拟合较好。这与土壤水分运动参数、滴头位置、土壤的物理性质有关。图 12 - 18（b）上层土壤 0～30cm 处实测值小于模拟值，有以下两个原因：①模型中行间上边界设置的是无流量边界，不考虑无蒸发，但是实际在覆膜条件下，铃期表层土壤水分蒸发还是不能忽略的；②行间位置滴头有一定距离，存在一定的空间变异性。

图 12 - 19 中对比灌水前后土壤含盐率变化情况，灌水后表层土壤的含盐率要比灌前小，土层 40～60cm 含盐率有所增加，下层盐分变化较小，基本处于稳定状态。这是由于灌水后，表层土壤中盐分被淋洗，盐分随水下移，盐分的最高值由 30cm 处下移到 50cm 处，保证棉花耕作区。每次灌水量较少，下层土壤几乎不受灌水和蒸发影响，因此含盐率基本不变。

灌水前后土壤含盐率随深度的变化情况与模拟情况进行对比分析，土壤水分的运移间接影响土壤盐分的变化，故灌水后实测值与模拟值也存在着一定的差异。加之土壤溶质运移参数的确定和盐分空间的变异性也会造成计算值和实测值的差异。

六、优化制度

（一）低盐分棉田模拟及制度优化

将低盐分棉田在在灌溉定额 3600m³/hm² 条件下，灌水次数 12 次，以上表中处理 1

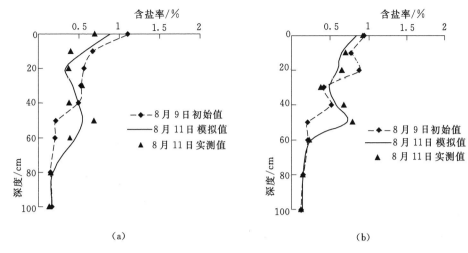

图 12 - 19　土壤盐分模拟值与实测值对比

(a) 滴头；(b) 行间（距滴头 35cm）

生育期各阶段灌水量输入模型，模拟生育期土壤在 40cm 处盐分变化情况。

由图 12 - 20 可以看出，以含盐率 0.5% 作为棉花耐盐标准，在生育期 7 月 25 日—8 月 25 日棉花根区 40cm 处达到了棉花的耐盐标准，这是由于气温升高，土壤蒸发和棉花蒸腾到达生育期最高峰，土壤盐分同时受到根区水分蒸腾和土壤水分蒸发作用，盐分浓度升高。在图 12 - 20 可以看到棉花连续最长盐分胁迫天数为 4d，累计盐分胁迫天数 13d。这说明棉花受到盐分胁迫，会对棉花的生长指标和营养指标造成影响，从而导致棉花减产。

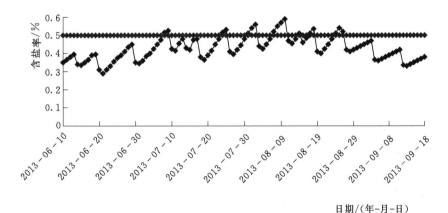

日期/（年-月-日）

图 12 - 20　低盐分棉田为 3600m³/hm² 常规滴灌盐分动态变化图

通过分析土壤盐分动态变化图 12 - 21，在不改变棉花总的灌水量和保证棉花的耐盐标准的前提下，通过调节各生育期的配水比例，达到优化制度。从常规盐分动态图中，可以发现在棉花蕾期，灌水比例较大，根区土壤盐分较小，也适当的减小蕾期的灌水比例，同时也有利于棉花的生长。在铃期时，配水比例较小，土壤蒸发和棉花蒸腾速度较快，盐分呈增长趋势，加大铃期配水比例，以控制土壤盐分。吐絮期，温度下降，蒸发和蒸腾都

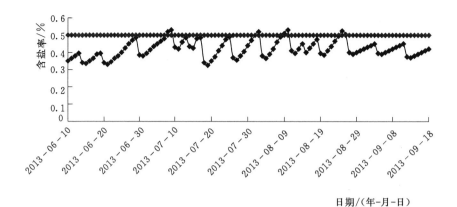

图 12 - 21　低盐分棉田为 3600m³/hm² 优化后滴灌盐分动态变化图

在减小，可以适当减小灌水量。通过分析见表 12 - 9，将表中的优化的方案输入到模型中。

表 12 - 9　　　　　　　　低盐分棉田为 3600m³/hm² 优化后灌溉制度

灌水阶段	蕾期				花铃期						吐絮期		合计
	6 月 10 日	6 月 20 日	6 月 30 日	7 月 10 日	7 月 18 日	7 月 26 日	8 月 3 日	8 月 11 日	8 月 19 日	8 月 27 日	9 月 4 日	9 月 12 日	
灌水比重/%	7	5	7	7	14	10	14	10	8	8	5	5	100
灌水次数/次	4				6						2		12
灌水量 /(m³/hm²)	252	180	252	252	505	360	504	360	288	288	180	180	3600

经过优化后模型，在整个生育期棉花受盐分胁迫没有超过连续 2d，尤其是棉花生长的关键时期铃期，这说明调整灌水比例后，土壤盐分基本控制在 0.5％，保证作物的正常生长。同时说明，低盐分棉田在灌溉水量为 3600m³/hm² 时，通过调控生育期的灌水比例，控制由土壤蒸发和作物蒸腾引起盐分变化与灌水制度，提高灌水利用率，也保证作物不受盐害。

（二）高盐分棉田模拟及制度优化

将高盐分棉田在在灌溉定额 4500m³/hm² 条件下，灌水次数 12 次，以上表中处理 2 生育期各阶段灌水量输入模型，模拟生育期土壤在 30cm 处盐分变化情况。

由图 12 - 22 可以看出，在棉花花铃期，根区 30cm 处盐分超过棉花的耐盐指标，并且在连续的 4 个灌水周期盐分均达到棉花耐盐临界值，棉花连续最长盐分胁迫天数为 3d，累计盐分胁迫天数 12d。

通过分析土壤盐分动态变化图 12 - 23 可以看出，在整个生育期每次灌水后，盐分均在下次灌水前到达临界值，尤其在 8 月的 4 次灌水，每次灌水后期 2～3d，盐分均超过棉花耐盐临界值，说明仅仅调整每次的灌水量，不能到达控制土壤盐分的目的。在总灌水量不变的前提下，调整每次的配水方案。在第一次灌水时，应加大灌水比例，高盐分棉田在苗期没有进行灌水，盐分在上层土壤聚集，水量较小，40cm 处盐分淋洗效果较差。棉花

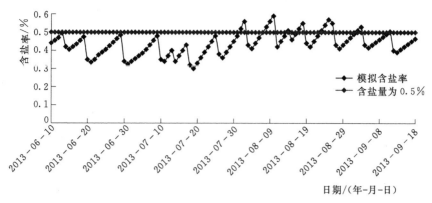

图 12-22　高盐分棉田为 4500m³/hm² 常规滴灌盐分动态变化图

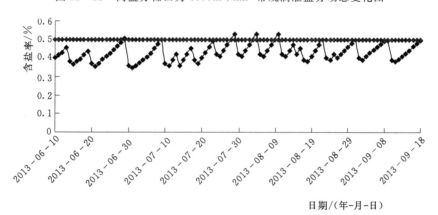

图 12-23　高盐分棉田为 4500m³/hm² 优化后滴灌盐分动态变化图

的花铃期缩短灌水周期，从之前的 8d 灌一次，调整到 6d 灌一次水，每次灌水定额有所减少。通过分析见表 12-10，将表中的优化的方案输入到模型中。

表 12-10　　　　　　　　　高盐分棉田为 4500m³/hm² 优化后灌溉制度

灌水阶段	蕾期				花铃期							吐絮期		合计
	6月10日	6月20日	6月30日	7月10日	7月18日	7月24日	7月30日	8月5日	8月11日	8月17日	8月23日	9月1日	9月12日	
灌水比重/%	9	6	7	7	8	8	9	9	9	8	8	6	6	100
灌水次数/次	4				7							2		13
灌水量/(m³/hm²)	405	270	315	315	360	360	405	405	406	360	360	270	270	4500

　　模型优化后，在整个生育期棉花受盐分胁迫没有超过连续 2d，累积盐分胁迫天数 3d，尤其在棉花生长的关键时期铃期盐分均控制在 0.5%，这说明调整灌水分配比例和灌水周期，土壤盐分基本控制在 0.5%，保证作物的正常生长，同时说明对于高盐分棉田在花铃期，适合高频灌水。高盐分棉田在灌溉水量为 4500m³/hm² 时，通过调控生育期的灌水比例和灌水周期，提高灌水利用率。

根据上述模型优化，以低盐分灌溉定额 $3600m^3/hm^2$ 和高盐分灌溉定额 $4500m^3/hm^2$ 为例，分析在灌水定额不变的前提下，调节配水比例的灌水周期已达到控制盐分。采用上述方法，对表 12-7 的模拟方案进行模拟，结果见表 12-11。发现在低盐分棉田在灌水定额为 $3600m^3/hm^2$ 时进行优化后可以保证棉花的正常生长。中盐分棉田在灌溉定额为 $3600m^3/hm^2$ 时进行优化后，盐分胁迫天数累计依然达到 10d，说明灌水总额较小，即使调整配水比例和灌水周期依然无法保证棉花不受盐害。而中盐分棉田灌溉定额在 $4500m^3/hm^2$ 时完全可以控制棉花的盐分含量，建议可以适当将灌溉定额减小。高盐分棉田在灌溉定额 $4500m^3/hm^2$ 进行优化后，即可满足作物不受盐分胁迫。

表 12-11　　　　　　　　　　不同盐分膜下滴灌灌溉制度模拟结果

棉田	$3600m^3/hm^2$		$4500m^3/hm^2$	
	常规	优化	常规	优化
轻盐度棉田	13	5	—	—
中盐分棉田	22	10	4	0
高盐分棉田	—	—	12	3

第五节　滴灌棉田水盐运移数值模拟（实例四）

试验装置为长方体土槽，土槽内部装有与大田土壤质地相同的土壤，然后按照大田种植模式种植棉花，测定不同阶段土壤水分、盐分的变化，应用 Hydrus-2D 软件模拟每个阶段土壤水盐运移变化，将实测值与模拟值进行对比，调整参数，验证模型的可靠性，为棉田灌溉管理、土壤水盐预测提供新方法、新思路。

一、微分方程的确定

（一）土壤水分运动方程
考虑作物根系吸水时，土壤水分运动方程见式（12-1）。

（二）土壤溶质运动方程
土壤溶质运移方程式（12-2）表示。

（三）根系分布模型的选取
当根系吸水速率为不均匀分布时，一般形式二维非均匀根系吸水模型，详见式（12-5）。

（四）根吸水模型的选取
采用 Feddes 模型，具体形式见式（12-7）。

对棉花选取其作物吸水有关参数值，赋值见表 12-12。

表 12-12　　　　　　　　　　根系吸水参数值

h_1/cm	h_2/cm	h_3L/cm	h_3H/cm	h_4/cm	$r_2H/(cm/d)$	$r_2L/(cm/d)$
−1	−2	−500	−200	−14000	0.5	0.1

本文进行的是膜下滴灌种植，因此土壤水分的减少均视为棉花的蒸腾量。

二、参数确定

由于土壤含水率相对较低且运移速度较慢，故在数值模拟中不考虑水体运动和非平衡吸附的影响。通过前人总结，D_L、D_T 均为经验值，$D_L=0.2\text{cm}$。由于横向弥散系相对纵向弥散系数相差几个数量级，故模拟中取 $D_T=D_L/100$，即 $D_T=0.002\text{cm}$。自由水体中的分子扩散系数为 $2.13\text{cm}^2/\text{d}$。土壤水分参数的选择见表 12-13。

表 12-13			土壤水分运动参数			
参数	θ_r	θ_s	α	n	K_s	l
数值	0.056	0.429	0.020	1.65	41.65	0.5

三、边界条件

（一）土壤水分运动边界条件

在考虑作物根系吸水条件下的土壤水分运动方程可用式（12-3）描述。

试验土槽（详见第二章第二届第四部分）种植模式为轴对称体，土壤水分运动也为轴对称，故取半个土槽土壤剖面进行数值模拟计算，选取如图 12-24 所示模拟区域。即

$$\theta(x,z,0)=\theta_0(x,z) \quad 0 \leqslant x \leqslant X, 0 \leqslant z \leqslant Z, t=0 \qquad (12-38)$$

式中：X、Z 分别为模拟计算区域的径向和垂直的最大距离，cm；(x,z) 为计算点的位置坐标；$\theta_0(x,z)$ 为初始含水量，cm^3/cm^3。

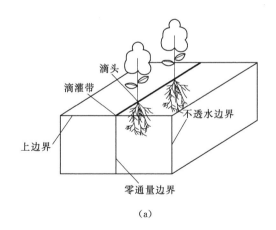

（a）

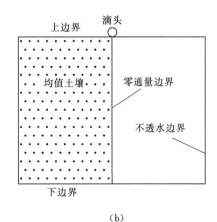

（b）

图 12-24 模型示意图

上边界条件：软件模拟的是膜下滴灌棉田，故土壤蒸发量较小，可以忽略，降雨量也可忽略。地表边界为 $z=0$，表达式如下：

$$-D(\theta)\frac{\partial \theta}{\partial z}+K(\theta)=E(t) \quad 0 \leqslant x \leqslant X, z=0, t>0 \qquad (12-39)$$

式中：$E(t)$ 为蒸腾量，cm/d；$D(\theta)$ 为土壤扩散率，cm^2/d。

下边界条件：土槽底层为塑料板，可以作为不透水边界

$$-D(\theta)\frac{\partial\theta}{\partial z}+K(\theta)=0 \quad 0\leqslant x\leqslant X, z=0, z=Z, t>0 \quad (12-40)$$

左边界条件：

$$-D(\theta)\frac{\partial\theta}{\partial x}=0 \quad x=0, 0\leqslant z\leqslant Z, t>0 \quad (12-41)$$

右边界条件：

$$-D(\theta)\frac{\partial\theta}{\partial x}=0 \quad x=X, 0\leqslant z\leqslant Z, t>0 \quad (12-42)$$

（二）土壤溶质运移方程与边界条件

初始条件：

$$c(x, z, 0)=c_0(x, z) \quad 0\leqslant x\leqslant l, 0\leqslant z\leqslant Z, t=0 \quad (12-43)$$

边界条件：

$$\begin{cases} -\theta\left(D_{xz}\dfrac{\partial c}{\partial x}+D_{xz}\dfrac{\partial c}{\partial z}\right)+qc=0 & x=0 \text{ 或 } x=l, 0\leqslant z\leqslant Z, t>0 \\[2mm] -\theta\left(D_{xz}\dfrac{\partial c}{\partial x}+D_{zz}\dfrac{\partial c}{\partial z}\right)+qc=qc_1(x, z, t) & 0\leqslant x\leqslant l, z=Z, t>0 \\[2mm] -\theta\left(D_{zx}\dfrac{\partial c}{\partial x}+D_{zz}\dfrac{\partial c}{\partial z}\right)+qc=0 & 0\leqslant x\leqslant l, z=Z, t>0 \end{cases}$$

$$(12-44)$$

式中：c 为已知盐分浓度；q 为边界处流量；L、Z 为土壤横纵剖面长度。

四、数值模拟

（一）不同土层土壤水分运动数值模拟结果

由 6 月 19 日和 6 月 20 日灌水前后土壤含水率随深度的变化情况与模拟情况进行对比分析［图 12-25（a）］，灌水后实测值与模拟值有着一定的差异，距离滴头 0cm 处 20～80cm 深度的土壤含水率的模拟值均小于实测值，其他深度的土壤含水率的模拟值与实测值相近；距离滴头 20cm 处 0～20cm 深度的土壤含水率的模拟值大于实测值，50～70cm 深度的土壤含水率的模拟值均小于实测值，其他深度的土壤含水率的模拟值与实测值相近。距离滴头 40cm 处 0～20cm 和 50cm 深度的土壤含水率的模拟值大于实测值，其他深度的土壤含水率的模拟值均小于实测值。通过分析，土槽底部密封，滴头流量与模拟值存在误差，造成土壤水分下渗聚集在 70～80cm 深度，故模拟值小于实测值，由于存在不透水层，土壤水分在空间的保持时间较长，土壤水分水平方向扩散大于模拟的扩散，30～60cm 位于中间，受各类干扰因素较少，故拟合值和实测值较为吻合。除此之外，土壤水分运动参数、实测数据的精确度、灌水的位置、各层土壤之间空间变异以及试验过程中人为因素都会使实测值与模拟值之间存在不可避免的差异。

（二）不同土层土壤盐分运动数值模拟结果

由 6 月 19 日和 6 月 20 日灌水前后土壤含盐率随深度的变化情况与模拟情况进行对比

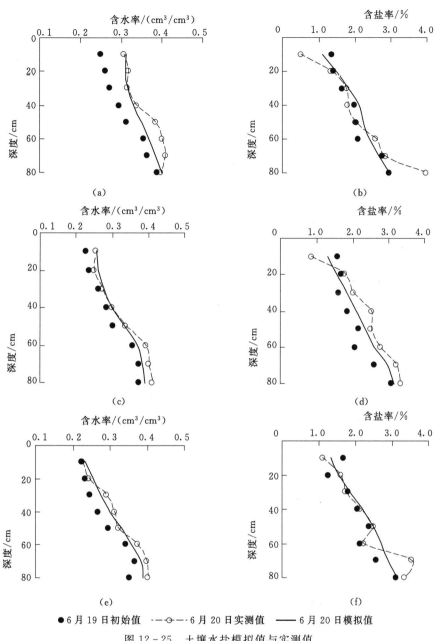

图 12-25 土壤水盐模拟值与实测值

● 6月19日初始值 --○-- 6月20日实测值 —— 6月20日模拟值

(a)、(b) 距离滴头 0cm；(c)、(d) 距离滴头 20cm；(e)、(f) 距离滴头 40cm

分析［图 12-25（b）］，土壤水分的运移间接影响土壤盐分的变化，故灌水后实测值与模拟值也存在着一定的差异，距离滴头 0cm 处 0～20cm 和 40～50cm 深度的土壤含盐率的模拟值均大于实测值，30cm 深度的土壤含水率的模拟值与实测值相近，其他深度的土壤含水率的模拟值均小于实测值；距离滴头 20cm 处 10cm 深度的土壤含盐率的模拟值均大于实测值其他各深度土壤含盐率的模拟值均小于实际值；而距离滴头 40cm 处 10cm 和60cm 深度土壤含盐率的模拟值大于实测值，20～50cm 深度土壤含盐率的模拟值与实测值相近，其他各深度土壤含盐率的模拟值均小于实际值。通过分析，相同深度，距离滴头越远土壤含盐率越高，由于实际流量与模拟值存在误差，土槽 0～10cm 深度土壤盐分受到淋洗，土壤含盐率实际值小于模拟值，而土槽 70～80cm 深度土壤盐分聚集大于模拟值。除此之外，土壤水分运动参数、实测数据的精确度、灌水的位置、各层土壤之间空间变异以及试验过程中人为因素都会使实测值与模拟值之间存在不可避免的差异。

（三）不同土层土壤水盐运动预测

棉花整个生育期灌溉定额为 $5000m^3/hm^2$，灌水次数为 12 次，根据生育阶段的不同调整灌水周期。通过土壤水分运移方程、溶质运移运移方程、设定初始条件、边界条件以及棉花根系等参数，利用 Hydrus-2D 模型对土壤含水率和含盐率进行模拟预测。

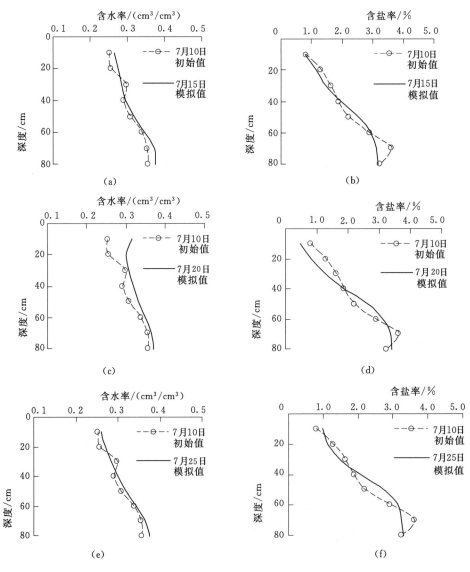

图 12-26　模拟预测

从 7 月 10 日起，每隔 5 天对土壤水分、盐分进行模拟预测，由 7 月 15、7 月 20 日、7 月 25 日的预测值与 7 月 10 日的初始值进行对比分析（图 12 - 26），图 12 - 26（a）和（b）模拟相隔 5d 的土壤水盐运移变化，图 12 - 26（c）和（d）模拟相隔 10d 的土壤水盐运移变化，图 12 - 26（e）和（f）模拟相隔 12d 的土壤水盐运移变化。图 12 - 26（a）、（c）和（e）为各时段的土壤初始值含水率和预测值的对照，图 12 - 26（b）、（d）和（f）为个各时段土壤初始值含盐率和预测值的对照。

由图 12 - 26（a）可以看出 7 月 15 日的土壤含水率的预测值在 0～20cm 处大于初始值，在 60～80cm 处小于初始值，这是由于在 7 月 12 日进行了灌水，土壤含水量有所增加，经过 3 天作物的需水，水分有所减少，但表层土壤水分仍大于 7 月 10 日的初始值。由图 12 - 26（b）可以看出 7 月 15 日 0～40cm 深度的土壤盐分的预测值比 7 月 10 日初始值偏小，原因是 3 天前的灌水对上层土壤盐分淋洗，使土壤盐分主要集中在 60cm 以下的土壤，减少对作物的危害。

由图 12 - 26（c）可以看出 7 月 20 日各层土壤含水率的预测值大于实测值，这是由于在 7 月 19 日进行了灌水，土壤含水量有所增加，致使各层土壤水分大于 7 月 10 日的初始值。由图 12 - 26（d）可以看出 7 月 20 日 0～40cm 深度的土壤盐分的预测值明显小于 7 月 10 日的初始值，40～60cm 深度的土壤盐分的预测值大于 7 月 10 日的初始值，原因是由于 1 天前灌水导致上层土壤盐分被淋洗到下层，土壤盐分大部分聚集在 60～80cm，并且随着灌水次数的增加而增加。

由图 12 - 26（e）可以看出 7 月 25 日 0～20cm 和 40～80cm 的土壤含水率的预测值大于实测值，这是由于 7 月 25 日的灌水量要大于 7 月 10 日，并且 7 月 25 日与灌水后相隔的时间短于 7 月 10 日，故土壤水分大于 7 月 10 日的初始值。由图 12 - 26（f）可以看出 7 月 25 日 40～80cm 深度的土壤盐分的预测值明显小于 7 月 10 日的初始值，土壤盐分集盐的范围不断扩大。通过分析，随着灌水次数的增加，表层土壤盐分不断被淋洗，表层盐分越来越低，而下层盐分越来越高，下层土壤盐分的聚集范围也会有所增加。

第六节 滴灌棉田秸秆覆盖土壤水热数值模拟（实例五）

一、水热运动方程

用 Philip 的经验表达式描述由温度梯度产生的水流通量，公式见式（12 - 9）以及式（12 - 10）。

假定根系吸水、棵间蒸发以及含水量和温度在平面上分布均匀，因而，可简化为一维垂向流动，式（12 - 5）和式（12 - 6）可写为

$$\frac{\partial \theta}{\partial t} = \frac{\partial}{\partial z}\left[D(\theta)\,\frac{\partial \theta}{\partial z}\right] - \frac{\partial K(\theta)}{\partial z} + \frac{\partial}{\partial z}\left(D_T\,\frac{\partial T}{\partial z}\right) - S_r(z,\ t) \tag{12 - 45}$$

$$C_v\,\frac{\partial T}{\partial t} = \frac{\partial}{\partial z}\left(K_h\,\frac{\partial T}{\partial z}\right) \tag{12 - 46}$$

初始条件：

$$\theta = \theta(z), \; T = 25℃, \; 0 \leqslant z \leqslant \infty, \; t = 0 \tag{12-47}$$

上边界条件：

$$-k(h)\left(\frac{\partial h}{\partial z} - 1\right) = q_s, \; T = 75℃, \; z = 0, \; t > 0 \tag{12-48}$$

下边界条件：

$$\theta = \theta_i, \; z = \infty, \; t > 0 \tag{12-49}$$

式中：θ_i 为初始含水率，cm^3/cm^3；θ 为体积含水率，cm^3/cm^3；h 为压力水头，cm，饱和带大于零，非饱和带小于零；q_s 为地表水分通量，cm/min，蒸发取正值，降雨和灌溉取负值。

当不考虑温度的影响时，土壤水分采用修正的 Richard 方程：

$$\frac{\partial \theta(h, \; t)}{\partial t} = \frac{\partial}{\partial z}\left[K(h)\left(\frac{\partial h}{\partial z} + 1\right)\right] - S_r \tag{12-50}$$

初始条件：

$$\theta = \theta(z), \; 0 \leqslant z \leqslant \infty, \; t = 0 \tag{12-51}$$

上边界条件：

$$-K(h)\left(\frac{\partial h}{\partial z} - 1\right) = q_s, \; z = 0, \; t > 0 \tag{12-52}$$

下边界条件：

$$\theta = \theta_i, \; z = \infty, \; t > 0 \tag{12-53}$$

二、模型参数

试验共有 3 种土柱，这 3 种土柱入渗、蒸发模拟采用同一种土壤，利用吸管法测出土壤的颗粒分析数据见表 12-14，对颗分数据利用 RECT 进行拟合可得参数 θ_s、θ_r、α、n。根据实测土壤含水率与室内测定的基本水热运动参数对模型参数进行赋值，见表 12-15。

表 12-14　　　　　　　　　土壤颗粒及容重数据

黏粒（<0.002mm）	粉粒（0.002~0.05mm）	沙粒（0.05~0.25mm）	风干体积含水率	试验容重
12%	20%	68%	0.024cm³/cm³	1.48g/cm³

表 12-15　　　　　　　　　土 壤 水 分 运 动 参 数

土壤质地分类	θ_s	θ_r	α/cm^{-1}	n	$k_s/(cm/d)$	l
沙壤土	0.45	0.0653	0.0247	1.4567	45	0.5

土壤负压 h 随时间与土壤位置变化，$k(h)$ 随之变化，利用 Hydrus 软件可实现水力传导度的实时自动计算。

三、单元划分离散及边界条件

当土柱处于无覆盖入渗、蒸发时，模拟剖面为 0～75cm 深度范围土层，按 1cm 间隔离散成 75 网格。模拟时段为灌水入渗 48h，蒸发 7 天最小时间步长 0.00024h，最大时间步长 5h，模拟终止时间 48h。当模拟时段无灌水蒸发 7 天时最小时间步长 1×10^{-5}d，最大时间步长为 5d，终止时间 7d。上边界条件选大气边界条件，下边界条件选自由排水。在模拟剖面上选取 9 个观测点，该观测点位置与取土位置保持一致。初始温度 25℃，最高温度 75℃。

当土柱处于表层秸秆覆盖 18000kg/hm² 时，厚度约为 5cm，相对于土层，覆盖层较薄，孔隙大，可以将其简化为对水汽具有一定阻力的阻挡层看待，把水汽通过覆盖层的阻力考虑到蒸发强度中，此时，它的入渗、蒸发的时间、温度条件、步长和边界等条件与无覆盖相同。

当土柱处于 15～20cm 具有秸秆夹层时，除了入渗、蒸发的时间、温度条件、步长和边界等条件与无覆盖相同外。秸秆夹层在模型中的处理方法是将秸秆夹层看做一种多孔介质，饱和导水率很大，因而采用多孔介质的基本理论和方法来解决秸秆夹层对水热传输的影响。

模拟盐碱测坑剖面是整个测坑的为 100cm×200cm 的矩形剖面，按 5cm 的间隔离散，模拟时段 5 月 23—24 日为无降雨时段灌水入渗 48h，由于棉花植株较小，不考虑根系吸水，最小步长为 0.00024h，最大时间步长为 5h，上边界条件选大气边界条件，下边界条件选自由排水。不考虑温度变化的影响，测坑盐碱土的土壤类型与土柱盐碱土的类型相同。

四、数值模拟结果

利用 Hydrus 软件对土壤水分和温度运动进行数值模拟，结果如图 12-27～图 12-31 所示。

由图 12-27～图 12-31 可以看出，利用 Hydrus 软件对土壤水分和温度运动进行数值模拟与实测数据吻合较好，说明数值模拟结果比较理想。

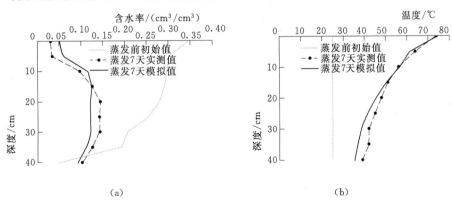

图 12-27　土柱无覆盖土壤水温模拟

(a) 水分对比；(b) 温度对比

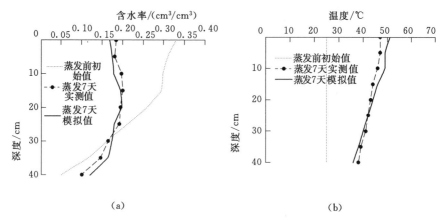

图 12-28　土柱表层覆盖土壤水温模拟

(a) 水分对比；(b) 温度对比

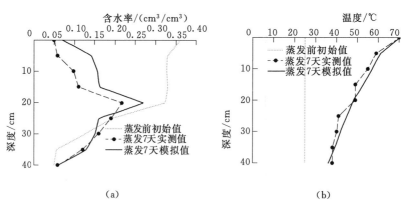

图 12-29　土柱 20cm 处覆盖土壤水温模拟

(a) 水分对比；(b) 温度对比

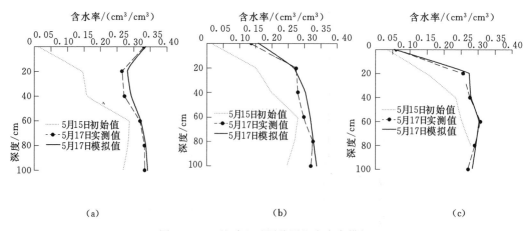

图 12-30　盐碱土无覆盖测坑含水率模拟

(a) 距滴灌带 0cm；(b) 滴灌带 20cm；(c) 距滴灌带 45cm

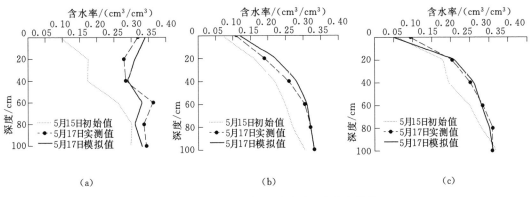

图 12-31　盐碱土表层覆盖测坑含水率模拟

（a）距滴灌带 0cm；（b）距滴灌带 20cm；（c）距滴灌带 45cm

五、模型参数调整和模型识别

试验所测得的参数带入模型所得的模拟值与实测值往往有差距，这时就要利用试估一校正法对模型参数进行识别，参数敏感性分析，因为 α、n 这两个参数对模拟结果影响最明显，本文把它们作为主要参数进行识别。以上所有的图为土壤含水量模拟值与实测值对比，温度模拟值与实测值对比，可以看出，经过反复调整参数后，模拟值与实测值较为吻合，可以反映土壤含水率在试验期内随土壤蒸发、入渗的变化规律，模拟结果可靠，可用作秸秆覆盖条件下土壤水盐运移预测研究。表 12-16 为模型识别后水分运动参数。

表 12-16　　　　　　　　　　模型识别后水分运动参数

土壤质地分类	θ_s	θ_r	α/cm^{-1}	n	$k_s/(\mathrm{cm/d})$	l
沙壤土	0.45	0.0653	0.047	1.156	51	0.5

利用 Hydrus 软件对无覆盖和表层覆盖、20cm 深处覆盖土柱试验土壤水分和温度蒸发 7 天进行数值模拟结果分别如图 12-32～图 12-35 所示。

利用 Hydrus-2D 软件对无覆盖测坑 5 月 15—17 日灌水 2 天后的含水量分布模拟结果如图 12-36 所示。

利用 Hydrus-2D 软件分别对土柱试验和测坑试验模拟数据进行误差分析，结果分别见表 12-17 和表 12-18。

由表 12-17 和表 12-18 可以看出，利用 Hydrus-2D 软件对土柱试验温度模拟的平均相对误差均较小，特别是表层覆盖和 20cm 覆盖与实测值相比平均相对误差均为 4%，对含水率模拟的平均相对误差相对较大，特别是无覆盖和 20cm 深处覆盖两个处理平均相对误差均在 10% 以上，无覆盖最大相对误差达到 31%。测坑模拟含水率平均相对误差相对比较低，仅在表层覆盖距滴灌带最远的 45cm 处的模拟值与实测值平均相对误差为 9.7%，最大相对误差达到 26%，其余各点位的含水率模拟平均相对误差均比较低。说明 Hydrus-2D 软件对土壤水分和温度的模拟效果较好，模拟结果可靠，可用作秸秆覆盖条件下土壤水盐运移预测研究。

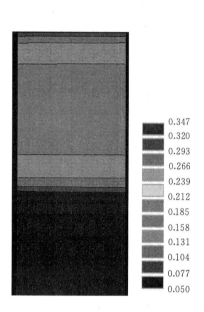

图 12-32　无覆盖土柱蒸发 7 天后含水率模拟
（单位：cm³/cm³）

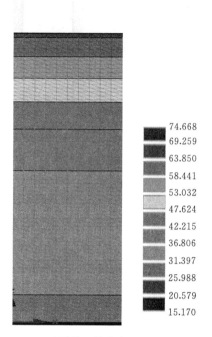

图 12-33　无覆盖土柱蒸发 7 天后温度模拟值
（单位：℃）

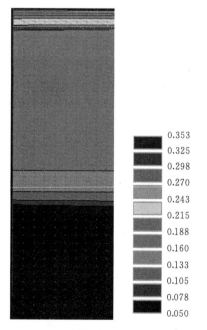

图 12-34　表层覆盖土柱蒸发 7 天含水率模拟
（单位：cm³/cm³）

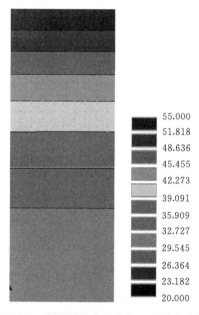

图 12-35　表层覆盖土柱蒸发 7 天温度模拟值
（单位：℃）

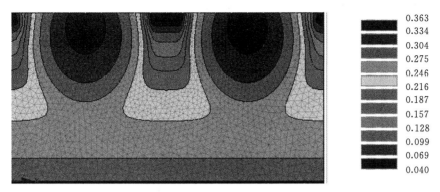

	0.363
	0.334
	0.304
	0.275
	0.246
	0.216
	0.187
	0.157
	0.128
	0.099
	0.069
	0.040

图 12-36　无覆盖测坑 5 月 15—17 日灌水 2 天后的含水量分布模拟（单位：cm^3/cm^3）

表 12-17　　　　　　　　　　　　土 柱 试 验 模 拟 误 差

覆盖类型	含水率		温度	
	最大相对误差	平均相对误差	最大相对误差	平均相对误差
土柱无覆盖	31%	13%	13%	6%
土柱表层覆盖	19.4%	7.6%	8%	4%
土柱 20cm 处覆盖	25%	11%	9.5%	4%

表 12-18　　　　　　　　　　　　测 坑 试 验 模 拟 误 差

覆盖类型	含水率		
	位置	最大相对误差	平均相对误差
测坑无覆盖	距滴灌带 0cm	7%	3%
	距滴灌带 20cm	10%	5%
	距滴灌带 45cm	22%	8%
测坑表层覆盖	距滴灌带 0cm	11%	6%
	距滴灌带 20cm	15%	5%
	距滴灌带 45cm	26%	9.7%

参考文献

[1]　Sharmasarkar F. C., S. Sharmasarkar, R. ZHANG, et al. Modeling nitrate movement in sugarbeet soils under flood and drip irrigation [J]. J. ICID Journal, 2000, 49 (1): 43-54.

[2]　Omary M., Ligon J. T. Three-dimensional movement of water and pesticide from trickle irrigation: finite element model [J]. Transactions of ASAE, 1992, 35: 811-821.

[3]　Feddes R. A, Kowalik P. J, Zaradny Y. H. Simulation of field water use and crop yield [M]. Wageningen, Netherlands: Pudoc, 1978: 188-200.

[4]　Vrugt J. A., Hopmans J. W., Simunek J. Calibration of a two-dimensional root water uptake model [J]. Soil Science Society of American Journal, 2001, 65 (4): 1027-1037.

[5]　Prasad R. A. Linear root water uptake model [J]. J Hydrol, 1988, 99: 297-306.

［6］ Hoffman G. J, van Genuchten M. T. Soil properties and efficient water use: water management for salinity control. In: Taylor H. M, Sinclair T. R（eds），Limitations to efficient wateruse in crop production ［M］. Madison，WI: American Society of Agronomy，1983: 73 - 85.

［7］ Raats P. A. C. Steady flows of water and salt in uniform soil profiles with plant roots ［J］. Soil Sci Soc Am J，1974，38: 717 - 722.

［8］ Vrugt J. A.，M. T. van Wijk，J. W. Hopmans，et al. One，two，and three-dimensional root water uptake functions for transient modeling ［J］. Water Resour. Res.，2001b，37（10）: 2457 - 2470.

［9］ 王在敏，何雨江，靳孟贵，等. 运用土壤水盐运移模型优化棉花微咸水膜下滴灌制度 ［J］. 农业工程学报. 2012，（17）: 63 - 70.